国家动物博物馆
馆藏天牛模式标本图册

Album of Type Specimens of Longhorn Beetles Deposited in National Zoological Museum of China

中国科学院动物研究所◎林美英 编著

Mei-Ying Lin
Institute of Zoology, Chinese Academy of Sciences

河南科学技术出版社
·郑州·
HENAN SCIENCE AND TECHNOLOGY PRESS

图书在版编目（CIP）数据

国家动物博物馆馆藏天牛模式标本图册 / 林美英编著 . —郑州：河南科学技术出版社，2015.11（2016.9 重印）
ISBN 978-7-5349-7778-7

Ⅰ . ①国… Ⅱ . ①林… Ⅲ . ①天牛总科—标本—图集 Ⅳ . ① Q969.511.1-64

中国版本图书馆 CIP 数据核字（2015）第 129744 号

出版发行：河南科学技术出版社
地址：郑州市经五路 66 号 邮编：450002
电话：（0371）65788613 65788622
网址：www.hnstp.cn
策划编辑：周本庆 陈淑芹
责任编辑：陈淑芹
责任校对：金兰苹 窦红英
整体设计：张 伟
责任印制：张艳芳
印 刷：河南省瑞光印务股份有限公司
经 销：全国新华书店
幅面尺寸：185mm × 260mm 印张：24.5 字数：250 千字
版 次：2015 年 11 月第 1 版 2016 年 9 月第 2 次印刷
定 价：398.00 元

序

模式标本是一个生物新物种赖以建立的有效载体，具有极为重要的科学价值。昆虫是生物界最大的类群，昆虫的多样性直接影响着生态环境的稳定和人类社会的安全。目前，昆虫未知物种难以预估，新物种的发现在相当长的时间内仍然是分类学的主要任务。加快新物种的发现速度，必须推动分类学和系统学的发展，其基本保障是模式标本的有效使用。

为了促进模式标本的使用，不断提升分类学水平，世界各相关研究机构都在不断推出“模式标本数据库”“模式标本图鉴”等内容，为世界各国分类学者的研究提供了方便。我国在这方面的工作比较滞后，其主要原因不是技术和能力上的问题，而是受到考核体系的影响，社会公益性的工作不被纳入考核内容。因此，大家的积极性不高。近十多年仅仅出了相关模式标本的名录，也只是起到了检索的功能。林美英博士出于分类学者的责任，以推动我国分类学事业为己任，在没有经费支持、没有绩效认可的条件下，克服种种困难，把中国科学院动物研究所国家动物博物馆馆藏天牛类昆虫模式标本进行整理、核对文献、拍照，并想方设法呼吁、说服国内外专家把发现的中国天牛及周边地区的新种的模式标本保存在国家动物博物馆。本图册图表相结合，并彩色印刷。她的工作成果，会在国际同行中赢得赞誉，也会给分类学者的工作带来福音，更会有效地推动我国分类学事业的发展。

天牛类群甚大，中国已知种类已超过 3 250 种，林美英博士决心坚持研究天牛类群并努力做好。她非常喜爱标本，热爱分类事业。在经典分类不受重视，一些评价政策直接影响个人发展的条件下，她仍然坚守志向，经常为解决天牛分类的各种问题努力奋斗，为未鉴定标本外流忧心忡忡，尽职尽责完成标本馆的各项工作的同时尽个人最大努力把中国天牛分类做好。这种精神值得我们分类学工作者学习和发扬。我国地域辽阔，昆虫物种丰富，有大量的未知类群及种类有待我们发现和研究。然而，过去因我们的国力弱，大多昆虫新种由外国专家发现，其大量模式标本保存于国外机构。改革开放以后，传统的经典分类一直得不到足够重视，我们的分类队伍在萎缩，分类学工作进展缓慢。但是，外国学者对中国昆虫的研究工作却在快速发展，新一轮的大量模式标本保存于国外研究机构或个人收藏的情况再次发生。这给中国学者检视模式标本带来很大困难，为了保证分类学的水平，我们不得不花费重金赴国外检视模式标本。

林美英博士的工作为我们开了一个好头，不仅使国内馆藏模式标本对全世界开放，发挥模式标本的价值，而且让国内外分类学者（包括个人收藏家和个人研究者）能了解中国国家动物博物馆的现状和定位，从而信任并愿意把相关模式标本保存在这里。希望我们分类学工作者都能积极参与到“模式标本图册”的工作之中，同时也希望国家能给予相应的支持，使这些具有战略意义的工作在大家的共同努力下，在较短的时间内完成，为我国昆虫分类学事业提供重要保障。

中国科学院动物研究所研究员

杨星科

二〇一〇年五月于北京

前　言

中国科学院动物研究所国家动物博物馆是我国战略生物资源的重要保藏地和科普教育活动的重要场所，是集动物系统与进化研究、动物标本收藏和动物科学知识普及三位一体的国立学术机构和我国最悠久的标本收藏机构，是在原震旦博物馆、静生生物调查研究所、北平研究院动物学研究所、中央研究院自然历史博物馆及故宫博物院等机构所属标本馆的基础上，经过几代科学家近百年的努力，逐步建立和发展起来的。本馆目前拥有各类动物标本 650 余万号，是我国乃至亚洲最大的生物标本馆。馆藏已定名标本 6 万余种，其中模式标本 9 千余种。

天牛是一类蛀干的森林昆虫，同时也是一类广受欢迎的观赏性甲虫。天牛爱好者和天牛标本收藏家遍布世界各地。虽然天牛分类的历史很长，但天牛的分类系统远未完善，且有大量的未知种类等待描述和研究。但是在描述新种之前，我们必须认识已经描述过的物种。认识已知种最可靠的办法是检视模式标本。模式标本是科研人员首次对物种进行科学研究和描记所依据的标本，一旦其研究成果正式发表，模式标本便成为该物种被人类认识、研究、利用的唯一实物凭证样本，具有不可替代性。任何科研人员想要准确无误地鉴定其研究材料属于什么物种，最可靠的办法是将其研究材料与已知物种的模式标本进行比对。因此，全世界知名博物馆往往将馆藏模式标本的多少作为衡量该博物馆实力和地位的重要指标之一。《国家动物博物馆馆藏天牛模式标本图册》记录了中国科学院动物研究所国家动物博物馆馆藏的天牛类昆虫模式标本 643 号，其中正模标本 179 号，新模标本 1 号，配模标本 17 号，副模标本 437 号，指定了正选模标本 2 种 2 号，副选模标本 2 种 7 号。另外，核对文献选出地模标本 3 种 3 号。共计 3 科 9 亚科 49 族 128 属 243 种 27 亚种。分别为：

暗天牛科狭胸天牛亚科 1 族 3 属 4 种 6 号，本图册展示 5 号标本照片，其中 3 号为正模；瘦天牛科 1 族 2 属 5 种 12 号，本图册展示 8 号标本照片，其中 4 号为正模；天牛科 7 亚科 47 族 123 属 261 种 625 号，本图册展示 391 号标本照片，其中 172 号为正模，2 号为正选模，1 号为新模。具体为：锯天牛亚科 2 族 3 属 7 种 9 号，本图册展示 8 号标本照片，其中 4 号为正模；花天牛亚科 2 族 13 属 28 种 59 号，本图册展示 35 号标本照片，其中 20 号为正模；椎天牛亚科 2 族 2 属 5 种 5 号，本图册展示 5 号标本照片，全部为正模；膜花天牛亚科 1 族 2 属 8 种 15 号，本图册展示 11 号标本照片，其中 8 号为正模；锯花天牛亚科 2 族 2 属 2 种 2 号，本图册展示 2 号标本照片，其中 1 号为正模，1 号为新模；天牛亚科 18 族 37 属 64 种 / 亚种 109 号，本图册展示 86 号标本照片，其中 40 号为正模；沟胫天牛亚科 20 族 64 属 147 种 / 亚种 426 号，本图册展示 244 号标本照片，其中 94 号为正模，2 号为正选模。

地模选定：在原来插有正模标签或副模标签的标本中，核对原始文献后发现 3 号标本在原始描述中未被提及，并不是正模或副模标本。但此 3 号标本的确是命名人在描述的时候就进行了鉴定和参考的标本，其手写的鉴定标签可以作为证据，并且都是模式产地的同种标本无疑，因此我们把它们作为地模标本进行了记录。IOZ(E)217780 号标本为 *Necydalis inermis* Pu, 1992 的地模标本；IOZ(E)1859296 号标本为 *Neotrachystola superciliata* Pu, 1997 的地模标本；IOZ(E)217614 号标本为 *Oberea tienmuana* Gressitt, 1939 的地模标本。

馆藏天牛模式标本的种类主要由以下天牛分类学家发表或合作发表：Judson Linsley Gressitt（72 种），蒲富基（62 种），Carolus Holzschuh（41 种），林美英（19 种，包括合作发表，合作者有毕文烜、戴莉、林文信、刘峰、钟奕霆、周文一、Mikhail Danilevsky、Carolus Holzschuh、Olivier Montreuil、Gérard Tavakilian、Torstein Kvamme、Henrik Wallin），Mikhail Danilevsky（12 种，包括合作发表，合作者有林美英、杨春旺），林美英和杨星科（11 种），蒋书楠（11 种，包括合作发表，合作者有王文凯、陈斌、张荣强），Michiaki Hasegawa（6 种，包括合作发表，合作者为 Nobuo Ohbayashi），Nobuo Ohbayashi（6 种，包括合作发表，合作者有林美英、周文一、Masatoshi Takakuwa），Tatsuya Niisato（5 种，包括合作发表，合作者有蒲富基、周文一、Chang-do Han），Alain Drumont（4 种，包括合作发表，合作者有毕文烜、Ziro Komiya、Andreas Weigel），周文一（3 种），Alexandr I. Miroshnikov（3 种，包括合作发表，合作者林美英），Carolus Holzschuh 和林毓隆（3 种），Stephan Breuning（2 种），Auguste Savio（2 种），Maurice Pic（2 种），Eduard Vives（2 种，包括合作发表，合作者为林美英），陈世骧（1 种），严家显（1 种），Earle Gorton Linsley（1 种），Petr Viktora, Tomáš Tichý 和 Pierpaolo Rapuzzi（1 种）。

编著者从 2004 年开始从事天牛的分类研究，对馆藏的天牛模式标本进行了细致的整理，对每一号标本都进行文献核对、数据提取和照片拍摄，最终整理成本图册。本图册不仅对天牛分类工作者非常有用，而且对森林保护、进出口检验检疫、病虫害防治等学科也有参考价值；同时，本图册的出版能够实现资源和信息的共享。国家动物博物馆是一个对国内外科研工作者开放的单位，不时有各个地方的同行前来检视模式标本，有时候同一号标本要在不同的时间取出让好几位不同的研究者进行拍照。反复取下标签会对标签造成损坏，同时再三拍照增加了损坏标本的可能性。本图册出版之后，不同地方的研究者在图册里就可以获得大量的信息，基本上不需要再次进行拍照。这对于模式标本的保存是有利的。

本图册采用表格和图片相结合的方式展示模式标本的信息。族及以上阶元的排列顺序参考了 2010 年出版的《古北区鞘翅目名录》，族内的属及属内的种按照字母顺序排列。由于编著者的照相技术还有待提高，水平发挥也不稳定，导致图片质量参差不齐，请读者海涵。

编著者：林美英

2014 年 5 月

内容简介

模式标本是科研人员首次对物种进行科学研究和描记所依据的标本，具有不可替代性。本图册采用表格和图片相结合的方式，记录了中国科学院动物研究所国家动物博物馆馆藏的天牛类昆虫模式标本3科9亚科49族128属243种27亚种（截至2013年，但也包括一些2014年发表的种类），共记录馆藏天牛模式标本643号，其中正模标本179号，新模标本1号，副模标本437号，配模标本17号，指定了两种（*Distocera savioi* Yen, 1933和*Exocentrus zikaweiensis* Savio, 1929）的正选模标本和7号副选模标本；展示了馆藏404号标本的图片。

四斑长毛天牛 *Arctolamia alcinoides* Wang, 2014为黄斑长毛天牛 *Arctolamia luteomaculata* Pu, 1981的新异名。

Abstract

Type specimens are of great significance. Every taxon is described based on one particular specimen, or some specimens, which together are called type specimens. This work records 643 type specimens of longhorn beetles deposited in National Zoological Museum of China (NZMC), belonging to 3 families, 9 subfamilies, 49 tribes, 128 genera and 243 species and 27 subspecies current through 2013 (but also including some 2014 types). There are 179 holotypes, 1 neotype, 437 paratypes, 17 allotypes. Two lectotypes (*Distocera savioi* Yen, 1933 and *Exocentrus zikaweiensis* Savio, 1929) and seven paralectotypes of the two species are designated herein. Photographs of 404 specimens from NZMC are presented.

Arctolamia alcinoides Wang, 2014 is synonymized with *Arctolamia luteomaculata* Pu, 1981 based on their holotypes with maculae matching very well.

本书天牛中文名命名规则

《中国动物志》编写规则规定："分类单元的中文名应简单易懂，尽可能与学名的含义一致，并注意系统性。种的种名应尽量采用'种本名＋属中名＋科名'的形式。如果一个物种已有多个中文名，应采用在以往文献中出现频次最多或应用范围最广的一个作为正式中文名，其他列为别名。如果已有前人译名存在，即便没有被广泛使用或不尽'准确'，为维持稳定性或避免混乱，也应尽量采依。"

目前，天牛的中文名绝大多数都是由华立中教授首次提出并被沿用的，主要参考资料包括《中国天牛 (1406 种) 彩色图鉴》《中国天牛科昆虫名录》《国外天牛鉴定资料》《老挝天牛名录》等，部分中国学者发表的原始文献含中文名的，尽量沿用。

《中国经济昆虫志》第三十五册，鞘翅目天牛科 (三) ："鉴于我国天牛科种类的记录日益增多，已知种类已超过 2 000 种（1987 年数据，如今已经超过 3 000 种），过去已有中文名称的种类，由于没有统一的中文命名规则，无规律可循，使用不便。为长远着想，中文名称很有必要按分类系统命名，可以避免重复或混淆，且易于辨别分类位置的亲疏，科学性较强，使用也比较方便。因此，本图册中全部中文名称，均是按统一的规则命名：每一属有属的中文名；每一种名的组成在属名前加寄主名或形态、地名等形容词；凡是属的模式种，该种中文名与属名相同，不另加形容词。"我们认为属的模式种的中文名不另加形容词这个规则是非常好的，可以立刻看出模式种的地位，应该倡议大家共同遵守。因此，我们把一些原先资料里面已经加了形容词的模式种中文名简化了，同时标注曾经用过的别名。

体例说明

本书采用 4 科 8 亚科分类系统，即盾天牛科 Oxypeltidae（中国无分布，本书不涉及）、暗天牛科 Vesperidae、瘦天牛科 Disteniidae 和天牛科 Cerambycidae，天牛科包括 8 个亚科，分别是异天牛亚科 Parandrinae（本馆无模式标本，本书不涉及）、锯天牛亚科 Prioninae、花天牛亚科 Lepturinae、椎天牛亚科 Spondylidinae、膜花天牛亚科 Necydalinae、锯花天牛亚科 Dorcasominae、天牛亚科 Cerambycinae 和沟胫天牛亚科 Lamiinae。

族及以上阶元的排列顺序参考了 2010 年出版的《古北区鞘翅目名录》，族内的属及属内的种按照字母顺序排列。

以种 / 亚种为单位，每个种 / 亚种用一个表格阐述以下信息：学名（现用的有效学名），中文名（主要参考华立中等 2009 年采用的中文名，部分种类根据拉丁名新拟定中文名），原始学名（本图册展示模式标本对应的原始发表名称），曾用名（曾经出现过的中文名），重要引证（原始描述文献，地位变动文献，属级变动文献，提出新异名文献），模式标本信息 [标本编号、性别、采集时间、体长、采集人、产地（产自中国的直接从省份开始，其他国家的写出国家名）、海拔]，已知分布，备注（主要标明一些特殊信息，如谁赠送的标本，谁拍摄的照片，无标注拍照人的都是由本馆工作人员拍摄，主要是姚建和林美英负责拍摄）。其中，正模涂红色底色，配模涂深绿色底色，

正模涂红色底色

配模涂深绿色底色

副模涂黄色底色

学名	***Gaurotes* (*Carilia*) *atricornis* Pu, 1992**						中文名	黑角金花天牛
原始学名	***Gaurotes* (*Neogaurotes*) *atricornis* Pu, 1992**						曾用名	
重要引证	***Gaurotes* (*Neogaurotes*) *atricornis*** Pu, 1992: 591, 617, pl. Ⅰ, fig. 4 ***Gaurotes* (*Carilia*) *atricornis***: Jiang & Chen, 2001: 72							
模式标本相关信息	正模	IOZ(E)217698	性别	♂	采集时间	1982. Ⅶ.23	体长	8.9 mm
	采集人	王书永	产地	云南德钦梅里雪山			海拔	3 200 ～ 3 500 m
	配模	IOZ(E)217699	性别	♀	采集信息	同上	体长	9.1 mm
	副模	IOZ(E)217700 -717	性别	♂♀	采集信息同上，采集人还有张学忠、柴怀成		体长	8.5 ～ 10.6 mm
	副模	IOZ(E)217718	性别	♂	采集时间	1982. Ⅸ.4	体长	8.5 mm
	采集人	林再	产地	西藏波密			海拔	3 050 ～ 3 600 m
已知分布	云南、西藏							

有图片的涂蓝色底色

副模涂黄色底色，标本编号涂浅蓝色底色的表示有对应的照片，标本编号无底色的未提供照片。提供照片的参照标准如下：正模和配模全部提供标本和标签的照片，副模（在有多号副模的情况下）选择标准为保证雌雄都有，选择最完整的标本，选择不同产地的标本。表格信息与图片一一对应。因为表格已经注明了每一号标本的体长信息，故图版图片不再提供标尺，也不按照实际大小缩放图片大小，而是让设计人员根据版面美观需要进行排版。

分布信息排列顺序

先国内后国外。国内与国外用分号相隔，省与省间用顿号，国与国间用逗号。国内省区排列顺序由北到南，由东向西，依次为黑龙江、吉林、辽宁、内蒙古、北京、天津、河北、山西、山东、河南、陕西、宁夏、甘肃、青海、新疆、江苏、上海、安徽、浙江、湖北、江西、湖南、福建、台湾、广东、海南、香港、澳门、广西、重庆、四川、贵州、云南、西藏。国外排列先北后南，先东后西，由近至远，参照《中国动物志》编写规则，顺序如下：俄罗斯，蒙古，朝鲜，韩国，日本，中亚地区，巴基斯坦，克什米尔，印度，不丹，尼泊尔，孟加拉国，缅甸，越南，老挝，泰国，柬埔寨，斯里兰卡，菲律宾，马来西亚，新加坡，文莱，印度尼西亚，西亚地区，欧洲。

目　录

Family Vesperidae Mulsant, 1839
暗天牛科

分布（参考 Švácha & Lawrence, 2014）：本科包括 17 属约 80 种。暗天牛亚科只包含暗天牛属（*Vesperus* Dejean），约 20 种，分布于地中海沿岸（欧洲南部、非洲北部和小亚细亚）。狭胸天牛亚科主要分布于东洋区，包括 5 属，其中 2 属为中国特有（音天牛属 *Heterophilus* Pu 和刺狭胸天牛属 *Spiniphilus* Lin & Bi）。芫天牛属 *Mantitheus* Fairmaire 广泛分布于中国东半部和蒙古，是古北区分布最广的属。狭胸天牛属 *Philus* Saunders 和 *Doesus* Pascoe 分布于印度，斯里兰卡，中国东南部（包括海南岛和台湾岛），亚洲东南大陆（直达马来半岛），菲律宾，婆罗洲和苏门答腊。裸天牛亚科分布于新热带区的南美洲南部地区，包括巴西南部，秘鲁南部，玻利维亚，巴拉圭，阿根廷和乌拉圭。*Vesperoctenus flohri* Bates 是墨西哥特有种。

成虫形态特征（参考 Švácha & Lawrence, 2014）：体长 8 ~ 50 mm。体长 2.25 ~ 4 倍于体宽，两侧平行，中等扁平至粗短并拱凸。通常体或多或少被绒毛，也有一些不能飞的种类呈大面积光裸（如裸天牛亚科的鞘翅总是光裸的）。前口式至几乎下口式。暗天牛属和 *Vesperoctenus* 具突然收窄的"颈部"。后头区不具横脊或发音器。具额中沟，复眼很大至小，常强烈突出，不凹陷至中等凹陷，小眼面细粒或粗粒，小眼面之间的刚毛缺失或稀疏而短，但 *Vesperoctenus* 的小眼间具长而多的刚毛。触角着生处通常从上面看部分可见，突起的基瘤中度发达（但 *Hypocephalus* 没有明显的触角基瘤）。额唇基沟可能显著而弯曲、V 形或近竖琴状，不具深凹痕；也可能强烈退化或缺失。唇基和上唇形状多样。触角通常 11 节（裸天牛亚科部分种类的雌虫 8 ~ 10 节，*Vesperoctenus* 则为 12 节），通常雄虫触角超过体长，裸天牛亚科和一些暗天牛属的雌虫触角短至非常短，尤其是 *Hypocephalus* 的雌、雄虫触角均很短。触角线状、念珠状、锯齿状或栉齿状，柄节中等至小型（总是远短于头长），梗节环状至稍微长大于宽，鞭节不具长刚毛，也不具显著的感觉区。上颚对称至稍微不对称，中等至非常长，轻度而逐渐至强烈而突然弯曲（但 *Hypocephalus* 的上颚平行而不弯曲），闭合时大面积重叠且左上颚常位于右上颚之上；上颚端部简单，内缘不具长毛，简单或具 1 或几个齿，不具臼板和臼叶。前颏窄，唇舌小至缺失。下颚须长，4 节，末节端部渐尖至微膨阔而切平。下唇须长，3 节，末节形状与下颚须末节相似。前胸背板横阔（宽为长的 2 倍）至长 1.4 倍于宽，其基部宽度显著窄于鞘翅基部至几乎等宽。前胸背板侧面边缘完整（Anoplodermatinae），不完整至几乎缺失（Vesperinae 和 Philinae），缺失（*Vesperoctenus*）。前胸腹板突多样，完整至微短，末端尖至宽圆或凹切。前足基节侧面不隐藏（基转节至少部分可见），前足基节窝轻微至强烈横阔，连续至中等宽地分开，内部关闭，外部关闭或开放。中胸背板前端宽阔凹入，通常具完整的中央内突（*Hypocephalus* 属没有），发音板不显著或仅留痕迹。小盾片不显著高于中胸背板，末端尖、圆或分为双叶。鞘翅发达或短缩（音天牛属、芫天牛属和暗天牛属的雌虫），长 0.8 ~ 3.2 倍于合宽，1 ~ 8 倍于前胸长度，鞘翅末端合并或裂开（鞘翅短缩的雌虫）。中足基节窝圆形至斜形，分开不宽，对中胸后侧片开放。胫节端距 2-2-2（Vesperinae）、1-2-2（*Philus*, *Doesus*, *Heterophilus*）或 2-2-2（Philinae 的其他属）、2-2-1（*Vesperoctenus* 和多数 Anoplodermatinae）。跗式 5-5-5，多数类群第 4 跗节小而隐藏在双叶状的第 3 跗节里，少数类群第 3 跗节不呈双叶状而第 4 跗节可见。爪简单、可动、不具刚毛；爪间突大而具刚毛至小而隐藏。

暗天牛科分 3 亚科和一个地位未明确的墨西哥特有属，其中暗天牛亚科 Vesperinae 和裸天牛亚科 Anoplodermatinae 在中国没有分布记录。狭胸天牛亚科 Philinae 在中国分布有 4 属 12 种（其中 1 种含 2 亚种）。本图册记录国家动物博物馆馆藏模式标本 1 亚科 1 族 3 属 4 种 6 号，展示了 5 号标本照片，其中 3 号为正模。

Subfamily Philinae Thomson,1861
狭胸天牛亚科

分布（参考 Švácha & Lawrence, 2014）：狭胸天牛亚科主要分布于东洋区，包括 5 属，其中 2 属为中国特有（音天牛属 *Heterophilus* Pu 和栉狭胸天牛属 *Spiniphilus* Lin & Bi）。芫天牛属 *Mantitheus* Fairmaire 广泛分布于中国东半部和蒙古，是古北区分布最广的属。狭胸天牛属 *Philus* Saunders 和 *Doesus* Pascoe 分布于印度，斯里兰卡，中国东南部（包括海南岛和台湾岛），亚洲东南大陆（直达马来半岛），菲律宾，婆罗洲和苏门答腊。

成虫形态特征（参考 Švácha & Lawrence, 2014）：体长 13 ~ 37 mm。雄虫长形而两侧近乎平行，雌虫一般较粗壮，变化多样。通常黄褐色至黑褐色，长翅个体通常被稀疏至稠密的绒毛，短翅的雌虫通常绒毛较稀疏或一些地方光裸。前口式，不具"颈部"。复眼侧生，中度凹陷，小眼面粗粒，小眼间不具刚毛。触角窝靠近上颚，朝向侧面。前幕骨陷在侧面。后唇基从不超过前唇基，前唇基窄，前端膜质，上唇轻度骨化，具刚毛，不强烈横阔。触角 11 节，栉齿状、锯齿状或丝状，很短至长于体长。上颚长，闭合式交叉，两边略微不对称，末端尖而内弯，不具齿或具 1 齿。下颚须长，末节平切至锥形，外颚叶发达，内颚叶小，颏梯形，不覆盖下颚基部，前颏窄，唇舌退化。前胸窄于鞘翅基部，长宽约等至显著横阔。前胸背板侧面脊斜伸但不接触前足基节窝，通常不完整。前足基节窝外部开放。中胸背板具中央内突（可能不完整），有些类群具发音板。小盾片小，三角形至双叶状。鞘翅发达覆盖腹部或多少短缩而端部分开（如芫天牛属雌虫）。中足基节窝互相极靠近。后胸叉骨具叶片。足中等长，不具适合掘地的特化结构，胫节端部不强烈膨大，不具稠密的边缘刚毛，胫节端距 2-2-2（*Spiniphilus*, *Mantitheus*, *Philus globulicollis*）或 1-2-2（*Philus*, *Doesus*, *Heterophilus*），跗节伪 4 节，前 3 跗节具跗垫，爪间突具多根毛。

本图册记录国家动物博物馆馆藏模式标本 1 族 3 属 4 种 6 号，展示了 5 号标本照片，其中 3 号为正模。

Tribe Philini Thomson, 1861 狭胸天牛族

Heterophilus Pu, 1988 音天牛属

***Heterophilus* Pu, 1988: 302. Type species:** *Heterophilus scabricollis* Pu, 1988, by original designation.

<table>
<tr><td>学名</td><td colspan="6">Heterophilus punctulatus Chiang, Chen & Zhang, 1996</td><td>中文名</td><td>细点音天牛</td></tr>
<tr><td>原始学名</td><td colspan="6">Heterophilus punctulatus Chiang, Chen & Zhang, 1996</td><td>曾用名</td><td></td></tr>
<tr><td>重要引证</td><td colspan="8">Heterophilus punctulatus Chiang, Chen & Zhang, 1996:109, 111, figs.1–3.</td></tr>
<tr><td rowspan="2">模式标本相关信息</td><td>副模</td><td>IOZ(E)1859485</td><td>性别</td><td>♂</td><td>采集时间</td><td>1994. Ⅵ .17</td><td>体长</td><td>21.2 mm</td></tr>
<tr><td>采集人</td><td>陈斌（灯诱）</td><td>产地</td><td colspan="3">西藏贡嘎</td><td>海拔</td><td>3 600 m</td></tr>
<tr><td>已知分布</td><td colspan="8">西藏</td></tr>
<tr><td>寄主</td><td colspan="8">Imperata cylindrica (Linnaeus) Palisot de Beauvois (POACEAE)</td></tr>
<tr><td>备注</td><td colspan="8">正模标本和另外 20 多号副模标本保存于西南农业大学昆虫标本馆</td></tr>
</table>

<table>
<tr><td>学名</td><td colspan="6">Heterophilus scabricollis Pu, 1988</td><td>中文名</td><td>音天牛</td></tr>
<tr><td>原始学名</td><td colspan="6">Heterophilus scabricollis Pu, 1988</td><td>曾用名</td><td></td></tr>
<tr><td>重要引证</td><td colspan="8">Heterophilus scabricollis Pu, 1988: 294, 303, fig. 1</td></tr>
<tr><td rowspan="2">模式标本相关信息</td><td>正模</td><td>IOZ(E)217595</td><td>性别</td><td>♂</td><td>采集时间</td><td>1983. Ⅶ .15</td><td>体长</td><td>21.0 mm</td></tr>
<tr><td>采集人</td><td>韩寅恒</td><td>产地</td><td colspan="3">西藏米林派区</td><td>海拔</td><td>3 000 m</td></tr>
<tr><td>已知分布</td><td colspan="8">西藏</td></tr>
</table>

paratype ♂ Heterophilus punctulatus Chiang et Chen, 1985 细点音天牛
PARATYPE
IOZ(E)1859485

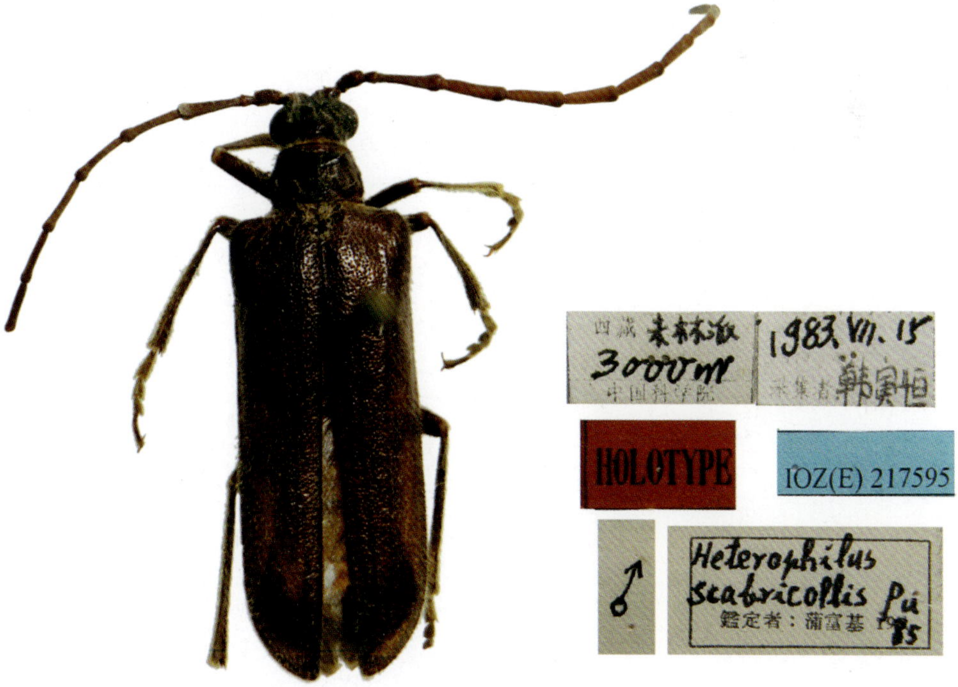
西藏
3000m
中国科学院
1983.VII.15
采集者：韩寅恒
HOLOTYPE
IOZ(E) 217595
♂
Heterophilus scabricollis Pu
鉴定者：蒲富基 1985

Philus Saunders, 1853 狭胸天牛属

***Philus* Saunders, 1853: 110.** Type species: *Philus inconspicuus* Saunders, 1853 (=*Stenochorus antennatus* Gyllenhal, 1817), by monotypy.

学名	***Philus pallescens tristis* Gressitt, 1940**					中文名	海南蔗狭胸天牛
原始学名	***Philus pallescens tristis* Gressitt, 1940**					曾用名	
重要引证	*Philus pallescens tristis* Gressitt, 1940a: 25, pl. 1, figs.4–5.						
模式标本相关信息	正模	IOZ(E)217635	性别	♂	采集时间	1936. Ⅴ.3	体长	17.0 mm
	采集人	Commander G. Ros	产地	海南 Sam-a			海拔	3 000 m
已知分布	海南						
备注	另有 1 号配模标本，可能保存于美国的加州科学院或 Smithonian 博物馆						

Spiniphilus Lin & Bi, 2011 栉狭胸天牛属

***Spiniphilus* Lin & Bi, 2011: 54.** Type species: *Spiniphilus spinicornis* Lin & Bi, 2011, by original designation.

学名	***Spiniphilus spinicornis* Lin & Bi, 2011**					中文名	栉狭胸天牛
原始学名	***Spiniphilus spinicornis* Lin & Bi, 2011**					曾用名	
重要引证	*Spiniphilus spinicornis* Lin & Bi, 2011:55, figs. 1–2						
模式标本相关信息	正模	IOZ(E)1859320	性别	♂	采集时间	1980. Ⅳ.15	体长	26.0 mm
	采集人	高平	产地	云南盈江 N 24°46′; E 97°58′			海拔	1 700 m
	副模	IOZ(E)1859322	性别	♀	采集时间	1980. Ⅳ.21	体长	37.0 mm
	采集人	高平	产地	云南盈江 N 24°46′; E 97°58′			海拔	1 700 m
	副模	IOZ(E)1859321	性别	♂	采集时间	2006. Ⅴ.16	体长	26.0 mm
	采集人	赵萍（灯诱）	产地	云南腾冲县龙川江 N 24°55′; E 98°42′			海拔	1 050 m
已知分布	云南						
备注	另有 1 号雄性副模标本 (22. 8 mm) 保存于天津的陈常卿个人收藏，所有模式标本均被解剖						

HAINAN
Sama 3.V.36
G. Ros leg.
IOZ(E) 217635
HOLOTYPE ♂
PHILUS
PALLESCENS
TRISTIS
GRESSITT
PHILUS
PALLESCENS
TRISTIS
♂ GRESSITT

云南
1700m
中国科学院
1980.IV.15
采集者:
Spiniphilus ♂
spinicornis
gen. sp. nov.
Det. M.Y.LIN 2010
HOLOTYPE
IOZ(E)1859320

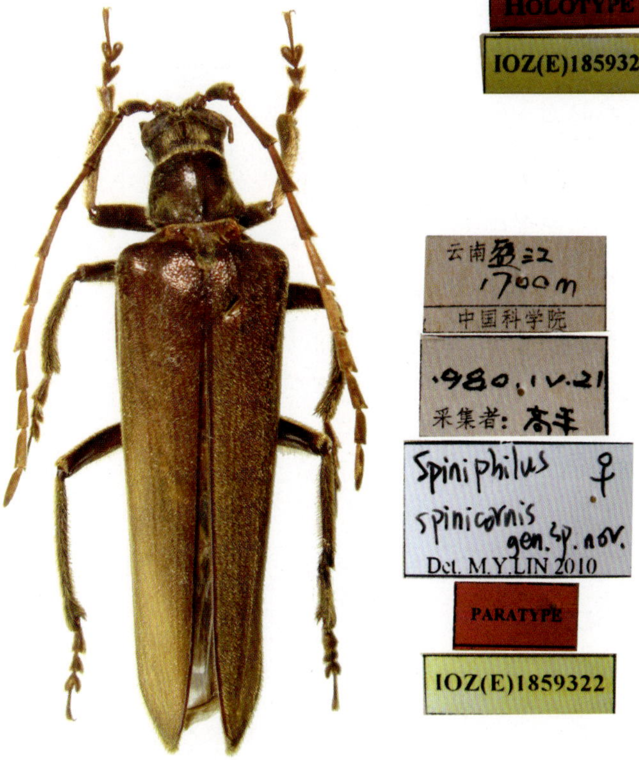
云南
1700m
中国科学院
1980.IV.21
采集者:
Spiniphilus ♀
spinicornis
gen. sp. nov.
Det. M.Y.LIN 2010
PARATYPE
IOZ(E)1859322

Family Disteniidae Thomson, 1861
瘦天牛科

分布（参考 Švácha & Lawrence, 2014）：分布广，但主要集中在热带和亚热带，只有少数种类分布在温带。只有少数种类超过北纬 45°（日本瘦天牛 *Distenia japonica* Bates, 1873）。干旱地区无分布。瘦天牛分布于南美洲（智利和乌拉圭没有记录，阿根廷仅米西奥内斯省有记录）、中美洲（包括一些加勒比海岛屿）、北美洲南部（墨西哥种类很多，仅一种分布于美国东部）、埃塞俄比亚区（即非洲区，包括马达加斯加及其邻近岛屿）、古北区东部（中国东北部、朝鲜半岛、日本、乌苏里地区、库页岛和千岛群岛；古北区西部和西伯利亚无分布记录）、东洋区（包括东南亚的岛屿和一些美拉尼西亚岛屿）。澳大利亚和新西兰无分布记录。

成虫形态特征（参考 Švácha & Lawrence, 2014）：体长 5 ~ 40 mm，体长 2.7 ~ 6 倍于体宽，两侧近乎平行或鞘翅向后收窄，在后翅退化的石瘦天牛属 *Clytomelegena* Pic 和 *Olemehlia* Holzschuh 两个属里鞘翅中部之后略微扩宽。通常褐色至黑色，偶尔具金属光泽且 / 或具斑纹，背面具长竖毛和 / 或短的倒伏毛，鞘翅的倒伏毛有时形成斑纹。前口式，头短或中等长，不狭缩或微向后狭缩，有时形成粗的“颈部”和长的后颊。后头不具横脊或发音板。额中沟不延伸到头颅后缘。复眼小至大，微或强烈突出，复眼浅凹（小的复眼可能完整），小眼面细或粗，小眼面之间不具刚毛。触角着生处从上面可见，很靠近上颚，朝向侧面且多数向前。额唇基缝显著，横形或微 V 形，前幕骨陷显著，位于触角窝、后唇基侧和上颚髁间的狭窄区。前唇基膜质，后唇基骨化。上唇可动，中等或强烈横形，宽圆至横切或微凹切。触角 11 节，线状，通常超出鞘翅末端，有时远长于体，但须天牛属 *Cyrtonops* 和短角瘦天牛属 *Dynamostes* 触角远短于体长。柄节长（有时几乎伸达前胸的后缘），向后渐粗，有时具刺。梗节小（至多长略大于宽），但具大的位于柄节末端开口的髁。全部或至少部分鞭节通常具特有的长毛，但须天牛族 Cyrtonopini 没有这种长毛。上颚短阔至中等长（短角瘦天牛属），多数在中部突然弯，末端双齿（须天牛属）、宽（多数种类）或尖（*Nethinius*）。内切缘简单或具 1 或 2 个切齿，有时具一排长毛，臼板明显，不具臼叶。下颚具显著的具毛外颚叶和内颚叶（须天牛属较小），不具特化的传粉特征。下颚须 4 节，雌虫末节末端尖或中等平切，雄虫末节通常具感觉区，末端扩大为斧状。部分类群（须天牛族和 Heteropalpini）雌虫末节末端钝而雄虫下颚须非常特化，第 2 节很长，第 3 节很短，末节长且具指形分支。下唇须 3 节，末节正常，尖（一些雌虫）至钝宽（多数雄虫）。前胸长 0.65 ~ 1.2 倍于宽，通常中部最宽并具侧刺突或侧瘤突（短角瘦天牛族 Dynamostini 和瘦天牛族 Disteniini 里的 *Micronoemia* 属不具侧瘤突），前胸基部明显窄于鞘翅基部（后翅退化的两属除外），前胸背板两侧不具边缘。前胸腹板突通常完整，末端圆、平切或微扩大，有时短而尖（须天牛属），有时强烈扩宽（短角瘦天牛属和 *Aiurasyma*）。前足基节窝通常狭窄分开并多数圆形，向后开放（除了短角瘦天牛属和 *Aiurasyma*）。中胸背板前端直或浅凹，发音板具中线。小盾片小，多数高于中胸背板，末端宽圆或横切。鞘翅完全盖住腹部，长 2.2 ~ 4.2 倍于两翅合宽，2.7 ~ 5 倍于前胸长，刻点不规则，或具刻点行，偶尔刻点不明显（*Thaigena*）。鞘翅末端合并，缝角和 / 或端缘角可能具刺。鞘翅缘折缺失或不完整。中足基节窝开放或关闭。后胸叉骨侧臂中等或非常长，不具叶片或前突。足中等或很长，通常细长，须天牛属和短角瘦天牛属的雄虫腿节稍粗壮。胫节端距 2-2-2，通常前足胫节内侧和中足胫节外侧近端部具斜凹沟（除了须天牛属）。跗式 5-5-5，伪 4 节，前 3 节具跗垫。爪单齿式，全开式，爪间突具 2 或多根刚毛。

瘦天牛科世界记录超过 300 种，分 4 族，目前中国记录共 3 族 8 属 29 种。本图册记录馆藏模式 1 族 2 属 5 种 12 号，展示了 8 号标本照片，其中 4 号为正模。

Tribe Disteniini Thomson, 1861 瘦天牛族

Distenia Lepeletier & Audinet-Serville, 1828 瘦天牛属

***Distenia* Lepeletier & Audinet-Serville, 1828: 485.** Type species: *Distenia columbina* Lepeletier & Audinet-Serville, 1828, by monotypy.

Apheles Blessig, 1872: 165. Type species: *Apheles gracilis* Blessig, 1872, by monotypy. Synonymized by Gahan, 1906: 62.

Sakuntala Lameere, 1890: ccxiii. Type species: *Sakuntala kalidasae* Lameere, 1890, by monotypy. Synonymized by Gahan, 1906: 62.

Thelxiope Thomson, 1864: 226 [HN, *nec* Rafinesque-Schmaltz, 1814 in Crustacea]. Type species: *Thelxiope viridicyanea* Thomson, 1864, by original designation. Synonymized by Lacordaire, 1869: 227.

Thomsonistenia Santos-Silva & Hovore, 2007:3 [RN]. Type species: *Thelxiope viridicyanea* Thomson, 1864, by original designation.

学名	***Distenia ampliata* Pu, 1985**						中文名	宽肩瘦天牛
原始学名	***Distenia ampliata* Pu, 1985**						曾用名	
重要引证	***Distenia ampliata*** Pu, 1985: 429, 430, fig. 3							
模式标本相关信息	正模	IOZ(E)217575	性别	♀	采集时间	1980. Ⅷ .14	体长	28.5 mm
	采集人	王思政	产地	安徽金寨马宗岭			海拔	
已知分布	安徽							

学名	***Distenia orientalis* Bi & Lin, 2013**						中文名	东方瘦天牛
原始学名	***Distenia orientalis* Bi & Lin, 2013**						曾用名	
重要引证	*Distenia orientalis* Bi & Lin, 2013: 84, figs.25-36, 41-42							
模式标本相关信息	副模	IOZ(E)1859287	性别	♂	采集时间	1979. Ⅷ .14	体长	22.0 mm
	采集人	宋士美	产地	福建崇安三港			海拔	
	副模	IOZ(E)1859293	性别	♂	采集时间	1927. Ⅷ .4	体长	23.4 mm
	采集人		产地	T'ien-mu Shan（浙江天目山）			海拔	
	副模	IOZ(E1859289	性别	♀	采集时间	1927. Ⅷ .3	体长	22.0 mm
	采集人		产地	T'ien-mu Shan（浙江天目山）			海拔	
	副模	IOZ(E)1859288	性别	♂	采集信息	同 1859289，但时间为 1927. Ⅶ .21	体长	24.0 mm
	副模	IOZ(E)1859290 ～ 91	性别	♂	采集信息	同 1859289	体长	21.0 ～ 23.0 mm
	副模	IOZ(E)1859292	性别	♂	采集信息	同 1859293	体长	20.0 mm
已知分布	山西、浙江、江西、福建、广东							
备注	正模标本保存在上海师范大学昆虫标本馆，共有 7 号副模标本保存在本馆，另有多号副模标本保存于上海的毕文烜个人收藏、天津的陈常卿个人收藏以及其他个人收藏，还有 1 号在俄罗斯莫斯科大学动物博物馆							

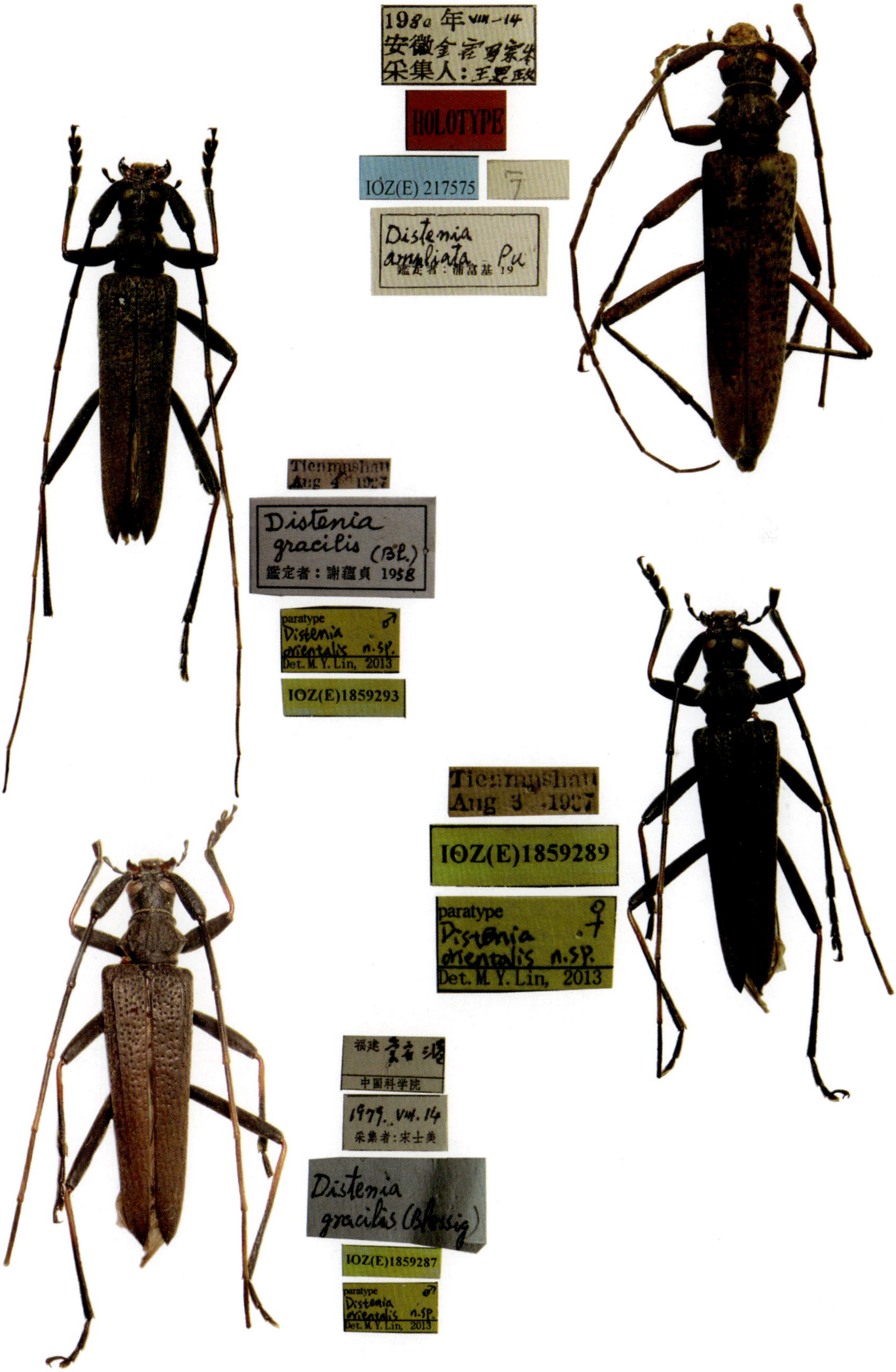
HOLOTYPE
IOZ(E) 217575
Distenia ampliata Pu
鑑定者：蒲富基 19
Tienmushan
Distenia gracilis (Bl.)
鑑定者：謝蘊貞 1958
paratype ♂
Distenia orientalis n.sp.
Det. M. Y. Lin, 2013
IOZ(E)1859293
Tienmushan
IOZ(E)1859289
paratype ♀
Distenia orientalis n.sp.
Det. M. Y. Lin, 2013
福建
中国科学院
1979. VIII. 14
采集者:宋士美
Distenia gracilis (Blessig)
IOZ(E)1859287
paratype ♂
Distenia orientalis n.sp.
Det. M. Y. Lin, 2013

学名	***Distenia shennongjiaensis* Pu, 1985**					中文名	神农架瘦天牛	
原始学名	***Distenia shennongjiaensis* Pu, 1985**					曾用名		
重要引证	***Distenia shennongjiaensis*** Pu, 1985: 427, 429, fig. 1							
模式标本相关信息	正模	IOZ(E)217576	性别	♂	采集时间	1981. Ⅷ .2	体长	16.5 mm
	采集人	韩寅恒	产地	湖北神农架大九湖			海拔	1 800 m
已知分布	湖北							

学名	***Distenia tuberosa* Pu, 1985**					中文名	瘤胸瘦天牛	
原始学名	***Distenia tuberosa* Pu, 1985**					曾用名		
重要引证	***Distenia tuberosa*** Pu, 1985: 427, 430, fig. 2							
模式标本相关信息	正模	IOZ(E)217577	性别	♂	采集时间	1983. Ⅵ .9	体长	18.0 mm
	采集人	王书永	产地	四川贡嘎山燕子沟			海拔	2 500 m
	配模	IOZ(E)217578	性别	♀	采集时间	1983. Ⅸ .7	体长	19.5 mm
	采集人	王瑞琪	产地	四川南坪九寨沟			海拔	2 300 m
已知分布	四川							

Melegena Pascoe, 1869 锤腿瘦天牛属

***Melegena* Pascoe, 1869: 656.** Type species: *Melegena pubipennis* Pascoe, 1869, by monotypy.

学名	***Melegena fulva* Pu, 1990**					中文名	褐锤腿瘦天牛	
原始学名	***Melegena fulva* Pu, 1990**					曾用名		
重要引证	***Melegena fulva*** Pu, 1990: 234, 236, figs.1–2							
模式标本相关信息	正模	IOZ(E)217738	性别	♂	采集时间	1983. Ⅴ .22	体长	12.0 mm
	采集人	张可池	产地	福建福州			海拔	
已知分布	福建、广东、广西							
寄主	*Canarium album* Räuschel (BURSERACEAE), *Aucuba japonica* Thunberg (CORNACEAE)							

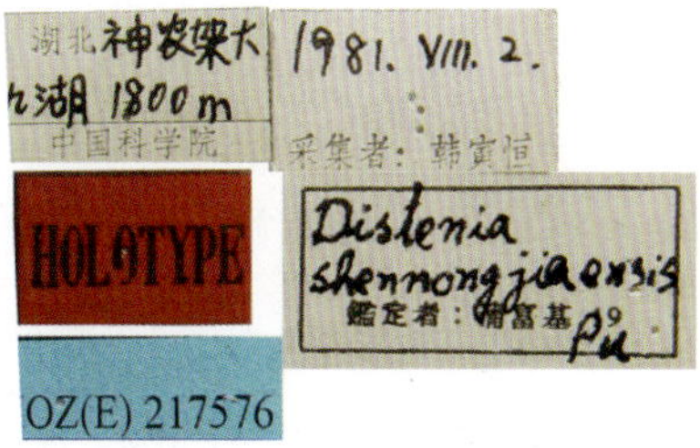
湖北神农架大
湖 1800m
中国科学院
1981. VIII. 2.
采集者：韩寅恒
HOLOTYPE
OZ(E) 217576
Distenia shennongjiaensis
鑑定者：蒲富基
Pu

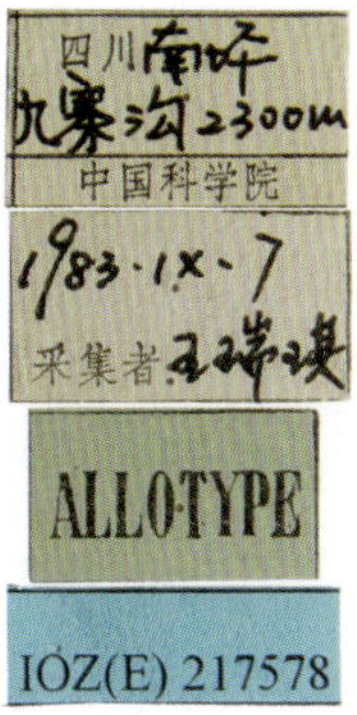
四川南坪
九寨沟 2300m
中国科学院
1983·IX·7
采集者
ALLOTYPE
IOZ(E) 217578

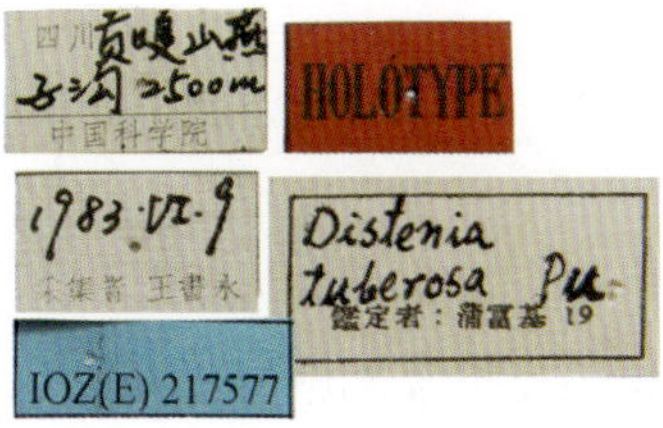
四川贡嘎山燕
子沟 2500m
中国科学院
HOLOTYPE
1983·VI·9
采集者 王书永
Distenia tuberosa Pu
鑑定者：蒲富基 19
IOZ(E) 217577

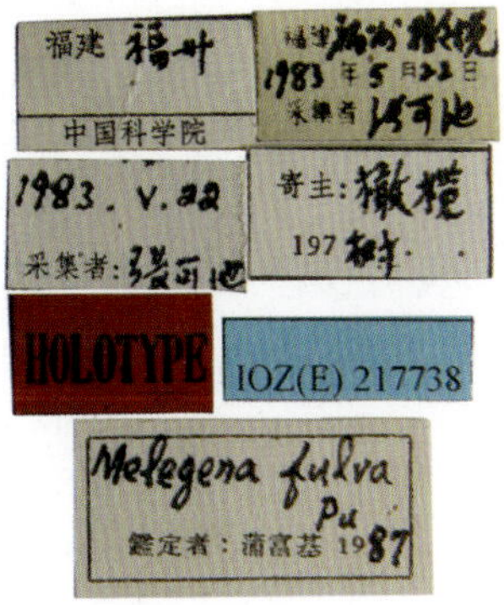
福建
中国科学院
1983 年 5 月22日
1983. V.22
采集者
寄主：橄榄
197
HOLOTYPE
IOZ(E) 217738
Melegena fulva Pu
鑑定者：蒲富基 1987

Family Cerambycidae Latreille, 1802
天牛科

分布（参考 Švácha & Lawrence, 2014）：天牛科世界广布，大概有 3.5 万种（依据 database Titan），目前分为 8 个亚科。锯天牛亚科 Prioninae（1 000 多种）、异天牛亚科 Parandrinae（119 种）、锯花天牛亚科 Dorcasominae（300 多种）、花天牛亚科 Lepturinae（约 1 500 种）、膜花天牛亚科 Necydalinae（约 70 种）、椎天牛亚科 Spondylidinae（约 100 种）、天牛亚科 Cerambycinae（约 11 000 种）和沟胫天牛亚科 Lamiinae（20 000 多种）。热带地区的物种多样性最高，主要是锯天牛亚科、天牛亚科和沟胫天牛亚科。热带地区没有膜花天牛亚科、花天牛亚科和椎天牛亚科，或者仅在高海拔区域有少量分布。在马达加斯加，锯花天牛亚科种类非常多，仅次于沟胫天牛亚科。澳大利亚、新西兰和太平洋群岛只分布有 4 个亚科，即锯天牛亚科、异天牛亚科、天牛亚科和沟胫天牛亚科。在澳大利亚，天牛亚科的种类多于沟胫天牛亚科。

成虫形态特征（参考 Švácha & Lawrence, 2014）：体长 2.4 ~ 175.0 mm，形态多样。体圆筒形至扁平，通常体狭长（长可达到宽的 8 倍），多数两侧几乎平行，罕有近圆形（如沟胫天牛亚科里的 Anisocerini 部分种类）。体表光亮无毛或密被毛或鳞片。头前口式至下口式，有时具缩窄的“颈部”（花天牛亚科多数种类），后头不具横脊。额中沟通常存在，有时延伸至后头区（锯天牛亚科的多数和沟胫天牛亚科）。前幕骨陷位置从侧面至背面 / 前面，有时远离上颚髁，有时不明显。额唇基的分界从显著（通常具两个靠近中央的深凹痕）到无法辨认。上唇可动或不可动（同前唇基愈合），形状从短阔到狭长。复眼很大到强烈退化，但总是存在，从不突出到强烈突出，从卵圆形到肾形，含有分成三叶的特例，从完整到强烈凹陷，有时完全断开为上下两部分；夜行性的种类小眼面较粗粒。触角着生在触角基瘤上，位置从背面且互相靠近到侧面而互相远离，触角着生处与上颚髁从较接近到很远离，不具可以收纳触角凹沟。触角通常 11 节，锯天牛亚科部分（有 8 节和 9

节的类群）和沟胫天牛亚科部分（一些种类第 3 和 4 节很长而其后的鞭小节退化）有少于 11 节的，12 节的情况发生在互不相干的各个类群，是由末节分为两节而来；天牛亚科和锯天牛亚科的一些种类触角多于 12 节。触角通常线状或锯齿状，一般中等长到非常长（可达体长的 5 倍），罕有念珠状、栉齿状、双栉状或扇状，也有棒状的特例。从不明显膝状，但一些拟态蚂蚁的种类柄节很长而第一鞭节模拟蚂蚁膝状弯曲，柄节多样，一般较粗，有时具开放或关闭的端疤，偶尔还具刺或其他突起结构。梗节简单，通常很短，长不大于或略微大于宽，也有长明显大于宽的特例（天牛亚科里的 Opsimini 梗节长为宽的 2.5 ~ 3 倍）。上颚膨阔到中等狭长，末端通常简单，很少分为两齿或扩宽而呈凿形。下颚和下唇多样，下颚须 4 节，末端尖、三角形或斧形。下唇须 3 节，末节末端尖到扩宽。前胸背板不具边缘或具边缘，从横阔到长 4 倍于宽；前胸腹板短或长，前胸腹板突很宽至缺失，前足基节窝多样（横形至圆形），向后开放或关闭。中胸背板具或不具发音板。鞘翅通常狭长，鞘翅长可达两翅基部合宽的 5.5 倍，也有少数宽大于长的特例，有不少鞘翅短缩不覆盖整个腹部的类群。鞘翅刻点通常不规则排列。后翅形状和翅脉多样，有时后翅退化。前足基节形状多样。多数种类跗节伪 4 节（5-5-5），具跗垫，部分真 4 节（4-4-4，第 4 和 5 节愈合）。一些形态（和生物学习性）特异的种类，跗垫退化且第 3 跗节不呈双叶状。

天牛科世界广布，已记录的超过 3.3 万种（Ślipiński & Escalona, 2013），大概有 3.5 万种（Švácha & Lawrence, 2014），也有说 4.5 万种的（Hua *et al*., 2009）。目前中国记录共 78 族 602 属 3 221 种。本图册记录国家动物博物馆馆藏模式标本 7 亚科 47 族 123 属 261 种 625 号，展示了 391 号标本照片，其中 172 号为正模，2 号为正选模，1 号为新模。

Subfamily Prioninae Latreille,1802
锯天牛亚科

分布（参考 Švácha & Lawrence, 2014）：1 000 多种，世界广布，主要分布在温暖的热带与亚热带地区，包括一些干旱的栖息地，温带种类很少。

成虫形态特征（参考 Švácha & Lawrence, 2014）：体型较大，一般不小于 10 mm，最大的可达 175 mm。头部不具明显缢缩的“颈部”，前口式或亚前口式，锯天牛族 Prionini 的一些雄虫具有长而弯向腹面的上颚。额中沟通常延伸至头颅后缘。触角窝大都与上颚髁很靠近（个别类群例外，如 *Anoeme*）。前幕骨陷在侧面至侧背面。上唇活动能力有限，偶尔短而具有与前唇基愈合的趋势。触角长度多样，多数明显超过前胸背板基部，形态上有的具有显著的性二型。锯天牛族的一些种类触角多节（雄虫达 30 多节），第 1 鞭小节（即触角第 3 节）长于其他鞭小节。上颚明显多型，没有明显的臼板（molar plate），内缘不具缨毛或长毛，至多臼齿区具少量短毛（但上颚其他部分可能很多毛）；上颚末端通常简单，很少分为二齿，但一些类群上颚强烈特化且发达，一些种类的雄虫上颚看起来像锹甲的上颚一般。下颚和下唇较为退化，下颚内颚叶强烈退化，下颚须和下唇须的末节均平切状。前胸背板具边缘，侧缘通常具齿或刺，边缘完整或从前胸背板的后角延伸至前足基节窝的侧端。前胸腹板突通常很发达，末端膨大，与中胸腹板前缘接触。中胸背板缺发音板，具显著的中央内突；中足基节窝开放式。后胸叉骨通常不具叶片（laminae），但 *Tragosoma* 和 *Microplophorus* 存在显著的叶片，很可能其他属也存在。后翅发达，少数退化。前足基节横形，不高于前胸腹板突。跗节通常伪 4 节，具跗垫，但一些隐居生活的种类（如一些 Cantharocnemini 的雌虫），跗垫和第 3 跗节严重退化。有些种类爪间突显著而具多根刚毛，有些种类爪间突不明显。产卵器具或多或少侧生的生殖刺突，基腹节骨化，尤其一些营地下生活的具挖掘习性的种类，产卵器骨化很强烈。据目前已研究的少数种类看，中肠短而细，可能与成虫不取食相关。

锯天牛亚科世界记录 1 000 多种，中国记录 7 族 29 属约 94 种（其中 6 种含 2 亚种，1 种含 3 亚种）。本图册记录国家动物博物馆馆藏模式标本 2 族 3 属 7 种 9 号，展示了 8 号标本照片，其中 4 号为正模。

Tribe Anacolini Thomson, 1857 扁角天牛族

本族模式属 *Anacolus* Berthold, 1827 在中国没有分布，尚未有中文名。虽然中文族名跟模式属不对应，但为了使用习惯和方便保留沿用。

Drumontiana Danilevsky, 2001 肚天牛属

***Drumontiana* Danilevsky, 2001: 228.** Type species: *Casiphia lacordairei* Semenov, 1927, by original designation.

<table>
<tr><td>学名</td><td colspan="5">Drumontiana amplipennis (Gressitt, 1939)</td><td>中文名</td><td colspan="2">天目肚天牛</td></tr>
<tr><td>原始学名</td><td colspan="5">Psephactus amplipennis Gressitt, 1939</td><td>曾用名</td><td colspan="2">天目蹇天牛</td></tr>
<tr><td>重要引证</td><td colspan="8">Psephactus amplipennis Gressitt, 1939: 82, pl. I, fig. 1
Drumontiana amplipennis: Komiya & Niisato, 2007: 571, 572, fig. 30</td></tr>
<tr><td rowspan="2">模式标本相关信息</td><td>正模</td><td>IOZ(E)217639</td><td>性别</td><td>♀</td><td>采集时间</td><td>1936. Ⅶ .25</td><td>体长</td><td>17.0 mm</td></tr>
<tr><td>采集人</td><td>O.Piel</td><td>产地</td><td colspan="3">浙江天目山</td><td>海拔</td><td></td></tr>
<tr><td>已知分布</td><td colspan="8">浙江。</td></tr>
</table>

Sarmydus Pascoe, 1867 扁角天牛属

***Sarmydus* Pascoe, 1867: 410.** Type species: *Sarmydus antennatus* Pascoe, 1867, by monotypy.

<table>
<tr><td>学名</td><td colspan="5">Sarmydus cheni Drumont & Bi, 2014</td><td>中文名</td><td colspan="2">陈氏扁角天牛</td></tr>
<tr><td>原始学名</td><td colspan="5">Sarmydus cheni Drumont & Bi, 2014</td><td>曾用名</td><td colspan="2"></td></tr>
<tr><td>重要引证</td><td colspan="8">Sarmydus cheni Drumont & Bi, 2014: 268, figs.1–2</td></tr>
<tr><td rowspan="3">模式标本相关信息</td><td>正模</td><td>IOZ(E)1905265</td><td>性别</td><td>♂</td><td>采集时间</td><td>2011. Ⅶ .23 ～ 31</td><td>体长</td><td>24.0 mm</td></tr>
<tr><td>采集人</td><td>毕文烜</td><td>产地</td><td colspan="3">西藏墨脱汗密</td><td>海拔</td><td>2 100 m</td></tr>
<tr><td>副模</td><td>IOZ(E)1905266</td><td>性别</td><td>♂</td><td colspan="2">采集信息同上，但时间为 2013. Ⅶ .19 ～ 29</td><td>体长</td><td>ca. 24.0 mm</td></tr>
<tr><td>已知分布</td><td colspan="8">西藏</td></tr>
<tr><td>备注</td><td colspan="8">另有 16 号副模标本保存于上海昆虫博物馆、上海毕文烜个人收藏、天津陈常卿个人收藏、比利时布鲁塞尔自然历史博物馆、比利时 Alain Drumont 个人收藏和法国 Norbert Delahaye 个人收藏。
本种原定在 2013 年发表，但由于期刊推迟出版的原因，实际发表日期是 2014 年。
标本照片由毕文烜拍摄</td></tr>
</table>

<table>
<tr><td>学名</td><td colspan="5">Sarmydus loebli Drumont & Weigel, 2010</td><td>中文名</td><td colspan="2">娄氏扁角天牛</td></tr>
<tr><td>原始学名</td><td colspan="5">Sarmydus loebli Drumont & Weigel, 2010</td><td>曾用名</td><td colspan="2"></td></tr>
<tr><td>重要引证</td><td colspan="8">Sarmydus loebli Drumont & Weigel, 2010: 67, pl. I ; pl. 2, figs.2a, b, e–j</td></tr>
<tr><td rowspan="2">模式标本相关信息</td><td>副模</td><td>IOZ(E)1905277</td><td>性别</td><td>♂</td><td>采集时间</td><td>2007. Ⅵ .10 ～ 28</td><td>体长</td><td>18.5 mm</td></tr>
<tr><td>采集人</td><td>Li Jingke（李景科）</td><td>产地</td><td colspan="3">Chine,Yunnan pr.,Linchang City,Mt.Daxue Shan(大雪山)</td><td>海拔</td><td></td></tr>
<tr><td>已知分布</td><td colspan="8">云南</td></tr>
<tr><td>备注</td><td colspan="8">Andreas Weigel 赠送 1 号副模标本，2013 年年底寄达。正模标本保存于比利时皇家自然历史博物馆。产自纳板河保护区的副模标本仍然留存在欧洲，应该在 Andreas Weigel 的个人收藏里。还有一些副模标本在欧洲的个人收藏</td></tr>
</table>

T'ienmu Shan
Musée Heude
HOLOTYPE
PSEPHACTUS
AMPLIPENNIS
J.L.Gressitt
25.VII.36
O. PIEL coll
IOZ(E) 217639
G.58
unique
PSEPHACTUS
AMPLIPENNIS
GRESSITT

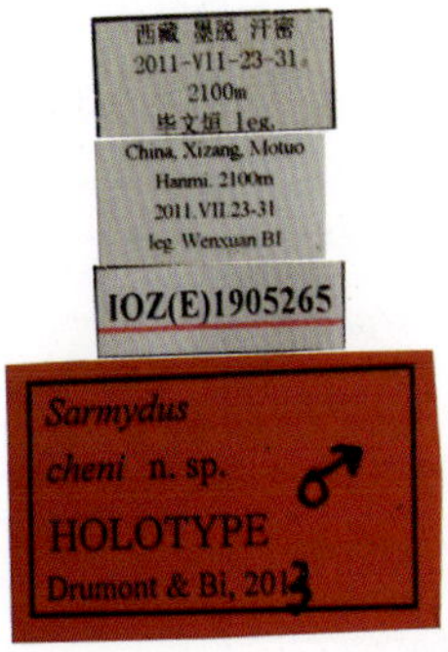
西藏 墨脱 汗密
2011-VII-23-31
2100m
毕文煊 leg.
China, Xizang, Motuo
Hanmi. 2100m
2011.VII.23-31
leg. Wenxuan BI
IOZ(E)1905265
Sarmydus
cheni n. sp.
♂
HOLOTYPE
Drumont & Bi, 2013

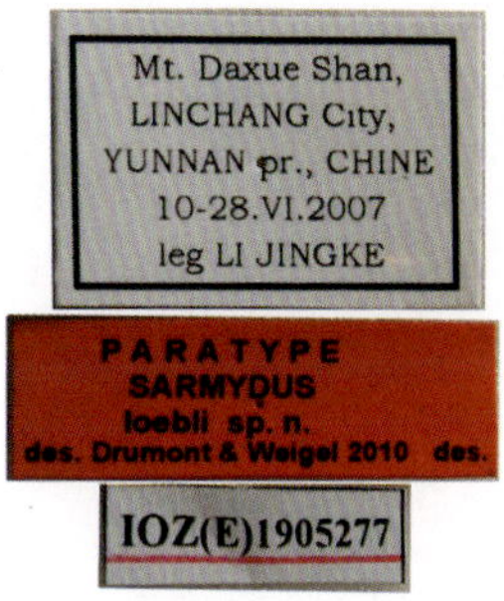
Mt. Daxue Shan,
LINCHANG City,
YUNNAN pr., CHINE
10-28.VI.2007
leg LI JINGKE
PARATYPE
SARMYDUS
loebli sp. n.
des. Drumont & Weigel 2010 des.
IOZ(E)1905277

Tribe Prionini Latreille, 1802 锯天牛族

Prionus Geoffroy,1762 锯天牛属

***Prionus* Geoffroy, 1762: 198.** Type species: *Cerambyx coriarius* Linnaeus, 1758, designated by Latreille, 1810 & ICZN, 1994, Opinion 1754.

Prionus (*Prionellus*) Casey, 1924: 209. Type species: *Prionus pocularis* Dalman, 1817, designated by Linsley, 1962: 38. Synonymized by Linsley, 1962: 38.

<table>
<tr><td>学名</td><td colspan="6">Prionus delavayi lorenci Drumont & Komiya, 2006</td><td>中文名</td><td>娄氏皱胸锯天牛</td></tr>
<tr><td>原始学名</td><td colspan="6">Prionus delavayi lorenci Drumont & Komiya, 2006</td><td>曾用名</td><td></td></tr>
<tr><td>重要引证</td><td colspan="8">Prionus delavayi lorenci Drumont & Komiya, 2006: 11, figs.13-14, carte 3</td></tr>
<tr><td rowspan="2">模式标本相关信息</td><td>副模</td><td>IOZ(E)1859318</td><td>性别</td><td>♂</td><td>采集时间</td><td>1998. Ⅶ.5</td><td>体长</td><td>30.0 mm</td></tr>
<tr><td>采集人</td><td></td><td>产地</td><td colspan="3">Wuyi-shan, Fujian, Chine（福建武夷山）</td><td>海拔</td><td>580 m</td></tr>
<tr><td>已知分布</td><td colspan="8">陕西、浙江、湖北、福建、四川、贵州、云南、西藏</td></tr>
<tr><td>备注</td><td colspan="8">Alain Drumont 赠送 1 号副模标本，2009 年由林美英从比利时带回。正模标本保存于比利时皇家自然历史博物馆</td></tr>
</table>

<table>
<tr><td>学名</td><td colspan="6">Prionus plumicornis Pu, 1987</td><td>中文名</td><td>羽角锯天牛</td></tr>
<tr><td>原始学名</td><td colspan="6">Prionus plumicornis Pu, 1987</td><td>曾用名</td><td></td></tr>
<tr><td>重要引证</td><td colspan="8">Prionus plumicornis Pu, 1987: 90, 97, figs.2A-B</td></tr>
<tr><td rowspan="3">模式标本相关信息</td><td>正模</td><td>IOZ(E)217636</td><td>性别</td><td>♂</td><td>采集时间</td><td>1984. Ⅵ.26</td><td>体长</td><td>29.0 mm</td></tr>
<tr><td>采集人</td><td>江巴</td><td>产地</td><td colspan="3">西藏八宿白马</td><td>海拔</td><td>3 400 m</td></tr>
<tr><td>副模</td><td>IOZ(E)217637</td><td>性别</td><td>♂</td><td colspan="2">采集信息同上，但采集时间为 1984.VI.21</td><td>体长</td><td>28.0 mm</td></tr>
<tr><td>已知分布</td><td colspan="8">西藏</td></tr>
<tr><td>备注</td><td colspan="8">原始文献记录还有 1 号雄性副模标本，采集信息同正模标本，但在这次整理过程中没有找到。标本照片由毕文烜拍摄</td></tr>
</table>

WUYi-SHAN
FUSIAN, CHINE
580m
5. VII. 1998
PRIONUS DELAVAYI
ssp LORENCI n. ssp.
PARATYPE ♂
Drumont & Komiya, 2006
IOZ(E)1859318

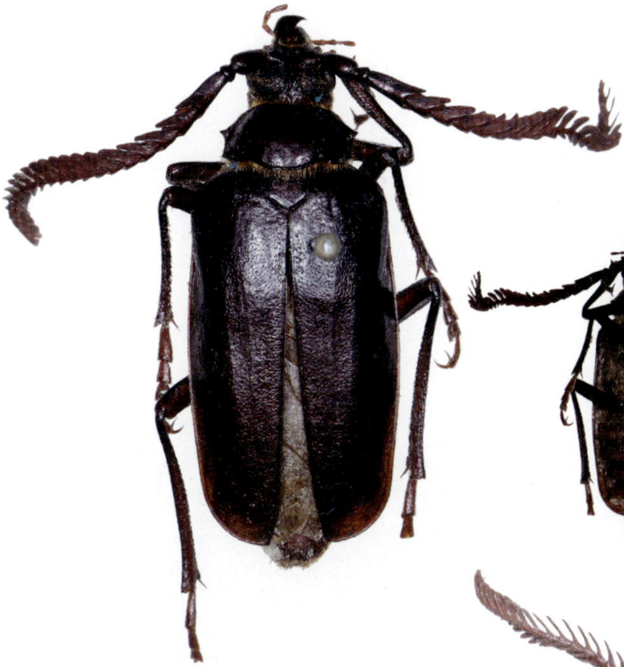

HOLOTYPE
IOZ(E) 217636
Prionus plumicornis Pu.
鑑定者：蒲富基 1985

PARATYPE
IOZ(E) 217637

<table>
<tr><td>学名</td><td colspan="5">Prionus siskai Drumont & Komiya, 2006</td><td colspan="2">中文名</td><td colspan="2">西氏锯天牛</td></tr>
<tr><td>原始学名</td><td colspan="5">Prionus siskai Drumont & Komiya, 2006</td><td colspan="2">曾用名</td><td colspan="2"></td></tr>
<tr><td>重要引证</td><td colspan="9">Prionus siskai Drumont & Komiya, 2006: 15, figs.17–18, carte 5</td></tr>
<tr><td rowspan="2">模式标本相关信息</td><td>副模</td><td>IOZ(E)1859317</td><td>性别</td><td>♂</td><td>采集时间</td><td colspan="2">2003. Ⅶ</td><td>体长</td><td>32.0 mm</td></tr>
<tr><td>采集人</td><td>Ying et Wang</td><td>产地</td><td colspan="4">Ailaoding, Jingdong, Yunnan, Chine（云南景东哀牢山）</td><td>海拔</td><td>2 800 m</td></tr>
<tr><td>已知分布</td><td colspan="9">四川、云南、西藏；缅甸</td></tr>
<tr><td>备注</td><td colspan="9">Alain Drumont 赠送 1 号副模标本，2009 年由林美英从比利时带回。正模标本保存于比利时皇家自然历史博物馆</td></tr>
</table>

<table>
<tr><td>学名</td><td colspan="5">Prionus unilamellatus Pu, 1987</td><td colspan="2">中文名</td><td colspan="2">单叶锯天牛</td></tr>
<tr><td>原始学名</td><td colspan="5">Prionus unilamellatus Pu, 1987</td><td colspan="2">曾用名</td><td colspan="2"></td></tr>
<tr><td>重要引证</td><td colspan="9">Prionus unilamellatus Pu, 1987: 90, 96, figs.1A–B</td></tr>
<tr><td rowspan="2">模式标本相关信息</td><td>正模</td><td>IOZ(E)217638</td><td>性别</td><td>♂</td><td>采集时间</td><td colspan="2">1983. Ⅶ .5</td><td>体长</td><td>28.0 mm</td></tr>
<tr><td>采集人</td><td>雷绪强、次多</td><td>产地</td><td colspan="4">西藏南木林土布加</td><td>海拔</td><td>3 800 m</td></tr>
<tr><td>已知分布</td><td colspan="9">西藏</td></tr>
</table>

西藏南木林土布加
1983、VII. 5
雷绪强、次多
HOLOTYPE
IOZ(E) 217638
Prionus unilamellatus sp. nov
鑑定者：蒲富基 1985

Subfamily Lepturinae Latreille,1802
花天牛亚科

分布（参考 Švácha & Lawrence, 2014）：中等大小的类群，已知约200属1 500种。主要分布在全北区，在新热带区和东洋区也有分布，非洲区则仅知一种（*Apiocephalus punctipennis*）。

成虫形态特征（参考 Švácha & Lawrence, 2014）：小至中等大小，体长3.5 ~ 35 mm，前口式或亚前口式，个别有例外（*Desmocerus* 具垂直的下口式头型且口器强烈倾斜）。眼后或者具突出的上颊和缩窄的“颈部”，或者陡然至逐渐向后缩窄。额中沟通常存在，在后头区消失。触角着生处距上颚髁较远，触角窝朝向侧面至侧背面，几乎总是向前宽阔开放。前幕骨陷通常在背面或侧背面，位于上颚髁的后面，偶尔在侧旁。前唇基和上唇通常发达，轻微突出。触角长度从几乎不超过前胸基部（*Piodes* 的雌虫）到体长的1.5倍，通常线状，很少典型锯齿状。上颚不膨阔，具显著的臼板（少数例外，如 *Teledapus*），内缘通常具长毛，末端简单，*Desmocerus* 的上颚末端稍呈凿形。下颚和下唇发达，下颚内颚叶发达，唇舌通常大，膜质，凹形或双叶状，下颚须和下唇须的末节通常平切状。前胸背板不具边缘，至多具瘤突或刺突，*Enoploderes* 的瘤突扁平且具有锐利的边缘。前足基节窝侧边呈角状，向后开放或关闭不严。前胸腹板突中等宽至狭窄（通常），偶有退化。中胸背板通常具完整的内突，发音板（若有）因此被中央纵纹分为两半；少数（一些 Xylosteini）内突不显而发音板不具中央纵纹；*Pseudovadonia* 的发音板被一道不对称的光滑线分开，但内突仅在基部存在。后胸叉骨具叶片，但不能飞行的特殊类群还未被研究，可能会有例外。后翅发达，少数退化。前足基节突出；跗节伪4节，具跗垫，爪间突多样。产卵器中等长至长，轻微骨化，生殖刺突端生，少数微侧生。

本亚科的单系性不确定。有些作者把 Necydalini 看作花天牛亚科的一个族。分子数据也常常显示膜花天牛类为花天牛的内群（尽管在基部)。花天牛亚科的族级分类还相当混乱,Švácha(in Švácha & Danilevsky,1989)基于幼虫特征初步把它分为六族(一些族只是属组,未被命名):I. Xylosteini(*Xylosteus*、*Leptorrhabdium*、*Centrodera* s. str.);II.(*Rhamnusium*、*Enoploderes*);III.(*Oxymirus*、*Anthophylax*、*Neanthophylax*,Althoff & Danilevsky(1997)把它命名为 Oxymirini);IV.(*Sachalinobia*、*Xenoleptura*);V. Rhagiini(包括 *Cortodera*、*Grammoptera*、*Desmocerus*,以及通常被归入花天牛亚科的 *Strophiona* 和有时被提升为族的 *Encyclops*);VI. Lepturini。

花天牛亚科世界记录约 1 500 种,中国记录 7 族 86 属约 509 种(其中 7 种含 2 亚种,3 种含 3 亚种,1 种含 4 亚种)。本图册记录国家动物博物馆馆藏模式标本 2 族 13 属 28 种 59 号,展示了 35 号标本照片,其中 20 号为正模。

Tribe Lepturini Latreille, 1802 花天牛族

Asilaris Pascoe, 1866 阿斯花天牛属

***Asilaris* Pascoe, 1866: 505.** Type species: *Asilaris zonatus* Pascoe, 1866, by monotypy.

<table>
<tr><td>学名</td><td colspan="6">Asilaris praelatus Holzschuh, 1999</td><td>中文名</td><td>前阿斯花天牛</td></tr>
<tr><td>原始学名</td><td colspan="6">Asilaris praelatus Holzschuh, 1999</td><td>曾用名</td><td></td></tr>
<tr><td>重要引证</td><td colspan="8">Asilaris praelatus Holzschuh, 1999: 18, Abb.22</td></tr>
<tr><td rowspan="2">模式标本相关信息</td><td>副模</td><td>IOZ(E)1859358</td><td>性别</td><td>♂</td><td>采集时间</td><td>1997. V.5～30</td><td>体长</td><td>10.3 mm</td></tr>
<tr><td>采集人</td><td>C. Holzschuh</td><td>产地</td><td colspan="3">Nord-Laos, 20 km NW Louang Namtha, N 21° 09.2′; E 101° 18.7′</td><td>海拔</td><td>900～1 100 m</td></tr>
<tr><td>已知分布</td><td colspan="8">老挝</td></tr>
<tr><td>备注</td><td colspan="8">Carolus Holzschuh 赠送 1 号副模标本，2011. IX.1 收到。标本照片由毕文烜拍摄</td></tr>
</table>

Houzhenzia N. Ohbayashi & Lin, 2012 厚昣花天牛属

***Houzhenzia* N. Ohbayashi & Lin, 2012a: 17.** Type species: *Houzhenzia cheni* N. Ohbayashi & Lin, 2012, by original designation.

<table>
<tr><td>学名</td><td colspan="6">Houzhenzia cheni N. Ohbayashi & Lin, 2012</td><td>中文名</td><td>厚昣花天牛</td></tr>
<tr><td>原始学名</td><td colspan="6">Houzhenzia cheni N. Ohbayashi & Lin, 2012</td><td>曾用名</td><td></td></tr>
<tr><td>重要引证</td><td colspan="8">Houzhenzia cheni N. Ohbayashi & Lin, 2012a: 18, figs.4, 8–10</td></tr>
<tr><td rowspan="2">模式标本相关信息</td><td>正模</td><td>IOZ(E)1858317</td><td>性别</td><td>♂</td><td>采集时间</td><td>2008. V.19</td><td>体长</td><td>17.7 mm</td></tr>
<tr><td>采集人</td><td>杨晓东</td><td>产地</td><td colspan="3">陕西周至县厚昣子西 3 km
N 33° 50.613′; E 107° 48.524′</td><td>海拔</td><td>1 336 m</td></tr>
<tr><td>已知分布</td><td colspan="8">陕西</td></tr>
<tr><td>备注</td><td colspan="8">正模标本由陈常卿先生赠送。另有 1 号副模标本存放于日本爱媛女子大学，1 号副模标本存放于天津陈常卿个人收藏。正模标本在原始文献中误为 2008. Ⅶ.1，核对标签更正为 2008. V.19</td></tr>
</table>

Nord - LAOS, 20km NW
Louang Namtha
21°09.2N/101°18.7E (GPS),
900-1100m, 5.-30.V.1997,
leg.C.Holzschuh
PARATYPUS
Asilaris
praelatus n. sp.
det. C. Holzschuh 1999
IOZ(E)1859358
陕西省周至厚畛子
西 3km N33°50'613"
E107°48'524"
19. V, 2008
杨晓东 采集
Shaanxi, CHINA
Zhouzhi, 3 km West
of Houzhenzi
19. V, 2008
Yang Xiaodong leg.
IOZ(E)1858317
Genitalia 449
HOLOTYPE
Houzhenzia
cheni
N. OHBAYASHI et
LIN, 2012

Leptura Linnaeus,1758 花天牛属

***Leptura* Linnaeus, 1758: 397.** Type species: *Leptura quadrifasciata* Linnaeus, 1758, designated by Westwood, 1840: 41.

<table>
<tr><td>学名</td><td colspan="5">Leptura aurosericans Fairmaire, 1895</td><td>中文名</td><td colspan="2">金丝花天牛</td></tr>
<tr><td>原始学名</td><td colspan="5">Leptura meridiosinica Gressitt, 1951</td><td>曾用名</td><td colspan="2">南方花天牛</td></tr>
<tr><td>重要引证</td><td colspan="8">Leptura (Strangalia) aurosericans Fairmaire, 1895: 177
Leptura aurosericans var. mausonensis Pic, 1903: 29
Leptura aurosericans var. sericea Pic, 1903: 29
Parastrangalis aurosericans v. rufimembris Pic, 1923: 11
Leptura (s. str.) aurosericans; Gressitt, 1951: 98
Leptura (s. str.) meridiosinica Gressitt, 1951: 99, pl. 3, fig. 4. Synonymized by Hayashi & Villiers, 1985: 11</td></tr>
<tr><td rowspan="2">模式标本相关信息</td><td>副模</td><td>IOZ(E)1859458</td><td>性别</td><td>♂</td><td>采集时间</td><td>1943. Ⅶ .22 ~ 24</td><td>体长</td><td>18.0 mm</td></tr>
<tr><td>采集人</td><td></td><td>产地</td><td colspan="3">Fukien, Shaowu, Ta-Chu-Fung (福建邵武大竹岚)</td><td>海拔</td><td></td></tr>
<tr><td>已知分布</td><td colspan="8">河南、浙江、湖北、江西、湖南、福建、广东、广西、四川、贵州、云南；越南，老挝，泰国</td></tr>
<tr><td>备注</td><td colspan="8">Leptura (s. str.) meridiosinica Gressitt,1951 的正模标本存放于中山大学</td></tr>
</table>

<table>
<tr><td>学名</td><td colspan="5">Leptura gradatula Holzschuh, 2006</td><td>中文名</td><td colspan="2">阶梯花天牛</td></tr>
<tr><td>原始学名</td><td colspan="5">Leptura gradatula Holzschuh, 2006</td><td>曾用名</td><td colspan="2"></td></tr>
<tr><td>重要引证</td><td colspan="8">Leptura gradatula Holzschuh, 2006: 216, Abb. 9</td></tr>
<tr><td rowspan="2">模式标本相关信息</td><td>副模</td><td>IOZ(E)1859348</td><td>性别</td><td>♂</td><td>采集时间</td><td>2000. Ⅴ .23 ~ Ⅵ .13</td><td>体长</td><td>11.5 mm</td></tr>
<tr><td>采集人</td><td>C. Holzschuh</td><td>产地</td><td colspan="3">Shaanxi, Qinling Shan, 6 km E of Xunyangba (陕西秦岭)</td><td>海拔</td><td>1 000 ~ 1 300 m</td></tr>
<tr><td>已知分布</td><td colspan="8">陕西、甘肃、四川</td></tr>
<tr><td>备注</td><td colspan="8">Carolus Holzschuh 赠送 1 号副模标本，2011. Ⅸ. 1 收到。照片由毕文烜拍摄</td></tr>
</table>

TA-CHU-FUNG
SHAOWU, FUKIEN
VII-22-24-1943
FCU
PARATYPE
L. MERIDIO-SINICA
J.L.Gressitt
LEPTURA
MERIDIOSINICA
GRESS.
J.L.Gressitt-Det.1948
IOZ(E)1859458

PARATYPUS
Leptura
gradatula n. sp.
det. C. Holzschuh 2006
C-CHINA, Shaanxi, Qinling
Shan, 6 km E of Xunyangba,
1000-1300 m, 23.V.-13.VI.
leg. C. Holzschuh 2000
IOZ(E)1859348

<table>
<tr><td>学名</td><td colspan="5">Leptura linwenhsini N. Ohbayashi & Chou, 2013</td><td>中文名</td><td colspan="2">林文信花天牛</td></tr>
<tr><td>原始学名</td><td colspan="5">Leptura linwenhsini N. Ohbayashi & Chou, 2013</td><td>曾用名</td><td colspan="2"></td></tr>
<tr><td>重要引证</td><td colspan="8">Leptura linwenhsini N. Ohbayashi & Chou, 2013: 30, figs. 15, 20, 34–36</td></tr>
<tr><td rowspan="2">模式标本相关信息</td><td>副模</td><td>IOZ(E)1905116</td><td>性别</td><td>♀</td><td>采集时间</td><td>2008. Ⅶ .14</td><td>体长</td><td>16.9 mm</td></tr>
<tr><td>采集人</td><td>L-H Wang</td><td>产地</td><td colspan="3">Taiwan, Nan Tou County, Ren Ai Village,（光被八表）</td><td>海拔</td><td>2 800 m</td></tr>
<tr><td>已知分布</td><td colspan="8">台湾</td></tr>
<tr><td>备注</td><td colspan="8">正模标本保存于台湾自然科学博物馆。这号副模标本原本属于陈常卿个人收藏，用 1 号云南施华天牛的副模标本（IOZ(E)1859282）交换得来。另有 1 号副模标本保存于陈常卿个人收藏，1 号副模标本保存于日本的 Museum of Nature and Human Activities, Hyogo, Japan</td></tr>
</table>

Ischnostrangalis Ganglbauer, 1890 纤花天牛属

***Strangalia* (*Ischnostrangalis*) Ganglbauer, 1890: 53.** Type species: *Strangalia* (*Ischnostrangalis*) *semenowi* Ganglbauer, 1890, by monotypy.

Ischnostrangalis: Hayashi & Villiers, 1985: 8.

<table>
<tr><td>学名</td><td colspan="5">Ischnostrangalis rhododendri Holzschuh, 2011</td><td>中文名</td><td colspan="2">杜鹃纤花天牛</td></tr>
<tr><td>原始学名</td><td colspan="5">Ischnostrangalis rhododendri Holzschuh, 2011</td><td>曾用名</td><td colspan="2"></td></tr>
<tr><td>重要引证</td><td colspan="8">Ischnostrangalis rhododendri Holzschuh, 2011: 271, figs. 20a & 20b</td></tr>
<tr><td rowspan="2">模式标本相关信息</td><td>副模</td><td>IOZ(E)1905280</td><td>性别</td><td>♀</td><td>采集时间</td><td>2010. Ⅵ .17 ~ 21</td><td>体长</td><td>11.5 mm</td></tr>
<tr><td>采集人</td><td>E. Kucera</td><td>产地</td><td colspan="3">Yunnan, Zhongdian（云南中甸）</td><td>海拔</td><td></td></tr>
<tr><td>已知分布</td><td colspan="8">云南</td></tr>
<tr><td>备注</td><td colspan="8">副模标本是用 1 号横带纤花天牛 Ischnostrangalis fasciolata Holzschuh, 2011 和 1 号扁花天牛 Nivelliomorpha inequalithorax (Pic, 1902) 的普通标本从 Tomáš Tichý 先生处交换得来的。Tomáš Tichý 先生是从采集人 Emil Kucera 先生处高价购得</td></tr>
</table>

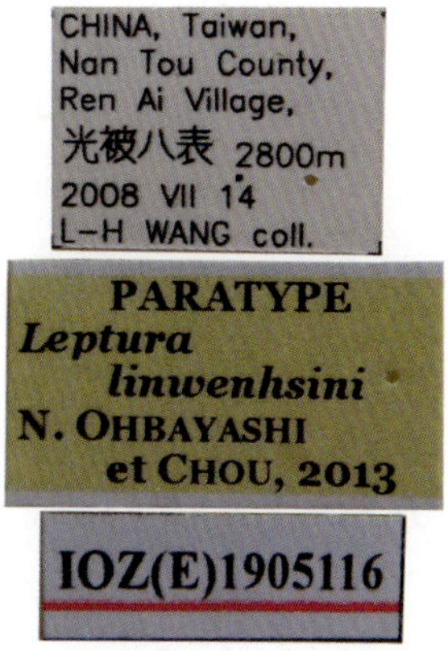
CHINA, Taiwan,
Nan Tou County,
Ren Ai Village,
光被八表 2800m
2008 VII 14
L-H WANG coll.
PARATYPE
Leptura
linwenhsini
N. OHBAYASHI
et CHOU, 2013
IOZ(E)1905116

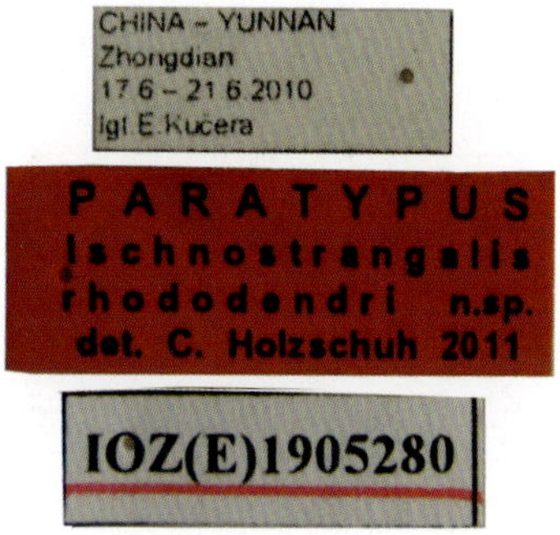
CHINA - YUNNAN
Zhongdian
17.6 - 21.6.2010
lgt. E. Kučera
PARATYPUS
Ischnostrangalis
rhododendri n.sp.
det. C. Holzschuh 2011
IOZ(E)1905280

学名	***Ischnostrangalis tibetensis*** **N. Ohbayashi & Lin, 2013**					中文名	西藏纤花天牛	
原始学名	***Ischnostrangalis tibetensis*** **N. Ohbayashi & Lin, 2013**					曾用名		
重要引证	***Ischnostrangalis tibetensis*** N. Ohbayashi & Lin, 2013: 48, figs.5a–c, 6a–c, 11a–f							
模式标本相关信息	正模	IOZ(E)1858371	性别	♂	采集时间	1983. Ⅷ .20	体长	13.0 mm
	采集人	韩寅恒	产地	西藏林芝墨脱			海拔	2 000 m
	副模	IOZ(E)1906464	性别	♀	采集时间	2011. Ⅶ .26	体长	12.5 mm
	采集人	刘晔	产地	西藏林芝墨脱汗密至拉格			海拔	
已知分布	西藏							
备注	另有 1 号副模标本 IOZ(E)1906486 由天津陈常卿个人收藏，1 号副模标本由上海毕文烜个人收藏，标本照片由大林延夫拍摄							

学名	***Ischnostrangalis wenhsini*** **N. Ohbayashi & Lin, 2013**					中文名	文信纤花天牛	
原始学名	***Ischnostrangalis wenhsini*** **N. Ohbayashi & Lin, 2013**					曾用名		
重要引证	***Ischnostrangalis wenhsini*** N. Ohbayashi & Lin, 2013: 45, figs.4a–c, 10a–f							
模式标本相关信息	正模	IOZ(E)1906485	性别	♂	采集时间	2006. Ⅷ .11	体长	12.7 mm
	采集人	白明	产地	西藏林芝墨脱汗密 N 29.36637°; E 95.12770°			海拔	2 120 m
	副模	IOZ(E)1906489	性别	♂	采集时间	2005. Ⅷ	体长	13.4 mm
	采集人	黄灏	产地	西藏林芝墨脱汗密至老虎嘴			海拔	
已知分布	西藏							
备注	副模标本 IOZ(E)1906489 保存于天津陈常卿个人收藏。标本照片由大林延夫拍摄							

西藏 墨脱
2000m
中国科学院
1983.VIII.20
韩寅恒
IOZ(E)1858371
Genitalia 441
HOLOTYPE
Ischnostrangalis
tibetensis
N. OHBAYASHI et
LIN, 2013

Xizang, CHINA
Hanmi~Lage
Medog, Linzhi
西藏林芝墨脱汗密至拉格
26. VII, 2011
Liu Ye 刘晔 leg.
IOZ(E)1906464
PARATYPE
Ischnostrangalis
tibetensis
N. OHBAYASHI et
LIN, 2013

西藏林芝墨脱汗密
2120m
2006.VIII.11
中科院动物所
29.36637°N
95.12770°E
采集人：白明
中科院动物所
Xizang, CHINA
Hanmi, Medog, Linzhi
西藏林芝墨脱汗密
11. VIII, 2006
Bai Ming leg.
IOZ(E)1906485
Genitalia 555
HOLOTYPE
Ischnostrangalis
wenhsini
N. OHBAYASHI et
LIN, 2013

Parastrangalis Ganglbauer, 1890 异花天牛属

***Leptura* (*Parastrangalis*) Ganglbauer, 1890: 57.** Type species: *Leptura* (*Parastrangalis*) *potanini* Ganglbauer, 1890, by monotypy.

***Strangalia* (*Parastrangalis*):** Aurivillius, 1912: 228, 241.

Parastrangalis: Nakane & K. Ohbayashi, 1959: A64.

***Strangaliella* Hayashi, 1976: 3.**Type species: *Strangalia shikokensis* Matsushita, 1935 (= *Strangalia tenuicornis* Motschulsky, 1862), by original designation. Synonymized by Holzschuh, 1991: 26.

<table>
<tr><td>学名</td><td colspan="6">Parastrangalis crebrepunctata (Gressitt, 1939)</td><td>中文名</td><td>密点异花天牛</td></tr>
<tr><td>原始学名</td><td colspan="6">Strangalia crebrepunctata Gressitt, 1939</td><td>曾用名</td><td>齿瘦花天牛</td></tr>
<tr><td>重要引证</td><td colspan="8">Strangalia crebrepunctata Gressitt, 1939: 91, pl. Ⅲ , fig. 2
Strangalia (Strangalomorpha) crebrepunctata: Gressitt, 1951: 107, 112, pl. 2, fig. 8, pl. 3, fig. 6
Parastrangalis crebrepunctata: Hayashi & Villiers, 1985: 14</td></tr>
<tr><td rowspan="3">模式标本相关信息</td><td>正模</td><td>IOZ(E)217661</td><td>性别</td><td>♂</td><td>采集时间</td><td>1936. Ⅵ .17</td><td>体长</td><td>13.5 mm</td></tr>
<tr><td>采集人</td><td>Père Octave Piel</td><td>产地</td><td colspan="3">T' ien-mu Shan (浙江天目山)</td><td>海拔</td><td></td></tr>
<tr><td>副模</td><td>IOZ(E)217662</td><td>性别</td><td>♂</td><td colspan="2">采集信息同正模 217661 但时间为 1936.VI.16</td><td>体长</td><td>12.5 mm</td></tr>
<tr><td>已知分布</td><td colspan="8">浙江、湖北、湖南、福建、广西、四川、云南</td></tr>
<tr><td>寄主</td><td colspan="8">Cunninghamia lanceolata Hooker (PINACEAE)</td></tr>
</table>

<table>
<tr><td>学名</td><td colspan="6">Parastrangalis shaowuensis (Gressitt, 1951)</td><td>中文名</td><td>邵武异花天牛</td></tr>
<tr><td>原始学名</td><td colspan="6">Strangalia (Strongalomorpha) shaowuensis Gressitt, 1951</td><td>曾用名</td><td>绍武瘦花天牛、绍武宽尾花天牛</td></tr>
<tr><td>重要引证</td><td colspan="8">Strangalia (Strongalomorpha) shaowuensis Gressitt, 1951: 112, pl. 4, fig. 3
Strangalomorpha shaowuensis; Hayashi & Villiers, 1985: 15
Parastrangalis shaowuensis: Ohbayashi N., Niisato & Wang, 2004: 458, fig. 11</td></tr>
<tr><td rowspan="2">模式标本相关信息</td><td>副模</td><td>IOZ(E)1859459</td><td>性别</td><td>♂</td><td>采集时间</td><td>1945. Ⅳ.16 ～ 18</td><td>体长</td><td>10.0 mm</td></tr>
<tr><td>采集人</td><td></td><td>产地</td><td colspan="5">Fukien, Shaowu, Ta-Chu-Fung (福建邵武大竹岚)</td></tr>
<tr><td>已知分布</td><td colspan="8">湖北、福建、广东、四川</td></tr>
<tr><td>备注</td><td colspan="8">正模标本保存于中山大学</td></tr>
</table>

T'ienmu Shan
Musée Heude
17-6-36
O. PIEL, coll.
HOLOTYPE
STRANGALIA
CREBREPUNCTATA
J.L.Gressitt
IOZ(E) 217661
STRANGALIA
CREBEPUNCTATA
GRESSITT
T'ienmu Shan
Musée Heude
PARATYPE
STRANGALIA
CREBREPUNCTATA
J.L.Gressitt
16.6.36
O. PIEL, coll.
IOZ(E) 217662
TA-CHU-FUNG
SHAOWU FUKIEN
IV-16-18-1945
FCU
PARATYPE
STRANGALIA
J.L.Gressitt
STRANGALIA
GRESSITT
J.L.Gressitt-Det.1949
IOZ(E)1859459

<table>
<tr><td>学名</td><td colspan="5">Parastrangalis vicinula Holzschuh, 2008</td><td colspan="2">中文名</td><td colspan="2"></td></tr>
<tr><td>原始学名</td><td colspan="5">Parastrangalis vicinula Holzschuh, 2008</td><td colspan="2">曾用名</td><td colspan="2"></td></tr>
<tr><td>重要引证</td><td colspan="9">Parastrangalis vicinula Holzschuh, 2008: 160, Abb. 8</td></tr>
<tr><td rowspan="2">模式标本相关信息</td><td>副模</td><td>IOZ(E)1859350</td><td>性别</td><td>♀</td><td>采集时间</td><td colspan="2">2008. Ⅳ.23 ～ Ⅴ.15</td><td>体长</td><td>15.5 mm</td></tr>
<tr><td>采集人</td><td>C. Holzschuh</td><td>产地</td><td colspan="4">NE-Laos, Hua Phan Prov. Ban Saluei, Phou Pan (Mt.) N 20° 12′; E 104° 01′</td><td>海拔</td><td>1 500 ～ 1 900 m</td></tr>
<tr><td>已知分布</td><td colspan="9">老挝</td></tr>
<tr><td>备注</td><td colspan="9">Carolus Holzschuh 赠送 1 号副模标本，2011.IX.1 收到。标本照片由毕文烜拍摄</td></tr>
</table>

Pygostrangalia **Pic, 1957 长尾花天牛属**

Strangalina **subgenu.** ***Pygostrangalia*** **Pic, 1957: 76.** Type species: *Strangalina invittaticollis* Pic, 1957 (=*Strangalia kwangtungensis* Gressitt, 1939, synonymized by Hayashi & Villiers, 1985: 62), designated by Hayashi, 1959: 61.

Pygostrangalia: Hayashi, 1959: 61.

<table>
<tr><td>学名</td><td colspan="5">Pygostrangalia tienmushana (Gressitt, 1939)</td><td colspan="2">中文名</td><td colspan="2">天目长尾花天牛</td></tr>
<tr><td>原始学名</td><td colspan="5">Strangalia tienmushana Gressitt, 1939</td><td colspan="2">曾用名</td><td colspan="2">天目长颊花天牛</td></tr>
<tr><td>重要引证</td><td colspan="9">Strangalia tienmushana Gressitt, 1939: 93
Gnathostrangalia tienmushana: Hayashi & Villiers, 1985: 13, 66, 67, fig. 33
Gnathostrangalia nigriventralis Chiang & Wang, 1993: 55, fig 2. Synonymized by Jiang & Chen, 2001: 198
Pygostrangalia tienmushana; Jiang & Chen, 2001: 198, pl. X, fig. 121</td></tr>
<tr><td rowspan="2">模式标本相关信息</td><td>正模</td><td>IOZ(E)217664</td><td>性别</td><td>♀</td><td>采集时间</td><td colspan="2">1936. Ⅶ.20</td><td>体长</td><td>21.0 mm</td></tr>
<tr><td>采集人</td><td>Père Octave Piel</td><td>产地</td><td colspan="4">T’ien-mu Shan（浙江天目山）</td><td>海拔</td><td></td></tr>
<tr><td>已知分布</td><td colspan="9">浙江、福建、广西</td></tr>
</table>

PARATYPUS
Parastrangalis
vicinula n. sp.
det. C. Holzschuh 2008
NE - LAOS, Hua Phan prov.
Ban Saluei, Phou Pan (Mt.)
~20°12'N, 104°01'E
23.IV.-15.V.2008, 1500-
leg. C. Holzschuh, 1900 m
IOZ(E)1859350
T'ienmu Shan
Musée Heude
ALLOTYPE
STRANGALIA
TIENMUSHANA
J.L.Gressitt
20.VIII.36
O. PIEL. coll.
Academia
Sinica
IOZ(E) 217664
STRANGALIA
TIENMUSHANA
GRESSITT

Strangalomorpha Solsky, 1872 宽尾花天牛属

***Strangalomorpha* Solsky, 1872: 253.** Type species: *Strangalomorpha tenuis* Solsky, 1872, by monotypy.

<table>
<tr><td>学名</td><td colspan="5">Strangalomorpha chekianga (Gressitt, 1939)</td><td>中文名</td><td colspan="2">浙宽尾花天牛</td></tr>
<tr><td>原始学名</td><td colspan="5">Strangalia chekianga Gressitt, 1939</td><td>曾用名</td><td colspan="2">浙异花天牛</td></tr>
<tr><td>重要引证</td><td colspan="8">Strangalia chekianga Gressitt, 1939: 90, pl. Ⅲ, fig. 1
Strangalia (Strangalomorpha) chekianga; Gressitt, 1951: 111
Parastrangalis chekianga: Jiang & Chen, 2001: 174, pl. XIV, fig. 55
Metastrangalis chekianga: Yu, Nara & Chu, 2002: 81, pl. 5, fig. 12
Strangalomorpha chekianga; Löbl & Smetana, 2010: 117</td></tr>
<tr><td rowspan="2">模式标本相关信息</td><td>正模</td><td>IOZ(E)217660</td><td>性别</td><td>♀</td><td>采集时间</td><td>1936. Ⅵ .10</td><td>体长</td><td>11.0 mm</td></tr>
<tr><td>采集人</td><td>Père Octave Piel</td><td>产地</td><td colspan="3">浙江天目山（T' ien-mu Shan）</td><td>海拔</td><td></td></tr>
<tr><td>已知分布</td><td colspan="8">陕西、浙江、福建</td></tr>
</table>

<table>
<tr><td>学名</td><td colspan="5">Strangalomorpha platyfasciata (Chiang, 1963)</td><td>中文名</td><td colspan="2">宽带宽尾花天牛</td></tr>
<tr><td>原始学名</td><td colspan="5">Strangalia (Strangalomorpha) platyfasciata Chiang, 1963</td><td>曾用名</td><td colspan="2">宽带瘦花天牛</td></tr>
<tr><td>重要引证</td><td colspan="8">Strangalia (Strangalomorpha) platyfasciata Chiang, 1963: 64, 72, fig. 2
Strangalomorpha platyfasciata; Löbl & Smetana, 2010: 117</td></tr>
<tr><td rowspan="2">模式标本相关信息</td><td>正模</td><td>IOZ(E)217663</td><td>性别</td><td>♀</td><td>采集时间</td><td>1955. Ⅴ .18</td><td>体长</td><td>8.0 mm</td></tr>
<tr><td>采集人</td><td>布希克</td><td>产地</td><td colspan="3">云南芒市西南 30 公里三台山</td><td>海拔</td><td>1 200 m</td></tr>
<tr><td>已知分布</td><td colspan="8">云南</td></tr>
<tr><td>备注</td><td colspan="8">蒋书楠最初打算命名为 Strangalia （Strangalomorpha） shaowuensis grossefasciata（标签信息），但最终正式发表的时候用的是 Strangalia (Strangalomorpha) platyfasciata。原始文献记载为云南潞西西南 30 公里三台山，跟原始标签不一致但指的是同一个地方。历史上潞西市（县）和芒市的名称、范围发生过多次变动。2010 年 7 月 12 日，经国务院批准潞西市更名为芒市</td></tr>
</table>

10·6·36
O. PIEL coll
T'ienmu Shan
Musée Heude
HOLOTYPE
STRANGALIA
CHEKIANGA
J.L.Gressitt
IOZ(E) 217660
STRANGALIA
CHEKIANGA
GRESSITT
Metastrangalis
chekianga (Gressitt)
鉴定者: 林美英, 2007
雲南芒市西南30公里三台山
1200公尺1955.V.18.
布希克
Саньтайшань, 30 км SW
Манши, 1200 м. Юньнань
18 V 1955 Бущик
515
IOZ(E) 217663
HOLOTYPE
Strangalia (Strangalomorpha) shawuensis
grossefasciata subsp. n.
鑑定者: 蔣書楠 1961
Strangalomorpha
platyfasciata
(Chiang, 1963)
Det. M.Y.Lin 2015

Tribe Rhagiini Kirby, 1837 皮花天牛族

Gaurotes LeConte, 1850 金花天牛属

***Gaurotes* LeConte, 1850: 324.** Type species: *Rhagium cyanipenne* Say, 1824, by monotypy.

Subgenus *Carilia* Mulsant, 1863

***Carilia* Mulsant, 1863: 489.** Type species: *Leptura virginea* Linnaeus, 1758, by monotypy.

***Gaurotes* (*Neogaurotes*) Podaný, 1962: 225.** Type species: *Leptura virginea* Linnaeus, 1758, by original designation. Synonymized by Villiers, 1978: 122.

<table>
<tr><td>学名</td><td colspan="5">Gaurotes (Carilia) atricornis Pu, 1992</td><td>中文名</td><td colspan="2">黑角金花天牛</td></tr>
<tr><td>原始学名</td><td colspan="5">Gaurotes (Neogaurotes) atricornis Pu, 1992</td><td>曾用名</td><td colspan="2"></td></tr>
<tr><td>重要引证</td><td colspan="8">Gaurotes (Neogaurotes) atricornis Pu, 1992b: 591, 617, pl. Ⅰ, fig. 4
Gaurotes (Carilia) atricornis: Jiang & Chen, 2001: 72</td></tr>
<tr><td rowspan="6">模式标本相关信息</td><td>正模</td><td>IOZ(E)217698</td><td>性别</td><td>♂</td><td>采集时间</td><td>1982. Ⅶ.23</td><td>体长</td><td>8.9 mm</td></tr>
<tr><td>采集人</td><td>王书永</td><td>产地</td><td colspan="3">云南德钦梅里雪山</td><td>海拔</td><td>3 200～3 500 m</td></tr>
<tr><td>配模</td><td>IOZ(E)217699</td><td>性别</td><td>♀</td><td>采集信息</td><td>同 217698</td><td>体长</td><td>9.1 mm</td></tr>
<tr><td>副模</td><td>IOZ(E)217700-717</td><td>性别</td><td>♂♀</td><td colspan="2">采集信息同 217698，采集人还有张学忠、柴怀成</td><td>体长</td><td>8.5～10.6 mm</td></tr>
<tr><td>副模</td><td>IOZ(E)217718</td><td>性别</td><td>♂</td><td>采集时间</td><td>1982. Ⅸ.4</td><td>体长</td><td>8.5 mm</td></tr>
<tr><td>采集人</td><td>林再</td><td>产地</td><td colspan="3">西藏波密</td><td>海拔</td><td>3 050～3 600 m</td></tr>
<tr><td>已知分布</td><td colspan="8">云南、西藏</td></tr>
</table>

<table>
<tr><td>学名</td><td colspan="5">Gaurotes (Carilia) glabricollis Pu, 1992</td><td>中文名</td><td colspan="2">光胸金花天牛</td></tr>
<tr><td>原始学名</td><td colspan="5">Gaurotes (Neogaurotes) glabricollis Pu, 1992</td><td>曾用名</td><td colspan="2"></td></tr>
<tr><td>重要引证</td><td colspan="8">Gaurotes (Neogaurotes) glabricollis Pu, 1992b: 592, 618, pl. Ⅰ, fig. 5
Gaurotes (Carilia) glabricollis: Jiang & Chen, 2001: 76</td></tr>
<tr><td rowspan="2">模式标本相关信息</td><td>正模</td><td>IOZ(E)217722</td><td>性别</td><td>♂</td><td>采集时间</td><td>1982. Ⅶ.23</td><td>体长</td><td>9.5 mm</td></tr>
<tr><td>采集人</td><td>柴怀成</td><td>产地</td><td colspan="3">云南德钦梅里雪山</td><td>海拔</td><td>3 180 m</td></tr>
<tr><td>已知分布</td><td colspan="8">云南</td></tr>
</table>

云南德钦梅里
雪山3200-3500m
中国科学院
1982.VII.23
采集者 王書永
Gaurotes (Neogaurotes) atricornis Pu
鉴定者：蒲富基 1986
HOLOTYPE
IOZ(E) 217698
云南德钦梅里
雪山3200-3500m
中国科学院
1982.VII.23
采集者 王書永
ALLOTYPE
IOZ(E) 217699
西藏 波密
3050-3600m
中国科学院
1982.IX.4
采集者：林 再
PARATYPE
IOZ(E) 217718
云南德钦梅里雪
山 3180m
中国科学院
1982.VII.23.
采集者：柴怀成
HOLOTYPE
Gaurotes (Neogaurotes) glabricollis Pu
鉴定者：蒲富基 1986
IOZ(E) 217722

Subgenus *Gaurotes* LeConte, 1850: 324. Type species: *Rhagium cyanipenne* Say, 1824

学名	***Gaurotes* (*Gaurotes*) *spinipennis* Pu, 1992**					中文名	刺缝金花天牛	
原始学名	***Gaurotes* (s.str.) *spinipennis* Pu, 1992**					曾用名		
重要引证	*Gaurotes* (s.str.) *spinipennis* Pu, 1992b: 590, 617, pl. Ⅰ, fig. 1							
模式标本相关信息	正模	IOZ(E)217724	性别	♀	采集时间	1961. Ⅷ.9	体长	12.0 mm
	采集人	李瑣富	产地	四川马尔康一道坪			海拔	3 230 m
	配模	IOZ(E)217725	性别	♂	采集时间	1961. Ⅷ.9	体长	10.0 mm
	采集人	李瑣富	产地	四川马尔康一道坪			海拔	3 230 m
已知分布	四川							

3230公尺
中国科学院
1961.VIII.9.
采集者 李貴富
ALLOTYPE
IOZ(E) 217725
Gaurotes spinipennis

Gaurotina Ganglbauer, 1890 瘤花天牛属

***Gaurotina* Ganglbauer, 1890: 49.** Type species: *Gaurotina superba* Ganglbauer, 1890, by monotypy.

<table>
<tr><td>学名</td><td colspan="5">Gaurotina flavimarginata (Pu, 1992)</td><td>中文名</td><td colspan="2">黄缘瘤花天牛</td></tr>
<tr><td>原始学名</td><td colspan="5">Gaurotes (Neogaurotes) flavimarginata Pu, 1992</td><td>曾用名</td><td colspan="2">黄缘金花天牛</td></tr>
<tr><td>重要引证</td><td colspan="8">Gaurotes (Neogaurotes) flavimarginata Pu, 1992: 591, 617, pl. Ⅰ, fig. 3
Gaurotina flavimarginata: Danilevsky & Rapuzzi, 1996: 14, fig. 7
Gaurotes (Carilia) flavimarginata; Jiang & Chen, 2001: 76</td></tr>
<tr><td rowspan="6">模式标本相关信息</td><td>正模</td><td>IOZ(E)217719</td><td>性别</td><td>♂</td><td>采集时间</td><td>1983. Ⅷ.8</td><td>体长</td><td>11.5 mm</td></tr>
<tr><td>采集人</td><td>柴怀成</td><td>产地</td><td colspan="3">四川汶川(卧龙)木江坪</td><td>海拔</td><td>1 200 m</td></tr>
<tr><td>配模</td><td>IOZ(E)217720</td><td>性别</td><td>♀</td><td>采集时间</td><td>1983. Ⅷ.6</td><td>体长</td><td>10.0 mm</td></tr>
<tr><td>采集人</td><td>张学忠</td><td>产地</td><td colspan="3">四川卧龙</td><td>海拔</td><td>2 500 m</td></tr>
<tr><td>副模</td><td>IOZ(E)217721</td><td>性别</td><td>♀</td><td>采集时间</td><td>1983. Ⅷ.8</td><td>体长</td><td>10.0 mm</td></tr>
<tr><td>采集人</td><td>张学忠</td><td>产地</td><td colspan="3">四川卧龙</td><td>海拔</td><td>2 500 m</td></tr>
<tr><td>已知分布</td><td colspan="8">四川</td></tr>
</table>

四川 卧龙
2500m
中国科学院
1983.VIII.6
采集者:张学忠
ALLOTYPE
IOZ(E) 217720
Gaurotes
flavimarginata
sp. nov.

四川卧龙
2500m
中国科学院
1983.VIII.8
采集者:张学忠
PARATYPE
IOZ(E) 217721

学名	***Gaurotina piligera* Pu, 1992**				中文名	毛胸瘤花天牛	
原始学名	***Gaurotes* (*Neogaurotes*) *piligera* Pu, 1992**				曾用名	毛胸金花天牛	
重要引证	***Gaurotes* (*Neogaurotes*) *piligera*** Pu, 1992b: 591, 617, pl. Ⅰ, fig. 1 ***Gaurotina piligera***; Danilevsky & Rapuzzi, 1996: 13, 14, fig. 7 ***Gaurotes* (*Carilia*) *piligera***; Jiang & Chen, 2001: 78						
模式标本相关信息	正模	IOZ(E)217723	性别	♂	采集时间	1982. Ⅶ.7	体长	15.0 mm
	采集人	柴怀成	产地	四川乡城中热乌			海拔	3 800 m
已知分布	四川						

Lemula Bates, 1884 圆眼花天牛属

***Lemula* Bates, 1884: 211.** Type species: *Lemula decipiens* Bates, 1884, by monotypy.

学名	***Lemula coerulea* Gressitt, 1939**					中文名	黄腹圆眼花天牛	
原始学名	***Lemula coerulea* Gressitt, 1939**					曾用名		
重要引证	***Lemula coerulea*** Gressitt, 1939: 84, pl. Ⅱ, fig. 6							
模式标本相关信息	正模	IOZ(E)217541	性别	♀	采集时间	1936. Ⅵ.9	体长	7.8 mm
	采集人	Père Octave Piel	产地	T' ien-mu Shan（浙江天目山）			海拔	
已知分布	浙江、福建、台湾（?）							

学名	***Lemula testaceipennis* Gressitt, 1939**					中文名	黄翅圆眼花天牛	
原始学名	***Lemula testaceipennis* Gressitt, 1939**					曾用名		
重要引证	***Lemula testaceipennis*** Gressitt, 1939: 85, pl. Ⅱ, fig. 7							
模式标本相关信息	正模	IOZ(E)217542	性别	♂	采集时间	1936. Ⅵ.9	体长	7.5 mm
	采集人	Père Octave Piel	产地	T' ien-mu Shan（浙江天目山）			海拔	
已知分布	浙江、福建							

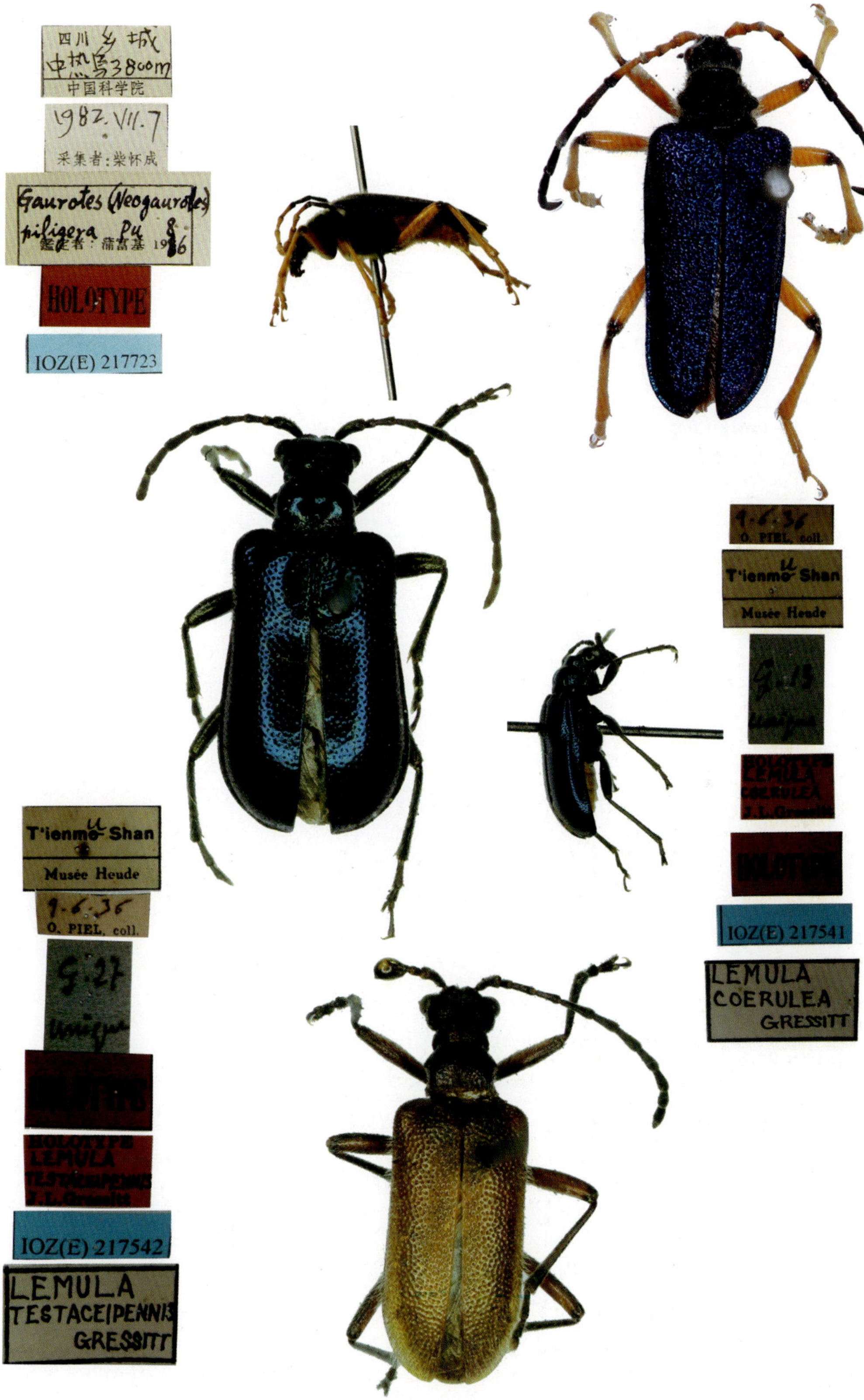
四川 乡城
中热乌3800m
中国科学院
1982.VII.7
采集者:柴怀成
Gaurotes (Neogaurotes) piligera Pu
鉴定者：蒲富基
HOLOTYPE
IOZ(E) 217723
9.6.36
O. PIEL. coll.
T'ienmu Shan
Musée Heude
IOZ(E) 217541
LEMULA COERULEA GRESSITT
T'ienmu Shan
Musée Heude
9.6.36
O. PIEL. coll.
G.27
IOZ(E) 217542
LEMULA TESTACEIPENNIS GRESSITT

Pachyta **Dejean, 1821 厚花天牛属**

Pachyta **Dejean, 1821: 112.** Type species: *Leptura quadrimaculata* Linnaeus, 1758, designated by Westwood, 1840: 41.

Argaleus **LeConte, 1850: 319.**Type species: *Argaleus nitens* LeConte, 1850 (= *Pachyta liturata* Kirby, 1837), designated by Swaine & Hopping, 1928: 10. Synonymized by Linsley & Chemsak, 1972: 65.

Linsleyana **Podaný, 1964: 43.** Type species: *Pachyta armata* LeConte, 1873, by original designation. Synonymized by Linsley & Chemsak, 1972: 65.

Neopachyta Bedel, 1906: 93 [RN]. Synonymized by Linsley & Chemsak, 1972: 65.

<table>
<tr><td>学名</td><td colspan="5">Pachyta mediofasciata Pic, 1936</td><td>中文名</td><td colspan="2">黄带厚花天牛</td></tr>
<tr><td>原始学名</td><td colspan="5">Pachyta mediofasciata Pic, 1936</td><td>曾用名</td><td colspan="2"></td></tr>
<tr><td>重要引证</td><td colspan="8">Pachyta mediofasciata Pic, 1936: 15
Pachyta mediofasciata v. subapicalis Pic, 1939: 1. Synonymized by Gressitt, 1951: 60
Pachyta mediofasciata v. nigromarginalis Pic, 1939: 2. Synonymized by Gressitt, 1951: 60</td></tr>
<tr><td rowspan="2">模式标本相关信息</td><td>正模</td><td>IOZ(E)217630</td><td>性别</td><td>♂</td><td>采集时间</td><td>不详</td><td>体长</td><td>15.0 mm</td></tr>
<tr><td>采集人</td><td></td><td>产地</td><td colspan="3">East Tomb(河北遵化东陵)</td><td>海拔</td><td></td></tr>
<tr><td>已知分布</td><td colspan="8">吉林、内蒙古、河北、陕西、青海</td></tr>
<tr><td>寄主</td><td colspan="8">Pinus armandii Franchet (PINACEAE), Pinus tabulaeformis Hort. ex C. Koch (PINACEAE), Quercus glauca Thunberg (FAGACEAE)</td></tr>
</table>

Pidonia **Mulsant, 1863 驼花天牛属**

Pidonia **Mulsant, 1863: 570.** Type species: *Leptura lurida* Fabricius, 1792, designated by Swaine & Hopping, 1928.

Subgenus *Omphalodera* Solsky, 1872

Omphalodera **Solsky, 1872: 244.** Type species: *Omphalodera puziloi* Solsky, 1872, by monotypy.

Pidonia **(*Omphalodera*): Saito, 2007: 381.**

<table>
<tr><td>学名</td><td colspan="5">Pidonia (Omphalodera) heudei (Gressitt, 1939)</td><td>中文名</td><td colspan="2">脊胸驼花天牛</td></tr>
<tr><td>原始学名</td><td colspan="5">Pseudopidonia (Omphalodera) heudei Gressitt, 1939</td><td>曾用名</td><td colspan="2"></td></tr>
<tr><td>重要引证</td><td colspan="8">Pseudopidonia (Omphalodera) heudei Gressitt, 1939: 86, 90, pl. Ⅱ, fig. 3</td></tr>
<tr><td rowspan="4">模式标本相关信息</td><td>正模</td><td>IOZ(E)217640</td><td>性别</td><td>♂</td><td>采集时间</td><td>1936. Ⅵ.10</td><td>体长</td><td>5.6 mm</td></tr>
<tr><td>采集人</td><td>Père Octave Piel</td><td>产地</td><td colspan="3">T' ien-mu Shan(浙江天目山)</td><td>海拔</td><td></td></tr>
<tr><td>副模</td><td>IOZ(E)217642</td><td>性别</td><td>♀</td><td>采集信息</td><td>同正模 217640</td><td>体长</td><td>5.9 mm</td></tr>
<tr><td>副模</td><td>IOZ(E)217641, 43,44</td><td>性别</td><td>♂
♀</td><td>采集信息</td><td>同正模 217640</td><td>体长</td><td>4.5 ~ 5.0 mm</td></tr>
<tr><td>已知分布</td><td colspan="8">浙江</td></tr>
<tr><td>备注</td><td colspan="8">原始文献误把采集日期印成 1936.VI.16。还有 2 号副模标本不在此处，应是当时保存在命名人手里</td></tr>
</table>

Eastern Tomb
IOZ(E) 217630
Cer. 167
415
HOLOTYPE
Pachyta mediofasciata Pic
T'ienmu Shan
Musée Heude
10-6-36
O. PIEL, coll.
HOLOTYPE
PSEUDOPIDONIA HEUDEI
J.L.Gressitt
IOZ(E) 217640
T'ienmu Shan
Musée Heude
10.6.36
O. PIEL, coll.
PARATYPE
PSEUDOPIDONIA HEUDEI
J.L.Gressitt
IOZ(E) 217642

Subgenus *Pidonia* Mulsant, 1863

***Pidonia* Mulsant, 1863: 570.** Type species: *Leptura lurida* Fabricius, 1792, designated by Swaine & Hopping, 1928.

<table>
<tr><td>学名</td><td colspan="4">Pidonia (Pidonia) nobuoi Chou, 2009</td><td>中文名</td><td colspan="3">延夫驼花天牛</td></tr>
<tr><td>原始学名</td><td colspan="4">Pidonia (Pidonia) nobuoi Chou, 2009</td><td>曾用名</td><td colspan="3"></td></tr>
<tr><td>重要引证</td><td colspan="8">Pidonia (Pidonia) nobuoi Chou, 2009: 110, figs.1-2, 5-7</td></tr>
<tr><td rowspan="2">模式标本相关信息</td><td>正模</td><td>IOZ(E)1859334</td><td>性别</td><td>♂</td><td>采集时间</td><td>2004. Ⅳ.17～18</td><td>体长</td><td>7.9 mm</td></tr>
<tr><td>采集人</td><td>周文一</td><td>产地</td><td colspan="3">广西金秀县大瑶山</td><td>海拔</td><td>1 000 m</td></tr>
<tr><td>已知分布</td><td colspan="8">广西</td></tr>
<tr><td>寄主</td><td colspan="8">Acer sp. (ACERACEAE)</td></tr>
<tr><td>备注</td><td colspan="8">另有 3 号副模标本存放于国立台湾大学和周文一个人收藏。也有人认为应该归到 Cryptopidonia 亚属</td></tr>
</table>

<table>
<tr><td>学名</td><td colspan="4">Pidonia (Pidonia) takakuwai Chou, 2009</td><td>中文名</td><td colspan="3">高桑驼花天牛</td></tr>
<tr><td>原始学名</td><td colspan="4">Pidonia (Pidonia) takakuwai Chou, 2009</td><td>曾用名</td><td colspan="3"></td></tr>
<tr><td>重要引证</td><td colspan="8">Pidonia (Pidonia) takakuwai Chou, 2009: 113, figs.3-4, 8-10</td></tr>
<tr><td rowspan="2">模式标本相关信息</td><td>正模</td><td>IOZ(E)1859335</td><td>性别</td><td>♂</td><td>采集时间</td><td>2004. Ⅳ.21～22</td><td>体长</td><td>8.2 mm</td></tr>
<tr><td>采集人</td><td>周文一</td><td>产地</td><td colspan="3">广西金秀县大瑶山</td><td>海拔</td><td>1 200 m</td></tr>
<tr><td>已知分布</td><td colspan="8">广西</td></tr>
<tr><td>寄主</td><td colspan="8">Castanopsis sp. (FAGACEAE)</td></tr>
<tr><td>备注</td><td colspan="8">另有 7 号副模标本存放于国立台湾大学、国立台湾自然历史博物馆和周文一个人收藏。也有人认为应该归到 Cryptopidonia 亚属</td></tr>
</table>

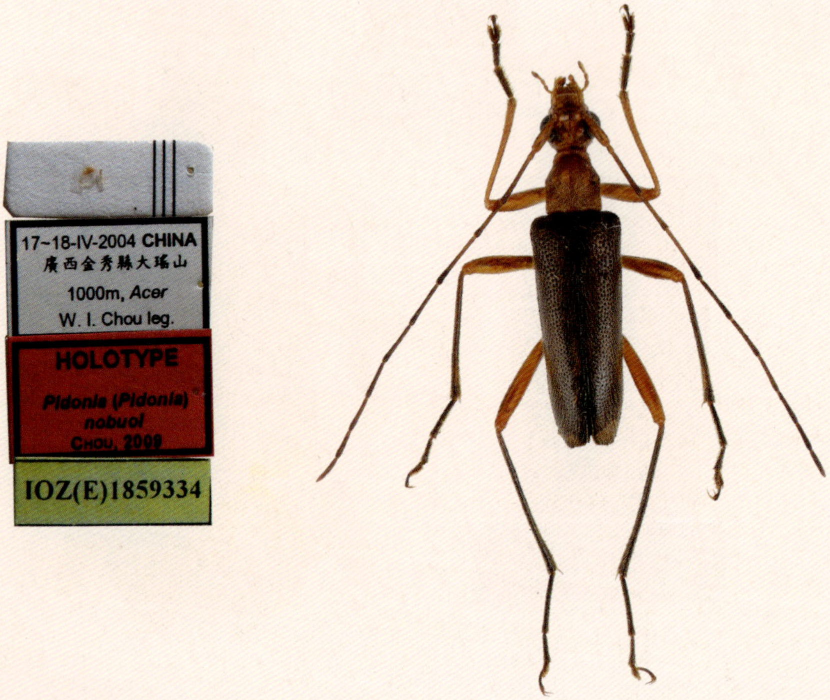

21-22-IV-2004 CHINA
廣西金秀縣大瑤山
1200m, Castanopsis
W. I. Chou leg.
HOLOTYPE
Pidonia (Pidonia)
takakuwai
CHOU, 2009
IOZ(E)1859335

Subgenus *Pseudopidonia* Pic, 1900

***Pidonia* (*Pseudopidonia*)** Pic, 1900: 81. Type species: *Pseudopidonia amurensis* Pic, 1900, by monotypy.

Pseudopidonia: Pic, 1902: 21.

<table>
<tr><td>学名</td><td colspan="6">Pidonia (Pseudopidonia) infuscata (Gressitt, 1939)</td><td>中文名</td><td colspan="2">跷驼花天牛</td></tr>
<tr><td>原始学名</td><td colspan="6">Pseudopidonia infuscata Gressitt, 1939</td><td>曾用名</td><td colspan="2"></td></tr>
<tr><td>重要引证</td><td colspan="9">Pseudopidonia infuscata Gressitt, 1939: 88, pl. Ⅱ, fig. 2
Pidonia (Pseudopidonia) infuscata: Gressitt, 195: 73</td></tr>
<tr><td rowspan="2">模式标本相关信息</td><td>正模</td><td>IOZ(E)217645</td><td>性别</td><td>♂</td><td>采集时间</td><td colspan="2">1936. Ⅵ .10</td><td>体长</td><td>7.5 mm</td></tr>
<tr><td>采集人</td><td>Père Octave Piel</td><td>产地</td><td colspan="4">T' ien-mu Shan(浙江天目山)</td><td>海拔</td><td></td></tr>
<tr><td>已知分布</td><td colspan="9">浙江、福建</td></tr>
<tr><td>备注</td><td colspan="9">还有 1 号副模标本采集于 1936.VI.9，不在此处，应是当时保存在命名人手里。标本照片由毕文烜拍摄</td></tr>
</table>

***Rhondia* Gahan, 1906 肩花天牛属**

***Rhondia* Gahan, 1906: 79.** Type species: *Leptura* (*Capnolymma?*) *pugnax* Dohrn, 1878, by original designation.

***Fairmairia* Podaný, 1964: 43.** Type species: *Pachyta oxyoma* Fairmaire, 1889, by monotypy. Synonymized by Gressitt, 1951: 66.

***Rhondia* (*Rhondiomorpha*) Matsushita, 1933: 180.** Type species: *Rhondia formosa* Matsushita, 1931, by original designation.

<table>
<tr><td>学名</td><td colspan="6">Rhondia bispinosa Holzschuh, 1998</td><td>中文名</td><td colspan="2">川肩花天牛</td></tr>
<tr><td>原始学名</td><td colspan="6">Rhondia bispinosa Holzschuh, 1998</td><td>曾用名</td><td colspan="2"></td></tr>
<tr><td>重要引证</td><td colspan="9">Rhondia bispinosa Holzschuh, 1998: 7, Abb. 5</td></tr>
<tr><td rowspan="2">模式标本相关信息</td><td>副模</td><td>IOZ(E)1859362</td><td>性别</td><td>♀</td><td>采集时间</td><td colspan="2">1994. Ⅵ .22</td><td>体长</td><td>10.0 mm</td></tr>
<tr><td>采集人</td><td>C. Holzschuh</td><td>产地</td><td colspan="4">Sichuan, Emei Shan(四川峨眉山)</td><td>海拔</td><td>1 600 ～ 1 800 m</td></tr>
<tr><td>已知分布</td><td colspan="9">四川</td></tr>
<tr><td>备注</td><td colspan="9">Carolus Holzschuh 赠送 1 号副模标本，2011. IX. 1 收到。标本照片由毕文烜拍摄</td></tr>
</table>

T'ienmu Shan
Musée Heude
O. PIEL, coll.
PSEUDOPIDONIA INFUSCATA GRESSITT
HOLOTYPE PSEUDOPIDONIA INFUSCATA J.L.Gressitt
IOZ(E) 217645

CHINA, Sichuan, Emei Shan, 1800-1600m, 22.VI.1994, leg.C.Holzschuh.
PARATYPUS
Rhondia bispinosa n.sp.
det. C. Holzschuh 1998
IOZ(E)1859362

学名	***Rhondia maculithorax* Pu, 1992**					中文名	斑胸肩花天牛	
原始学名	***Rhondia formosa maculithorax* Pu, 1992**					曾用名	台湾肩花天牛斑胸亚种	
重要引证	***Rhondia formosa maculithorax*** Pu, 1992b: 592, 618, pl. I, fig. 6 ***Rhondia maculithorax*** Jiang & Chen, 2001: 57, pl. II, fig. 16 ; pl. XIII, fig. 8 ; pl. XV, fig.11 ***Rhondia hubeiensis*** Wang & Jiang, 1994: 192,fig 1. Synonymized by Jiang & Chen, 2011:57							
模式标本相关信息	正模	IOZ(E)217770	性别	♀	采集时间	1983. Ⅷ .6	体长	12.5 mm
	采集人	张学忠	产地	四川卧龙三圣沟			海拔	2 500 m
	副模	IOZ(E)217771	性别	♀	采集时间	1983. Ⅷ .8	体长	12.0 mm
	采集人	王瑞琪	产地	四川卧龙三圣沟			海拔	2 500 m
已知分布	湖北、四川							

四川 卧龙
三圣沟 2500m
中国科学院
1983.VIII.6
采集者:
♀
Rhondia formosa
maculithorax Pu
鑑定者：蒲富基 19
HOLOTYPE
IOZ(E) 217770

Subfamily Spondylidinae Audinet-Serville，1832
椎天牛亚科

分布（参考 Švácha & Lawrence, 2014）：仅约 90 种，其中 2/3 属于幽天牛族 Asemini。本亚科主要分布在全北区，在南美没有分布，中美的种类显然是北方类群的分支。东洋区的种类很少且是古北区种类的近缘类群。澳洲区没有土著类群，据报道梗天牛属 *Arhopalus* 已经入侵到澳洲区。因为椎天牛亚科与天牛亚科经常混淆，它的分布区很难确定。

成虫形态特征（参考 Švácha & Lawrence, 2014）：小至中等大小，体长 5 ~ 35 mm，近圆筒形（椎天牛族 Spondylidini）至扁平。头部可能在眼后狭缩但不具突出的上颊；颜面很短，前口式或亚前口式。额中沟存在至退化或缺失（主要是椎天牛族）。在 Saphanini、*Oxypleurus* 和截尾天牛族 Atimiini，触角窝离上颚髁相对较远，且触角窝朝向侧面；而在幽天牛族和椎天牛族，触角窝离上颚髁较近，且触角窝微微朝向前面。前幕骨陷显著，位于侧面至背面。前唇基小，椎天牛族的前唇基非常短，上唇通常短阔，可动。触角短于或稍长于体长，椎天牛族的触角非常短，形状简单至典型锯齿状，11 节。上颚通常短（但有些种类，尤其是椎天牛族的雄虫，上颚长，甚至呈镰刀状），臼齿区具细短绒毛，有的不具臼板，内缘不具长毛，末端通常简单。下颚和下唇相当小，下颚内颚叶发达，唇舌多样，下颚须和下唇须的末节微平切至阔斧形。前胸背板不具边缘或仅具不连续的微弱隆突。前足基节窝形状多样，向后开放或关闭。中胸背板具显著的中央内突，发音板（若有）具中央纵纹。后胸叉骨通常具叶片（*Michthisoma* 缺失）。后翅一般发达，但 *Drymochares* 和 *Michthisoma* 的后翅退化。前足基节横形至近球形，低于前胸腹板突，最多微弱突出。跗节伪 4 节，具跗垫。爪间突小而具 2 根刚毛至不明显。椎天牛族的足特化，短，胫节具扁平的锯齿，跗垫多数退化，第 3 跗节的叶状突小。生殖刺突通常端生，但在椎天牛属

Spondylis 基腹节多数骨化而生殖刺突微侧生，断眼天牛属 *Tetropium* 也多数如此但较弱。

现行的 Spondylidinae 亚科包括了过去的 Spondylidinae 和 Aseminae。本亚科目前包括 4 族：Saphanini、截尾天牛族、幽天牛族和椎天牛族。尤其 Saphanini 经常与天牛亚科混淆。本亚科很多问题仍有待解决。

椎天牛亚科世界记录约 100 种，中国记录 3 族 8 属约 31 种。本图册记录国家动物博物馆馆藏模式标本 2 族 2 属 5 种 5 号，展示了 5 号标本照片，全部为正模。

Tribe Asemini Thomson, 1861 幽天牛族

Arhopalus Audinet-Serville, 1834 梗天牛属

***Arhopalus* Audinet-Serville, 1834: 77.** Type species: *Cerambyx rusticus* Linnaeus, 1758, designated by Westwood, 1840,

***Criocephalus* Mulsant, 1839: 63.** Type species: *Cerambyx rusticus* Linnaeus, 1758, designated by Thomson, 1864: 268. Synonymized by Linsley, 1940: 254.

***Criocephalum* Dejean, 1835: 328.** Type species: *Cerambyx rusticus* Linnaeus, 1758, by monotypy. Synonymized by Linsley, 1940: 254.

***Hylescopus* Gistel, 1856: 376 [unnecessary substitute name]**

学名	***Arhopalus angustus* Gressitt, 1951**					中文名	江苏梗天牛
原始学名	***Arhopalus* (*Cephalocrius*) *angustus* Gressitt, 1951**					曾用名	
重要引证	***Arhopalus* (*Cephalocrius*) *angustus*** Gressitt, 1951: 36, pl. 1, fig. 7						
模式标本相关信息	正模	IOZ(E)217556	性别	♂	采集时间	1928. Ⅶ .1	体长 17.5 mm
	采集人		产地	Shanghai, Zi-Ka-Wei（上海徐家汇）		海拔	
已知分布	陕西、江苏、上海						

学名	***Arhopalus biarcuatus* Pu, 1981**					中文名	弧凹梗天牛
原始学名	***Arhopalus* (*Cephalocrius*) *biarcuatus* Pu, 1981**					曾用名	
重要引证	***Arhopalus* (*Cephalocrius*) *biarcuatus*** Pu, 1981: 418, 427, pl. I, figs.1, 1a						
模式标本相关信息	正模	IOZ(E)217557	性别	♂	采集时间	1975. Ⅶ .20	体长 24.0 mm
	采集人	张学忠	产地	西藏吉隆区		海拔	2 800 m
已知分布	西藏						
备注	采集日期：文献记录为 1975. Ⅷ .20，标签显示为 1975. Ⅶ .20。推测文献记录错误						

学名	***Arhopalus cavatus* Pu, 1981**					中文名	双坑梗天牛
原始学名	***Arhopalus* (*Cephalocrius*) *cavatus* Pu, 1981**					曾用名	
重要引证	***Arhopalus* (*Cephalocrius*) *cavatus*** Pu, 1981: 419, 428, pl. I, figs.2, 2a						
模式标本相关信息	正模	IOZ(E)217558	性别	♀	采集时间	1975. Ⅷ	体长 20.5 mm
	采集人	谌莫美	产地	西藏亚东		海拔	
已知分布	西藏						

CHINE
Criocephalus
arhopalus (Cephalocrius) angustus Gr.
J.L.Gressitt-Det.194
Yip-12
HOLOTYPE CEPHALOCRIUS ANGUSTUS
J.L. Gressitt
IOZ(E) 217556

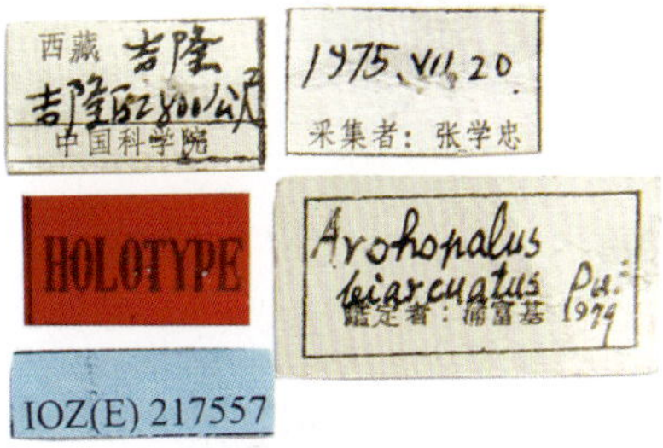
西藏 吉隆
中国科学院
1975.VII.20
采集者：张学忠
HOLOTYPE
Arohopalus biarcuatus Pu
鉴定者：蒲富基 1979
IOZ(E) 217557

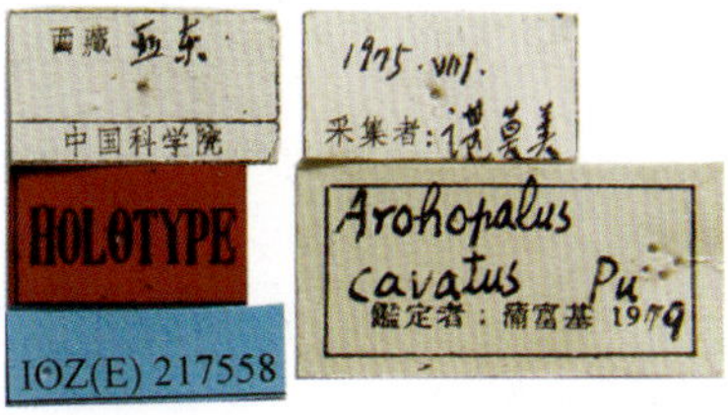
西藏 亚东
中国科学院
1975.VIII.
采集者：
HOLOTYPE
Arohopalus cavatus Pu
鉴定者：蒲富基 1979
IOZ(E) 217558

学名	***Arhopalus foveatus* Chiang, 1963**						中文名	三穴梗天牛
原始学名	***Arhopalus* (*Cephalocrius*) *foveatus* Chiang, 1963**						曾用名	
重要引证	***Arhopalus* (*Cephalocrius*) *foveatus*** Chiang, 1963: 64, 72, fig. 1							
模式标本相关信息	正模	IOZ(E)217559	性别	♀	采集时间	1955. Ⅳ.4	体长	19.0 mm
	采集人	克雷让诺夫斯基	产地	云南普洱			海拔	1 400 m
已知分布	福建、云南、西藏							

Tribe Atimiini LeConte, 1873 截尾天牛族

Atimia Haldeman, 1847 截尾天牛属

***Atimia* Haldeman, 1847: 56.** Type species: *Atimia tristis* Haldeman, 1847 (= *Clytus confusus* Say, 1827), by monotypy.

***Myctus* Semenov & Plavilstshikov, 1937: 252.** Type species: *Myctus maculipunctus* Semenov & Plavilstshikov, 1937, by original designation. Synonymized by Linsley, 1939: 65.

学名	***Atimia chinensis* Linsley, 1939**						中文名	中华截尾天牛
原始学名	***Atimia chinensis* Linsley, 1939**						曾用名	
重要引证	***Atimia chinensis*** Linsley, 1939: 67, 76, pl. 14, fig. 3							
模式标本相关信息	正模	IOZ(E)217563	性别	♀	采集时间	1931. Ⅴ.26	体长	6.5 mm
	采集人	Père Octave Piel	产地	Chekiang, Chusan (浙江舟山)			海拔	
已知分布	浙江							
备注	标本照片由大林延夫和毕文烜拍摄							

雲南普洱1400公尺
1955.IV.4.
克雷讓諾夫斯基
Пуэр, 1400 м.
Юньнань•4 1У 1955
Крыжановский
HOLOTYPE
104
IOZ(E) 217559
Arhopalus (Cephalo-
crius) foveatus
sp. nov.
鑑定者：蔣書楠 1962

CHEKIANG
Chusan
Musée Heude
HOLOTYPE
Atimia
chinensis
21-V-31
O. PIEL, coll.
IOZ(E) 217563
G. 54
Unique

Subfamily Necydalinae Latreille,1825
膜花天牛亚科

分布（参考 Švácha & Lawrence, 2014）：一般仅分布于北半球，包括北美（南达墨西哥）、古北区和东洋区的北部。仅膜花天牛属 *Necydalis* 的两个“离群”种在婆罗洲和爪哇有分布。本亚科只有两个属：膜花天牛属和蜂花天牛属 *Ulochaetes*。膜花天牛属约包括 70 种，东南亚（中国、越南北部、老挝北部、泰国北部及尼泊尔）有许多新种最近被描述。一些类群非常相似而地位不确定，许多古北区东部的种已经被定为异名。蜂花天牛属仅包括北美西部的一种和喜马拉雅地区（中国和不丹）的一种。

成虫形态特征（参考 Švácha & Lawrence, 2014）：中等大小，体长 12 ~ 35 mm，鞘翅缩短，仅盖住具翅胸节，后翅外露而翅端不折叠，灵活的腹部可进行大范围的垂直活动。头短，后口式，上颊陡然突出（可能具一条垂直的隆突），具缩窄的“颈部”。额中沟存在，在后头区消失。触角着生在隆突的触角基瘤上，远离上颚髁，触角窝朝向侧面或侧背面，有时微朝前。前幕骨陷总是在背面，位于连接上颚髁和触角窝的一条微弱突起的中间。上唇可动，前唇基中等大。触角 11 节，线状，偶尔长于体长（蜂花天牛属的雄虫）。上颚短，三角形，具小的臼板，内缘显著具毛，末端简单。下颚和下唇发达，下颚内颚叶发达，唇舌膜质，双叶状，下颚须和下唇须的末节或多或少平切状。前胸背板不具边缘，前足基节窝向后宽阔开放至狭窄关闭。前胸腹板突狭窄。中胸背板仅基部的腹面具中央内突，背面具无中央纵纹的发音板。后胸叉骨具叶片。鞘翅末端通常圆形，但 *Eonecydalis* 亚属的鞘翅末端尖突。后翅发达。前足基节中度横形，突出，低于前胸腹板突。跗节伪 4 节，具跗垫，后足第一跗节明显长于其余各节，不具跗垫。爪间突多样，通常显著而多刚毛。产卵器长，末端不骨化，生殖刺突端生（膜花天牛属）。

膜花天牛亚科只分 2 个属，其中膜花天牛属世界记录约 70 种，蜂花天牛属仅 2 种，中国记录 2 属约 22 种。本图册记录国家动物博物馆馆藏模式标本 1 族 2 属 8 种 15 号，展示了 11 号标本照片，其中 8 号为正模。

Necydalis Linnaeus, 1758 膜花天牛属

Necydalis **Linnaeus, 1758: 421.** Type species: *Necydalis major* Linnaeus, 1758, designated by Latreille, 1829.

Subgenus *Eonecydalis* Ohbayshi, 1961

Necydalis **(*Eonecydalis*) Ohbayshi, 1961: 17.** Type species: *Necydalis formosana* Kano, 1933, by original designation.

<table>
<tr><td>学名</td><td colspan="5">Necydalis (Eonecydalis) bicolor Pu, 1992</td><td colspan="2">中文名</td><td>两色膜花天牛</td></tr>
<tr><td>原始学名</td><td colspan="5">Necydalis bicolor Pu, 1992</td><td colspan="2">曾用名</td><td></td></tr>
<tr><td>重要引证</td><td colspan="8">Necydalis bicolor Pu, 1992: 219, 221, pl. I, fig. 4 (actually is fig. 5)
Necydalis (Eonecydalis) bicolor; Takakuwa & Niisato, 1996: 85, figs.6–7, 30–34</td></tr>
<tr><td rowspan="2">模式标本相关信息</td><td>正模</td><td>IOZ(E)217740</td><td>性别</td><td>♀</td><td>采集时间</td><td>1963. Ⅵ.18</td><td>体长</td><td>23.0 mm</td></tr>
<tr><td>采集人</td><td>王书永</td><td>产地</td><td colspan="3">广西龙胜白岩</td><td>海拔</td><td>1 150 m</td></tr>
<tr><td>已知分布</td><td colspan="8">广西; 越南</td></tr>
<tr><td>备注</td><td colspan="8">原文的图版第 4 图和第 5 图标注错误，图 5 才是 N. bicolor。从原文（左后足缺损）可以确证。模式标本采集标签和鉴定标签均符合原文描述</td></tr>
</table>

<table>
<tr><td>学名</td><td colspan="5">Necydalis (Eonecydalis) maculipennis Pu, 1992</td><td colspan="2">中文名</td><td>斑翅膜花天牛</td></tr>
<tr><td>原始学名</td><td colspan="5">Necydalis maculipennis Pu, 1992</td><td colspan="2">曾用名</td><td></td></tr>
<tr><td>重要引证</td><td colspan="8">Necydalis maculipennis Pu, 1992: 219, 221, pl. I, fig. 5 (actually is fig. 4)
Necydalis (Eonecydalis) maculipennis; Löbl & Smetana, 2010: 140</td></tr>
<tr><td rowspan="2">模式标本相关信息</td><td>正模</td><td>IOZ(E)217781</td><td>性别</td><td>♀</td><td>采集时间</td><td>1973. Ⅶ.26</td><td>体长</td><td>24.5 mm</td></tr>
<tr><td>采集人</td><td>黄复生</td><td>产地</td><td colspan="3">西藏察隅梯玉</td><td>海拔</td><td>2 280 m</td></tr>
<tr><td>已知分布</td><td colspan="8">西藏</td></tr>
<tr><td>备注</td><td colspan="8">采集日期：原文中文记录为 1973. Ⅷ.26，英文记录和标签显示为 1973. Ⅶ.26。后者正确。原文的图版第 4 图和第 5 图标注错误，图 4 才是 N. maculipennis。从原文（后足跗节缺损）可以确证。模式标本采集标签和鉴定标签均符合原文描述</td></tr>
</table>

广西龙胜白岩
1150公尺
中国科学院
1963.VI.18.
采集者 王書永
HOLOTYPE
IOZ(E) 217740
Necydalis
bicolor Pu
鑑定者：蒲富基 1988

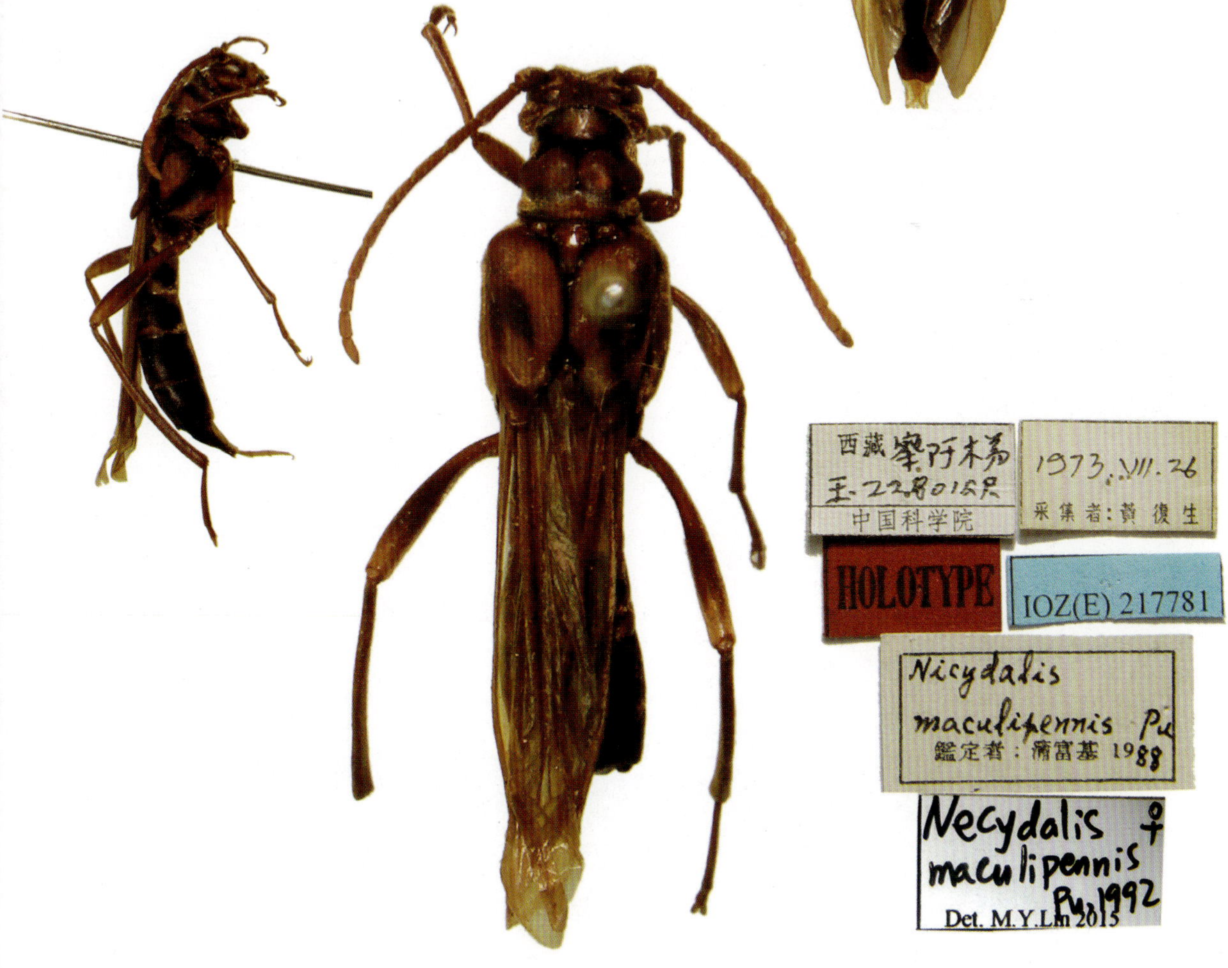
中国科学院
采集者：黄復生
HOLOTYPE
IOZ(E) 217781
Nicydalis
maculipennis Pu
鑑定者：蒲富基 1988
Necydalis ♀
maculipennis
Pu, 1992
Det. M.Y.Lin 2015

Subgenus *Necydalis* Linnaeus, 1758

***Necydalis* Linnaeus, 1758: 421.** Type species: *Necydalis major* Linnaeus, 1758, designated by Latreille, 1829.

***Gymnopterion* Schrank, 1798: 373.** Type species: *Gymnopterion majus* Schrank, 1798 (= *Necydalis major* Linnaeus, 1758), by monotypy.

<table>
<tr><td>学名</td><td colspan="5">Necydalis (Necydalis) choui Niisato, 2004</td><td>中文名</td><td colspan="2">周氏膜花天牛</td></tr>
<tr><td>原始学名</td><td colspan="5">Necydalis choui Niisato, 2004</td><td>曾用名</td><td colspan="2"></td></tr>
<tr><td>重要引证</td><td colspan="8">Necydalis choui Niisato, 2004: 430, figs. 3, 4, 14, 15, 18, 20–26</td></tr>
<tr><td rowspan="2">模式标本相关信息</td><td>正模</td><td>IOZ(E)221385</td><td>性别</td><td>♂</td><td>采集时间</td><td>2000. Ⅳ.21</td><td>体长</td><td>26.0 mm</td></tr>
<tr><td>采集人</td><td>周文一</td><td>产地</td><td colspan="3">Guangxi Zhuangzu Ziziqu, Jinxiu Yaozu Zizixian, Mt. Dayao Shan（广西金秀大瑶山）</td><td>海拔</td><td>1 200 m</td></tr>
<tr><td>已知分布</td><td colspan="8">广西</td></tr>
<tr><td>寄主</td><td colspan="8">Castanopsis sp. （FAGACEAE）</td></tr>
</table>

<table>
<tr><td>学名</td><td colspan="5">Necydalis (Necydalis) fujianensis Niisato & Pu, 1998</td><td>中文名</td><td colspan="2">福建膜花天牛</td></tr>
<tr><td>原始学名</td><td colspan="5">Necydalis fujianensis Niisato & Pu, 1998</td><td>曾用名</td><td colspan="2"></td></tr>
<tr><td>重要引证</td><td colspan="8">Necydalis fujianensis Niisato & Pu, 1998: 446, figs. 1a–b</td></tr>
<tr><td rowspan="2">模式标本相关信息</td><td>正模</td><td>IOZ(E)1859477</td><td>性别</td><td>♂</td><td>采集时间</td><td>1981. Ⅵ.16</td><td>体长</td><td>23.6 mm</td></tr>
<tr><td>采集人</td><td>齐石成</td><td>产地</td><td colspan="3">福建十八跳</td><td>海拔</td><td></td></tr>
<tr><td>已知分布</td><td colspan="8">福建</td></tr>
</table>

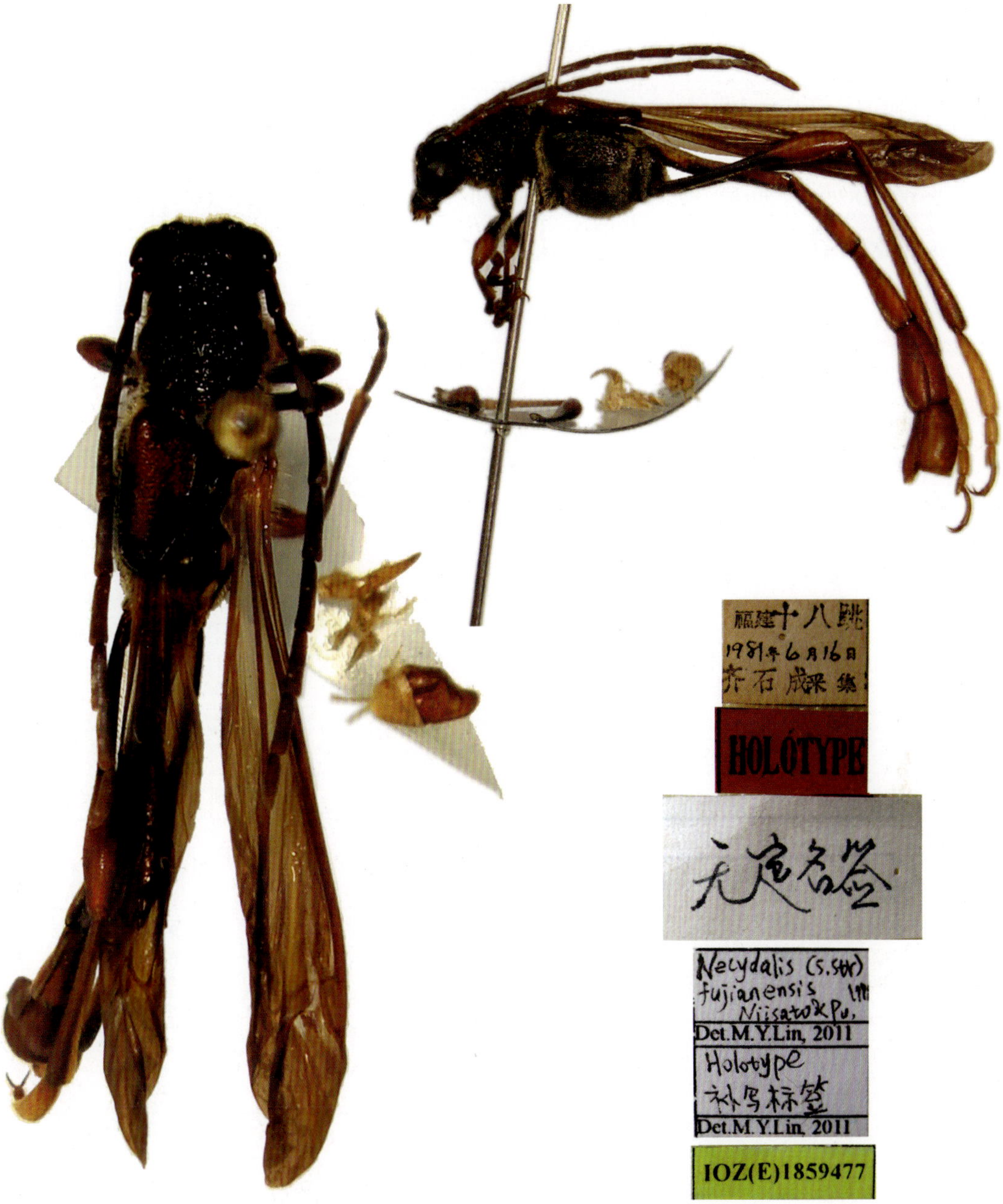
福建十八跳
1981年6月16日
齐石成采集
HOLOTYPE
无定名签
Necydalis (s.str.)
fujianensis
Niisato & Pu,
Det.M.Y.Lin, 2011
Holotype
补写标签
Det.M.Y.Lin, 2011
IOZ(E)1859477

<table>
<tr><td>学名</td><td colspan="6">Necydalis (Necydalis) inermis Pu, 1992</td><td>中文名</td><td>缺脊膜花天牛</td></tr>
<tr><td>原始学名</td><td colspan="6">Necydalis inermis Pu, 1992</td><td>曾用名</td><td></td></tr>
<tr><td>重要引证</td><td colspan="8">Necydalis inermis Pu, 1992: 218, 221, pl. Ⅰ, fig. 3</td></tr>
<tr><td rowspan="8">模式标本相关信息</td><td>正模</td><td>IOZ(E)217741</td><td>性别</td><td>♀</td><td>采集时间</td><td>1981. Ⅵ.13</td><td>体长</td><td>16.5 mm</td></tr>
<tr><td>采集人</td><td>白俊生</td><td>产地</td><td colspan="3">甘肃武威林业局</td><td>海拔</td><td></td></tr>
<tr><td>副模</td><td>IOZ(E)217742</td><td>性别</td><td>♀</td><td>采集时间</td><td>1965. Ⅶ.28</td><td>体长</td><td>16.0 mm</td></tr>
<tr><td>采集人</td><td>青海省农科院植保所</td><td>产地</td><td colspan="3">青海祁连</td><td>海拔</td><td></td></tr>
<tr><td>副模</td><td>IOZ(E)217743</td><td>性别</td><td>♀</td><td>采集时间</td><td>1981. Ⅴ.20</td><td>体长</td><td>14.5 mm</td></tr>
<tr><td>采集人</td><td>白俊生</td><td>产地</td><td colspan="3">甘肃天祝哈溪</td><td>海拔</td><td></td></tr>
<tr><td>地模</td><td>IOZ(E)217780</td><td>性别</td><td>♀</td><td>采集时间</td><td>1981. Ⅵ.13</td><td>体长</td><td>15.5 mm</td></tr>
<tr><td>采集人</td><td>白俊生</td><td>产地</td><td colspan="3">甘肃武威林业局</td><td>海拔</td><td></td></tr>
<tr><td>已知分布</td><td colspan="8">甘肃、青海</td></tr>
<tr><td>备注</td><td colspan="8">IOZ(E)217780 号标本虽然插有副模标签，但在原始描述文献并未记录，只能算是地模</td></tr>
</table>

<table>
<tr><td>学名</td><td colspan="6">Necydalis (Necydalis) nigra Pu, 1992</td><td>中文名</td><td>黑膜花天牛</td></tr>
<tr><td>原始学名</td><td colspan="6">Necydalis nigra Pu, 1992</td><td>曾用名</td><td></td></tr>
<tr><td>重要引证</td><td colspan="8">Necydalis nigra Pu, 1992: 217, 220, pl. Ⅰ, fig. 1</td></tr>
<tr><td rowspan="6">模式标本相关信息</td><td>正模</td><td>IOZ(E)217744</td><td>性别</td><td>♂</td><td>采集时间</td><td>1984. Ⅴ.16</td><td>体长</td><td>22.0 mm</td></tr>
<tr><td>采集人</td><td>顾茂彬</td><td>产地</td><td colspan="3">海南乐东县尖峰岭</td><td>海拔</td><td>1 350 m</td></tr>
<tr><td>副模</td><td>IOZ(E)217745</td><td>性别</td><td>♂</td><td>采集时间</td><td>1984. Ⅴ.17</td><td>体长</td><td>26.0 mm</td></tr>
<tr><td>采集人</td><td>顾茂彬</td><td>产地</td><td colspan="3">海南乐东县尖峰岭</td><td>海拔</td><td>1 350 m</td></tr>
<tr><td>副模</td><td>IOZ(E)217746-48</td><td>性别</td><td>♂</td><td>采集时间</td><td>1984. Ⅳ.11, 16</td><td>体长</td><td>20.0 ~ 25.0 mm</td></tr>
<tr><td>采集人</td><td>陈芝卿、顾茂彬</td><td>产地</td><td colspan="3">海南乐东县尖峰岭</td><td>海拔</td><td>1 350 m</td></tr>
<tr><td>已知分布</td><td colspan="8">海南</td></tr>
<tr><td>备注</td><td colspan="8">文献记录的采集时间和标签上登记的有些出入，四月和五月弄混。Takakuwa & Niisato (1996) 认为 Necydalis nigra Pu, 1992 为 Necydalis strnadi Holzschuh, 1989 的次异名</td></tr>
</table>

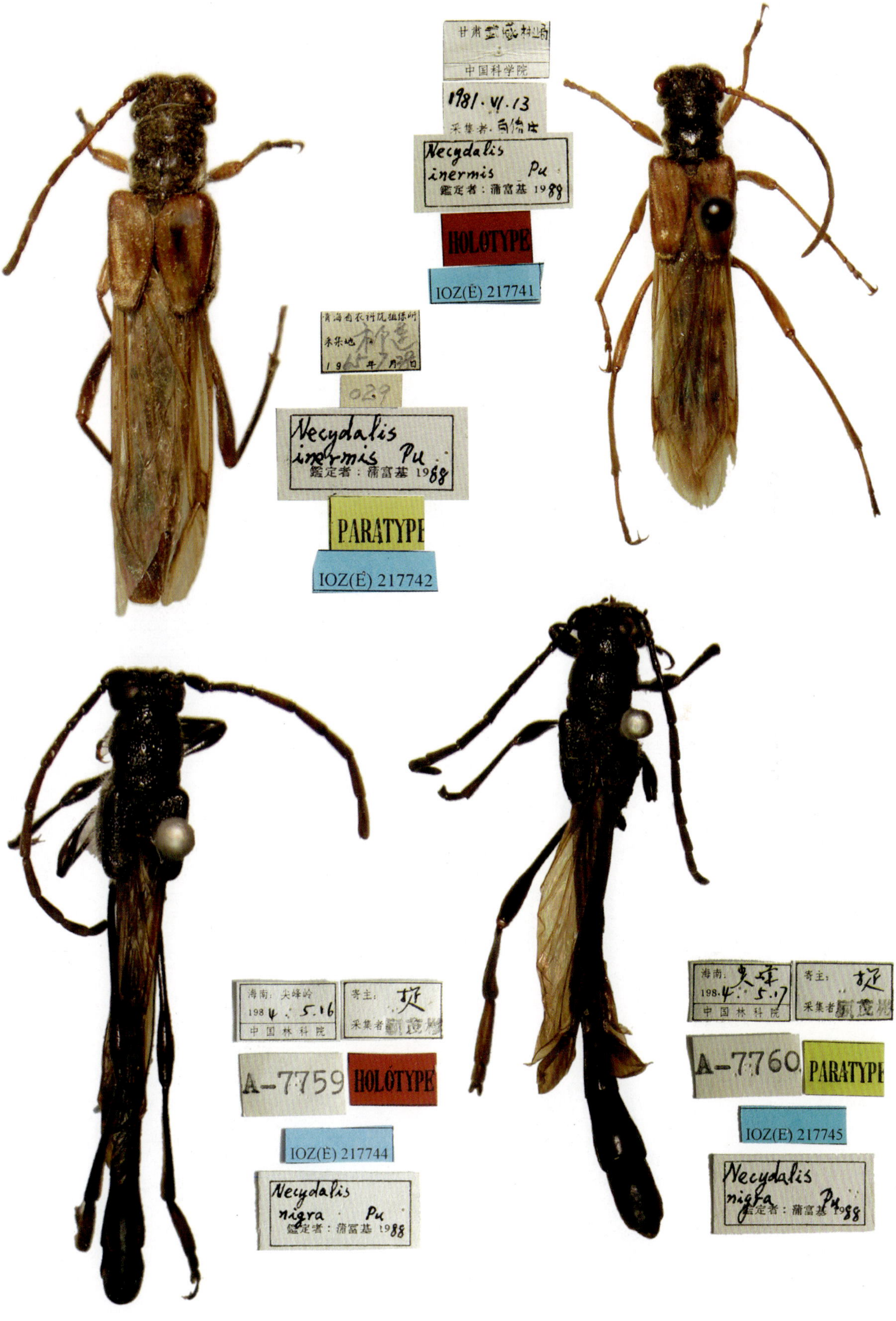
中国科学院
1981. VI. 13
Necydalis inermis Pu
鑑定者：蒲富基 1988
HOLOTYPE
IOZ(E) 217741
029
Necydalis inermis Pu
鑑定者：蒲富基 1988
PARATYPE
IOZ(E) 217742
海南：尖峰岭
中国林科院
A-7759
HOLOTYPE
IOZ(E) 217744
Necydalis nigra Pu
鑑定者：蒲富基 1988
海南：
中国林科院
A-7760
PARATYPE
IOZ(E) 217745
Necydalis nigra Pu
鑑定者：蒲富基 1988

学名	***Necydalis* (*Necydalis*) *strnadi* Holzschuh, 1989**					中文名	异膜花天牛	
原始学名	***Necydalis similis* Pu, 1992**					曾用名	肖黑膜花天牛	
重要引证	***Necydalis* (s. str.) *strnadi*** Holzschuh, 1989: 156, Abb. 13 ***Necydalis similis*** Pu, 1992: 218, 220, pl. Ⅰ, fig. 2. Synonymized by Takakuwa & Niisato, 1996: 83							
模式标本相关信息	正模	IOZ(E)217749	性别	♂	采集时间	1984. Ⅳ.11	体长	23.5 mm
	采集人	林尤洞	产地	海南乐东县尖峰岭			海拔	1 350 m
	副模	IOZ(E)217750	性别	♂	采集时间	1983. Ⅳ.14	体长	23.0 mm
	采集人	顾茂彬	产地	海南乐东县尖峰岭			海拔	1 350 m
已知分布	广东、海南；越南							
备注	Takakuwa & Niisato (1996) 认为 *Necydalis similis* Pu, 1992 为 *Necydalis strnadi* Holzschuh, 1989 的次异名							

Ulochaetes LeConte, 1854 蜂花天牛属

***Ulochaetes* LeConte, 1854: 82.** Type species: *Ulochaetes leoninus* LeConte, 1854, by monotypy.

学名	***Ulochaetes vacca* Holzschuh, 1982**					中文名	黄腹蜂花天牛	
原始学名	***Ulochaetes fulvus* Pu, 1988**					曾用名		
重要引证	***Ulochaetes vacca*** Holzschuh, 1982: 65, fig. 3 ***Ulochaetes fulvus*** Pu, 1988: 295, 303, fig. 2. Synonymized by Lin & Tichý, 2014: 129							
模式标本相关信息	正模	IOZ(E)217668	性别	♀	采集时间	1983. Ⅷ.20	体长	28.0 mm
	采集人	韩寅恒	产地	西藏墨脱			海拔	2 000 m
已知分布	陕西、四川、云南、西藏；不丹							
备注	标本的部分照片由毕文烜拍摄							

海南：尖峰岭
1983.4.14
中国林科院
寄主：
采集者
A-3564
PARATYPE
Necydalis similis Pu
鑑定者：蒲富基 1988
IOZ(E) 217750

1983.VIII.20
HOLOTYPE
IOZ(E) 217668
Ulochaetes fulvus Pu
鑑定者：蒲富基 1985

Subfamily Dorcasominae Lacordaire,1868
锯花天牛亚科

(= Subfamily Apatophyseinae Lacordaire, 1869)

分布（参考 Švácha & Lawrence, 2014）：300 多种（321 种，Vives,2015）。分布在东洋区、古北区南部（包括非洲北部）及非洲热带区，尤其在马达加斯加岛种类繁多。Dorcasomini（*Dorcasomus*）的种类仅分布在非洲热带区的大陆部分。本亚科最近才被提出，还未被广泛接受；一些目前归在其他亚科（尤其是天牛亚科和花天牛亚科）的属可能属于本亚科，因此亚科的分布范围可能扩大。据目前所知，本亚科在澳洲区、太平洋岛屿和美洲没有分布。

成虫形态特征（参考 Švácha & Lawrence, 2014）：小至中等大小，体长 5 ~ 40 mm；体通常长形，具锥形或近于平行的鞘翅，常常具有长而适于行走的足；无身体扁平的种类。前口式，有时具明显的“喙”，一般在眼后缢缩，但绝不具突出的上颊和缩窄的“颈部”。额中沟显著。触角着生部位多样，触角窝通常朝向侧面或侧背面，仅一些访花类群的头部特化（如 *Sagridola* 及其近缘种类），触角彼此靠近且着生部位明显靠前。额唇基沟（如果显著）靠近中央，通常具明显的凹痕，在喙状类头部此凹痕强烈 V 形，前幕骨陷在侧面或在侧背面（通常在连接上颚髁与触角窝的突起的侧边），少数种类的前幕骨陷很不明显。前唇基短至中等长，通常扁平，上唇可动。触角长度多样，11 节（偶尔最后 1 节具亚节），扁平状至典型锯齿状。上颚不大，末端单齿，内缘通常具显著的毛，臼齿区可能不骨化，不具明显的臼板。下颚和下唇发达，下颚内颚叶显著，唇舌通常较大，膜质而末端凹形或双叶状，下颚须和下唇须的末节通常平切状。前胸背板不具边缘（或最多在后角具短的微弱的隆突），常常具一对侧瘤突或侧刺突。前足基节窝通常向后开放，前胸腹板突通常狭窄但完整。中胸背板的中央内突完整（通常相应的缺发音板）至仅具基部的不明显隆突。若存在发音板，则最多仅基部具部分中央纵纹，大多数发音板不具中央纵纹。后胸叉骨通常具发达的叶片。

一些种类的鞘翅强烈收窄，甚至可能缩短，导致后翅部分外露，但不具和膜花天牛亚科非常相似的类型。后翅通常发达，但 *Apatophysis* sensu stricto 的雌虫后翅具退化的趋势且腹部膨大，不能飞行；其他一些属（包括 *Dorcasomus*）的雌虫很可能也不具飞行的能力。前足基节横形至近球形，突出，不高于前胸腹突。跗节伪 4 节，具跗垫，不具爪间突。

本亚科原来的名称是 Apatophyseinae，但把 *Dorcasomus* 移入本亚科后，根据命名法中的优先律应该以 Dorcasominae 作为亚科名。这个最近才提升的亚科的幼虫与天牛亚科可能具有共同衍征，但缺少一些天牛亚科的特有特征，其是否单系未被确定。成虫方面，没有很好的特征把它与天牛亚科分开，一些幼虫未知的属种可能被错误归类。但锯花天牛亚科的成虫具有一些能与花天牛亚科（至少典型的花天牛）分开的特征：触角窝朝向侧面，前幕骨陷在侧面或最多在侧背面；一些已知的类群上颚不具臼板。

锯花天牛亚科世界记录超过 300 种，中国记录 1 族 4 属 12 种。本图册记录模式标本 1 族 2 属 2 种 2 号，展示 2 号标本照片，其中 1 号为正模，1 号为新模。

Tribe Apatophyseini Lacordaire, 1869 锯花天牛族

Agastophysis Miroshnikov, 2014 惊天牛属

***Agastophysis* Miroshnikov, 2014: 25.** Type species: *Toxotus griseopubens* Pic, 1957, by original designation.

<table>
<tr><td>学名</td><td colspan="5">Agastophysis meiyingae Miroshnikov, 2014</td><td>中文名</td><td colspan="2">美英惊天牛</td></tr>
<tr><td>原始学名</td><td colspan="5">Agastophysis meiyingae Miroshnikov, 2014</td><td>曾用名</td><td colspan="2"></td></tr>
<tr><td>重要引证</td><td colspan="8">Agastophysis meiyingae Miroshnikov, 2014c: 196, figs 1-3
Agastophysis meiyingae Miroshnikov,2014a: 27, figs.91, 92, 98.(Unavailable); Miroshnikov & Lin, 2014: 120 (Unavailable)</td></tr>
<tr><td rowspan="2">模式标本相关信息</td><td>正模</td><td>IOZ(E)1905118</td><td>性别</td><td>♂</td><td>采集时间</td><td>1981</td><td>体长</td><td>22.5 mm</td></tr>
<tr><td>采集人</td><td>李新年、王保海</td><td>产地</td><td colspan="3">西藏山南地区乃东</td><td>海拔</td><td></td></tr>
<tr><td>已知分布</td><td colspan="8">西藏</td></tr>
<tr><td>备注</td><td colspan="8">标本图片由 Alexandr I. Miroshnikov 拍摄。标签信息由王保海先生确认</td></tr>
</table>

Trypogeus Lacordaire, 1869 锥花天牛属

***Trypogeus* Lacordaire, 1869: 236.** Type species: *Trypogeus albicornis* Lacordaire, 1869, by monotypy.

***Paranthophylax* Gressitt, 1951: 50.** Type species: *Paranthophylax sericeus* Gressitt, 1951, by original designation. Synonymized by Hayashi & Villiers, 1985: 27.

又名畸颚花天牛属（蒋书楠和陈力，2001）。本属在多数文献仍然归在花天牛亚科的木花天牛族 Xylosteini Reitter, 1913 里（如 Gressitt, 1951; Gressitt & Rondon, 1970; Hayashi & Villiers, 1985; 蒋书楠和陈力，2001; Löbl & Smetana, 2010），但有争议（Miroshnikov, 2014b）。

<table>
<tr><td>学名</td><td colspan="5">Trypogeus sericeus (Gressitt, 1951)</td><td>中文名</td><td colspan="2">斑胸锥花天牛</td></tr>
<tr><td>原始学名</td><td colspan="5">Paranthophylax sericeus Gressitt, 1951</td><td>曾用名</td><td colspan="2">斑胸畸颚花天牛</td></tr>
<tr><td>重要引证</td><td colspan="8">Paranthophylax sericeus Gressitt, 1951: 50, pl. 2, fig. 1
Trypogeus sericeus: Hayashi & Villiers, 1985: 29
Trypogeus sericeus; Vives, 2015: 56, 57, fig. 22. (neotype designation)</td></tr>
<tr><td rowspan="2">模式标本相关信息</td><td>新模</td><td>IOZ(E)1858382</td><td>性别</td><td>♂</td><td>采集时间</td><td>1960. Ⅷ .10</td><td>体长</td><td>12.2 mm</td></tr>
<tr><td>采集人</td><td>姜胜巧</td><td>产地</td><td colspan="3">福建崇安星村三港</td><td>海拔</td><td>720 ～ 850 m</td></tr>
<tr><td>已知分布</td><td colspan="8">福建</td></tr>
<tr><td>备注</td><td colspan="8">Vives 在 2013 年就借了这号标本并加了新模标签，但到 2015 年才正式发表</td></tr>
</table>

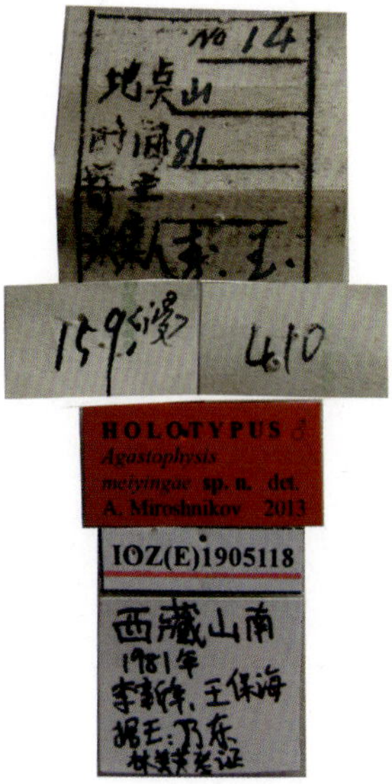
No 14
15.9
4.10
HOLOTYPUS ♂
Agastophysis
meiyingae sp. n. det.
A. Miroshnikov 2013
IOZ(E)1905118
西藏山南
1981年
王保海

720-850 公尺
中国科学院.
1960.VIII.10
IOZ(E)1858382
Trypogeus ♂
sericeus (Gress.)
E. Vives det. 2013
NEOTYPUS ♂
Paranthophylax
sericeus Gressitt

Subfamily Cerambycinae Latreille,1802
天牛亚科

分布（参考 Švácha & Lawrence, 2014）：世界广布。它是天牛科的第二大亚科。在澳大利亚，天牛亚科的种类超过了沟胫天牛亚科。

成虫形态特征（参考 Švácha & Lawrence, 2014）：小至大型，体长 2.5 ~ 90.0 mm，形态多样。头前口式至接近下口式，很少具明显的“喙”，有的可能在眼后缢缩，但极少具突出的上颊和缩窄的“颈部”。触角着生部位多样，但很少靠近上颚髁。触角着生处与上颚髁可能被一对较明显的隆突或脊联系在一起，前幕骨陷在隆突或脊的侧边。额中沟通常存在，很少延伸至后头区，额唇基沟宽，通常具两个靠近中央的深凹痕。上唇可动，通常短阔，前唇基一般很短。触角多样，通常 11 节，偶尔多于 12 节。上颚不膨阔或（很少）中等膨阔，无显著的臼板，内缘具显著的毛或不具毛，末端通常简单，很少扩宽而呈凿形。下颚和下唇多样，下颚内颚叶通常发达，唇舌多样但很少退化和骨化，下颚须和下唇须的末节感觉区中等大或大，因此多平切状。前胸背板不具边缘（少数例外）；前胸腹板长，前胸腹板突很宽至缺失，前足基节窝多样（横形至圆形），向后开放或关闭。多数中胸背板具无中央纵纹的发音板，中央内突仅限于基端，很少具长的中央内突把发音板分为两半。后胸叉骨通常具叶片。前足基节形状多样，通常高于前胸腹板突。多数种类跗节伪 4 节，具跗垫。一些形态（和生物学习性）特异的种类，跗垫退化且第 3 跗节不呈双叶状，如 Torneutini（*Thaumasus*）。爪间突小（最多具 2 根刚毛）或通常不明显。

天牛亚科世界记录约 1.1 万种，中国记录 29 族 171 属约 1 057 种（其中 19 种有 2 亚种，5 种有 3 亚种，2 种有 4 亚种，1 种有 6 亚种）。本图册记录国家动物博物馆馆藏模式标本 18 族 37 属 64 种 / 亚种 109 号，展示了 86 号标本照片，其中 40 号为正模。

Tribe Achrysonini Lacordaire, 1868 扁腿天牛族

本族模式属 *Achryson* Audinet-Serville, 1833 在中国没有分布，尚未有中文名。虽然中文族名跟模式属不对应，但为了使用习惯和方便保留沿用。

Pufujia Holzschuh, 1995 蒲天牛属

***Pufujia* Holzschuh, 1995: 16.** Type species: *Nortia luteosignata* Pu, 1991, by original designation.

<table>
<tr><td>学名</td><td colspan="6">Pufujia luteosignata (Pu, 1991)</td><td>中文名</td><td>蒲天牛</td></tr>
<tr><td>原始学名</td><td colspan="6">Nortia luteosignata Pu, 1991</td><td>曾用名</td><td>污纹扁腿天牛</td></tr>
<tr><td>重要引证</td><td colspan="8">Nortia luteosignata Pu, 1991a: 281, 283, figs.1A–B
Pufujia luteosignata: Holzschuh, 1995: 16, Abb. 16</td></tr>
<tr><td rowspan="2">模式标本相关信息</td><td>正模</td><td>IOZ(E)217752</td><td>性别</td><td>♀</td><td>采集时间</td><td>1987. VI</td><td>体长</td><td>25.0 mm</td></tr>
<tr><td>采集人</td><td>乔旭</td><td>产地</td><td colspan="3">甘肃武都</td><td>海拔</td><td>1 079 m</td></tr>
<tr><td>已知分布</td><td colspan="8">甘肃</td></tr>
<tr><td>寄主</td><td colspan="8">Zanthoxylum bungei Planchon (RUTACEAE)</td></tr>
<tr><td>备注</td><td colspan="8">标签标注为 Nortia luteoplagiata Pu，但正式发表的时候用的是 Nortia luteosignata。Nortia luteoplagiata 不曾被正式发表。比对原始描述、标本特征、标签信息等，可以明确此号标本为此种的正模无误</td></tr>
</table>

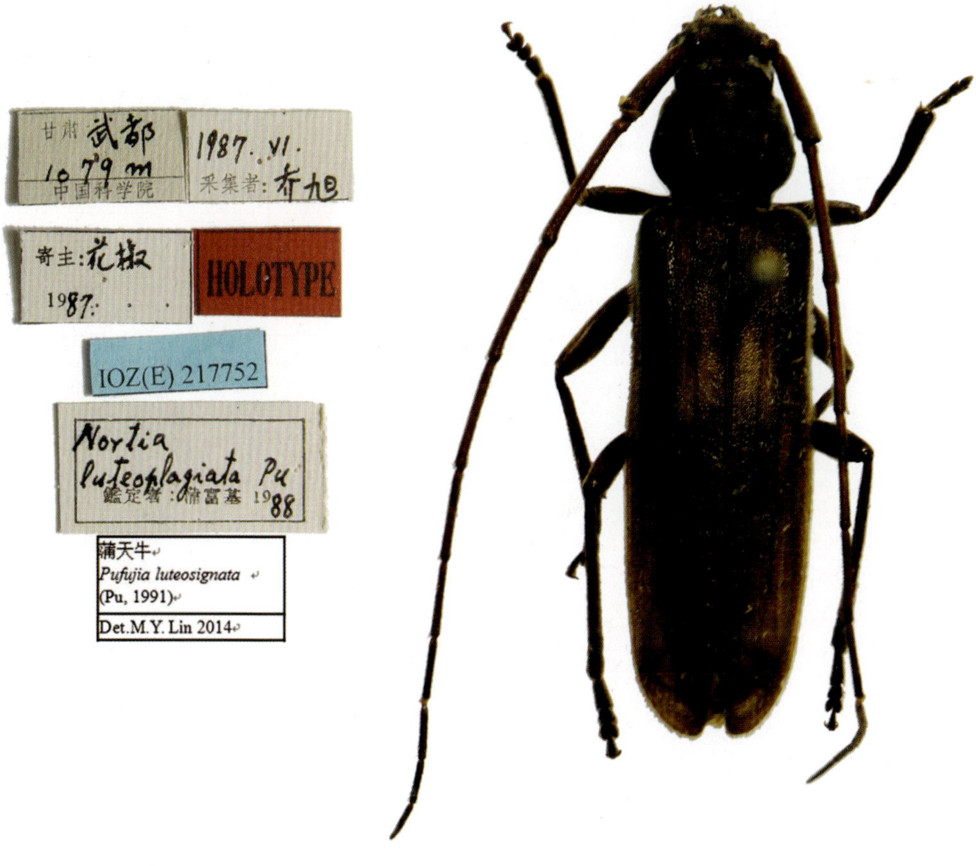

Tribe Anaglyptini Lacordaire, 1868 纹虎天牛族

Anaglyptus Mulsant, 1839 纹虎天牛属

***Anaglyptus* Mulsant, 1839: 91.** Type species: *Leptura mystica* Linnaeus, 1758, designated by Chenu, 1860: 318.

Subgenus *Anaglyptus* Mulsant, 1839

***Anaglyptus* Mulsant, 1839: 91** Type species: *Leptura mystica* Linnaeus, 1758, designated by Chenu, 1860: 318.

<table>
<tr><td>学名</td><td colspan="4">Anaglyptus (Anaglyptus) flavus Viktora, Tichý & Rapuzzi, 2013</td><td>中文名</td><td colspan="2">黄纹虎天牛</td></tr>
<tr><td>原始学名</td><td colspan="4">Anaglyptus flavus Viktora, Tichý & Rapuzzi, 2013</td><td>曾用名</td><td colspan="2"></td></tr>
<tr><td>重要引证</td><td colspan="7">Anaglyptus flavus Viktora, Tichý & Rapuzzi, 2013: 81, fig. 1</td></tr>
<tr><td rowspan="2">模式标本相关信息</td><td>副模</td><td>IOZ(E)1905279</td><td>性别</td><td>♀</td><td>采集时间</td><td>2012. Ⅷ</td><td>体长</td><td>17.0 mm</td></tr>
<tr><td>采集人</td><td>Hu</td><td>产地</td><td colspan="2">Xizang, Motuo, Duoxiangla val. （西藏墨脱）</td><td>海拔</td><td>2 000 m</td></tr>
<tr><td>已知分布</td><td colspan="8">西藏</td></tr>
<tr><td>备注</td><td colspan="8">此号副模标本是用 2 号同种的普通标本从 Tomáš Tichý 先生处交换得来的</td></tr>
</table>

<table>
<tr><td>学名</td><td colspan="4">Anaglyptus (Anaglyptus) ulmiphilus (Holzschuh, 1982)</td><td>中文名</td><td colspan="2">榆纹虎天牛</td></tr>
<tr><td>原始学名</td><td colspan="4">Aglaophis ulmiphilus Holzschuh, 1982</td><td>曾用名</td><td colspan="2"></td></tr>
<tr><td>重要引证</td><td colspan="7">Aglaophis ulmiphilus Holzschuh, 1982: 153, Abb. 9
Anaglyptus (Anaglyptus) ulmiphilus: Löbl & Smetana, 2010: 144</td></tr>
<tr><td rowspan="2">模式标本相关信息</td><td>副模</td><td>IOZ(E)1859467</td><td>性别</td><td>♂</td><td>采集时间</td><td>1978. V .8～10</td><td>体长</td><td>9.2 mm</td></tr>
<tr><td>采集人</td><td>C. Holzschuh</td><td>产地</td><td colspan="2">Pakistan, Hazara, Distr. Abbottābād, Kosa Kali</td><td>海拔</td><td>2 100 m</td></tr>
<tr><td>已知分布</td><td colspan="8">巴基斯坦，印度（克什米尔）</td></tr>
<tr><td>备注</td><td colspan="8">因为 Gressitt (1951) 把 Aglaophis Thomson， 1857 作为 Anaglyptus Mulsant， 1839 的亚属且此观点被多数作者认同，因此本种也发生相应移动。但 Löbl & Smetana（2010）把本种归入指名亚属。副模标本由 Carolus Holzschuh 赠送</td></tr>
</table>

August 2012; China
Motuo
Duoxiangla val.
Hu lgt., 2000m
Xizang
Anaglyptus flavus sp. nov.
PARATYPUS
P. Viktora, T. Tichý et F. Rapuzzi det., 2013
IOZ(E)1905279

PAKISTAN, HAZARA
Distr. Abbottābād, 2100 m
Kosa Kali, 8.-10.5.1978
leg. C. Holzschuh
PARATYPUS
Aglaophis
ulmiphilus n. sp.
det. C. Holzschuh 1982
IOZ(E)1859467

Paraclytus Bates, 1884 拟虎天牛属

***Paraclytus* Bates, 1884: 234.** Type species: *Paraclytus excultus* Bates, 1884, by monotypy.

学名	***Paraclytus excellens* Miroshnikov & Lin, 2012**				中文名	大拟虎天牛	
原始学名	***Paraclytus excellens* Miroshnikov & Lin, 2012**				曾用名		
重要引证	***Paraclytus excellens*** Miroshnikov & Lin, 2012: 248, Color Pl. 3, figs. 7-11						
模式标本相关信息	正模	IOZ(E)1905690	性别	♀	采集时间	1981. Ⅵ .1	体长	16.8 mm
	采集人	张学忠	产地	云南泸水姚家坪		海拔	2 450 m
已知分布	云南						

学名	***Paraclytus wangi* Miroshnikov & Lin, 2012**				中文名	王氏拟虎天牛	
原始学名	***Paraclytus wangi* Miroshnikov & Lin, 2012**				曾用名		
重要引证	***Paraclytus wangi*** Miroshnikov & Lin, 2012:250, Color Pl. 5, 6, figs. 16, 21, 23, 26						
模式标本相关信息	正模	IOZ(E)1905689	性别	♂	采集时间	1983. Ⅵ .19	体长	10.0 mm
	采集人	王书永	产地	四川泸定新兴		海拔	1 600 m
已知分布	四川						

四川
1600m
中国科学院
采集者 王書永
IOZ(E)1905689
China, Sichuan Prov., Luding, Xinxing, 1600 m, 19.06.1983. S.-Y. Wang. leg.
HOLOTYPUS ♀ Paraclytus wangi sp. n. A. Miroshnikov et M.-Y. Lin det. 2012

Tribe Callichromatini Swainson & Shuckard, 1840 绿天牛族

本族模式属 *Callichroma* Latreille, 1817 在中国没有分布，尚未有中文名。虽然中文族名跟模式属不对应，但为了使用习惯和方便保留沿用。

Aphrodisium Thomson, 1864 柄天牛属

***Aphrodisium* Thomson, 1864: 173.** Type species: *Callichroma cantori* Hope, 1840, by original designation.

Subgenus *Aphrodisium* Thomson, 1864

***Aphrodisium* Thomson, 1864: 173.** Type species: *Callichroma cantori* Hope, 1840, by original designation.

***Tomentaromia* Plavilstshikov, 1934: 52.** Type species: *Callichroma faldermannii* Saunders, 1853, by original designation.

学名	***Aphrodisium faldermannii rufiventre* (Gressitt, 1940)**				中文名	红腹黄颈柄天牛		
原始学名	***Aromia faldermannii rufiventris* Gressitt, 1940**				曾用名			
重要引证	***Aromia faldermannii rufiventris*** Gressitt, 1940b: 174 ***Aromia (Tomentaromia) faldermannii rufiventris***: Gressitt, 1951: 202 ***Aphrodisium* (s. str.) *rufiventris***: Podany, 1971: 271, 283, 284, pl. V, figs. 32 ***Aphrodisium (Aphrodisium) faldermannii rufiventre***: LÖbl & Smetana, 2010: 146							
模式标本相关信息	正模	IOZ(E)217560	性别	♂	采集时间	不详	体长	39.4 mm
	采集人		产地	Foukien （福建）			海拔	
已知分布	福建、广西、四川、云南；越南							

学名	***Aphrodisium metallicollis* (Gressitt, 1939)**				中文名	紫柄天牛		
原始学名	***Aromia metallicolle* Gressitt, 1939**				曾用名			
重要引证	***Aromia metallicolle*** Gressitt, 1939: 97, pl. I, fig. 4 ***Aromia (Tomentaromia) metallicollis***: Gressitt, 1951: 202 ***Tomentaromia metallicollis***: Podany, 1971: 260, 264							
模式标本相关信息	正模	IOZ(E)217561	性别	♂	采集时间	1936.VII.22	体长	35.0 mm
	采集人	O. Piel	产地	T' ien-mu Shan（浙江天目山）			海拔	
已知分布	浙江、湖北、江西、湖南、福建、台湾、云南；印度							
备注	另有配模和副模存于别处							

Foukien
HOLOTYPE
AROMIA
FALDERMANNI
RUFIVENTRIS
J.L. Gressitt
IOZ(E) 217560

T'ienmu Shan
Musée Heude
22.VII.36
O. PIEL, coll.
IOZ(E) 217561
HOLOTYPE
AROMIA
METALLICOLLE
J.L. Gressitt

Chelidonium Thomson, 1864 绿天牛属

***Chelidonium* Thomson, 1864: 175.** Type species: *Cerambyx argentatus* Dalman, 1817, by original designation.

<table>
<tr><td>学名</td><td colspan="5">Chelidonium citri Gressitt, 1942</td><td colspan="2">中文名</td><td>桔绿天牛</td></tr>
<tr><td>原始学名</td><td colspan="5">Chelidonium citri Gressitt, 1942</td><td colspan="2">曾用名</td><td></td></tr>
<tr><td>重要引证</td><td colspan="8">Chelidonium citri Gressitt, 1942a: 2, fig. 3</td></tr>
<tr><td rowspan="3">模式标本相关信息</td><td>副模</td><td>IOZ(E)1859294</td><td>性别</td><td>♂</td><td>采集时间</td><td>1940. Ⅳ.17</td><td>体长</td><td>24.0 mm</td></tr>
<tr><td>采集人</td><td>K. O. V. Lieu</td><td>产地</td><td colspan="3">Chengtu（四川成都）</td><td>海拔</td><td></td></tr>
<tr><td>副模</td><td>IOZ(E)1859295</td><td>性别</td><td>♀</td><td>采集信息</td><td>同上</td><td>体长</td><td>24.5 mm</td></tr>
<tr><td>已知分布</td><td colspan="8">江西、湖南、四川</td></tr>
<tr><td>备注</td><td colspan="8">根据文献“paratypes in coll. Of Miss Lieu, Szechuan Univ. And U. S. Nat. Mus.”以及它们与 Chloridolum kwangtungum szechuanum Gressitt, 1951 的正模标本一起从四川大学送来，和 Miss Lieu 标本特有的编号 L121，可以判断这 2 号标本属于副模系列</td></tr>
</table>

Chloridolum Thomson, 1864 长绿天牛属

***Chloridolum* Thomson, 1864: 174.** Type species: *Callichroma bivittatum* White, 1853, by original designation.

Subgenus *Chloridolum* Thomson, 1864

***Chloridolum* Thomson, 1864: 174.** Type species: *Callichroma bivittatum* White, 1853, by original designation.

<table>
<tr><td>学名</td><td colspan="5">Chloridolum (Chloridolum) kwangtungum szechuanum Gressitt, 1951</td><td colspan="2">中文名</td><td>铜绿粤长绿天牛</td></tr>
<tr><td>原始学名</td><td colspan="5">Chloridolum kwangtungum szechuanum Gressitt, 1951</td><td colspan="2">曾用名</td><td></td></tr>
<tr><td>重要引证</td><td colspan="8">Chloridolum kwangtungum szechuanum Gressitt, 1951:205</td></tr>
<tr><td rowspan="2">模式标本相关信息</td><td>正模</td><td>IOZ(E)1859265</td><td>性别</td><td>♀</td><td>采集时间</td><td>不详（L. 132）</td><td>体长</td><td>20.5 mm</td></tr>
<tr><td>采集人</td><td>K. O. Victoria Lieu</td><td>产地</td><td colspan="3">Kiang-Ching, NW. of Chungking, Szechuan Prov.（重庆江津）</td><td>海拔</td><td></td></tr>
<tr><td>已知分布</td><td colspan="8">广西、重庆、四川</td></tr>
</table>

L 1218 ♂
Chengtu
19
K.O.V. Lieu.
PARATYPE
IOZ(E)1859294
Chelidonium
citri Gressitt
Det. M.Y.Lin 2012
Chengtu
19
K.O.V. Lieu.
C#4
K.O.V.Lieu,Col.
IOZ(E)1859295
L132 ♀
K.O.V.Lieu,Col.
CHLORIDOLUM
KWANGTUNGUM
SZECHUANUM
GRESSITT
HOLOTYPE
IOZ(E)1859265
Chloridolum
kwantungum
E. Vives det. 2012.

<table>
<tr><td>学名</td><td colspan="6">Chloridolum (Chloridolum) loochooanum Gressitt, 1934</td><td>中文名</td><td>琉球长绿天牛</td></tr>
<tr><td>原始学名</td><td colspan="6">Chloridolum loochooanum Gressitt, 1934</td><td>曾用名</td><td></td></tr>
<tr><td>重要引证</td><td colspan="8">Chloridolum loochooanum Gressitt, 1934: 163</td></tr>
<tr><td rowspan="2">模式标本相关信息</td><td>副模</td><td>IOZ(E)217566</td><td>性别</td><td>♀</td><td>采集时间</td><td>1932. Ⅶ .10</td><td>体长</td><td>20.5 mm</td></tr>
<tr><td>采集人</td><td>L. Gressitt</td><td>产地</td><td colspan="3">Amaml-Oshima Loochoo Is.(日本)</td><td>海拔</td><td></td></tr>
<tr><td>已知分布</td><td colspan="8">日本</td></tr>
<tr><td>备注</td><td colspan="8">正模标本保存于加州科学院 (California Academy of Sciences, San Francisco)。Hua (2002) 里的安徽和台湾应为错误记录</td></tr>
</table>

<table>
<tr><td>学名</td><td colspan="6">Chloridolum (Chloridolum) splendidulum Gressitt, 1940</td><td>中文名</td><td>安徽长绿天牛</td></tr>
<tr><td>原始学名</td><td colspan="6">Chloridolum splendidulum Gressitt, 1940</td><td>曾用名</td><td></td></tr>
<tr><td>重要引证</td><td colspan="8">Chloridolum splendidulum Gressitt, 1940b: 176, pl. Ⅲ .(原文错误标注为 pl. Ⅱ)</td></tr>
<tr><td rowspan="2">模式标本相关信息</td><td>正模</td><td>IOZ(E)217567</td><td>性别</td><td>♀</td><td>采集时间</td><td>不详</td><td>体长</td><td>17.5 mm</td></tr>
<tr><td>采集人</td><td></td><td>产地</td><td colspan="3">Anhwei(安徽)</td><td>海拔</td><td></td></tr>
<tr><td>已知分布</td><td colspan="8">安徽</td></tr>
</table>

CHINE
Prov. ANHWEI
MUSEE HEUDE
Chelidonium
sp.
det. K.G.Blair.
CHLORIDOLUM
SPLENDIDLUM
J.L.Gressitt-Det.
CHLORIDOLUM
SPLENDIDULUM
J.L.Gressitt
IOZ(E) 217567

Subgenus *Leontium* Thomson, 1864

***Leontium* Thomson, 1864: 175.** Type species: *Leontium viride* Thomson, 1864, by original designation.

***Chloridolum* (*Leontium*):** Gressitt & Rondon, 1970: 167.

<table>
<tr><td>学名</td><td colspan="6">Chloridolum (Leontium) nigroscutellatum (Gressitt, 1940)</td><td>中文名</td><td>沟盾长绿天牛</td></tr>
<tr><td>原始学名</td><td colspan="6">Leontium nigroscutellatum Gressitt, 1940</td><td>曾用名</td><td></td></tr>
<tr><td>重要引证</td><td colspan="8">Leontium nigroscutellatum Gressitt, 1940a: 62, pl. 1, fig. 10
Chloridolum nigroscutellatum; Hua, 2002: 200
Chloridolum (Leontium) nigroscutellatum; Löbl & Smetana, 2010: 148</td></tr>
<tr><td rowspan="2">模式标本相关信息</td><td>正模</td><td>IOZ(E)217596</td><td>性别</td><td>♀</td><td>采集时间</td><td>1936.IV.17</td><td>体长</td><td>16.0 mm</td></tr>
<tr><td>采集人</td><td>G. Ros</td><td>产地</td><td colspan="3">Hainan, Shuiman(海南五指山市水满乡)</td><td>海拔</td><td></td></tr>
<tr><td>已知分布</td><td colspan="8">海南</td></tr>
<tr><td>备注</td><td colspan="8">因 Gressitt & Rondon (1970) 把 Leontium 作为 Chloridolum 的亚属，相应种类发生了属级变动</td></tr>
</table>

Ipothalia Pascoe, 1867 锤角天牛属

***Ipothalia* Pascoe, 1867: 314.** Type species: *Ipothalia femorata* Pascoe, 1867, designated by Gahan, 1906: 222.

<table>
<tr><td>学名</td><td colspan="6">Ipothalia plicicollis Pu, 1981</td><td>中文名</td><td>皱胸锤角天牛</td></tr>
<tr><td>原始学名</td><td colspan="6">Ipothalia plicicollis Pu, 1981</td><td>曾用名</td><td></td></tr>
<tr><td>重要引证</td><td colspan="8">Ipothalia plicicollis Pu, 1981: 420, 428, pl. Ⅰ, figs.3, 3a</td></tr>
<tr><td rowspan="2">模式标本相关信息</td><td>正模</td><td>IOZ(E)217538</td><td>性别</td><td>♂</td><td>采集时间</td><td>1973.VII.14</td><td>体长</td><td>16.0 mm</td></tr>
<tr><td>采集人</td><td>黄复生</td><td>产地</td><td colspan="3">西藏察隅洞穷</td><td>海拔</td><td>1 800～2 000 m</td></tr>
<tr><td>已知分布</td><td colspan="8">西藏</td></tr>
</table>

HAINAN
Shuiman
G. Ros leg. 13.IV.36
LEONTIUM NIGROSCUTELLATUM GRESSITT
LEONTIUM NIGROSCUTELLATUM GRESSITT
HOLOTYPE
IOZ(E) 217596

西藏
1800-2000公尺
中国科学院
1973.VII.14
Ipothalia plicicollis Pu
鉴定者：蒲富基 1979
HOLOTYPE
IOZ(E) 217538

Leptochroma Vives, 2013 窄绿天牛属

***Leptochroma* Vives, 2013: 86.** Type species: *Leptochroma lini* Vives, 2013, by original designation.

<table>
<tr><td>学名</td><td colspan="7">Leptochroma lini Vives, 2013</td><td>中文名</td><td colspan="2">窄绿天牛</td></tr>
<tr><td>原始学名</td><td colspan="7">Leptochroma lini Vives, 2013</td><td>曾用名</td><td colspan="2"></td></tr>
<tr><td>重要引证</td><td colspan="10">Leptochroma lini Vives, 2013: 88, figs. 1-5</td></tr>
<tr><td rowspan="7">模式标本相关信息</td><td>正模</td><td>IOZ(E)1859278</td><td>性别</td><td>♂</td><td>采集时间</td><td colspan="2">2010.V.9</td><td>体长</td><td colspan="2">28.0 mm</td></tr>
<tr><td>采集人</td><td>林文信</td><td>产地</td><td colspan="4">云南金平分水岭 N 22° 51.942′; E 103° 14.036′</td><td>海拔</td><td colspan="2">2 311 m</td></tr>
<tr><td>副模</td><td>IOZ(E)1859280</td><td>性别</td><td>♀</td><td>采集时间</td><td colspan="2">2010.V.7</td><td>体长</td><td colspan="2">30.0 mm</td></tr>
<tr><td>采集人</td><td>杨晓东</td><td>产地</td><td colspan="4">云南金平分水岭 N 22° 51.976′; E 103° 13.965′</td><td>海拔</td><td colspan="2">2 311 m</td></tr>
<tr><td>副模</td><td>IOZ(E)1859276</td><td>性别</td><td>♂</td><td>采集时间</td><td colspan="2">2010.V.17</td><td>体长</td><td colspan="2">32.0 mm</td></tr>
<tr><td>采集人</td><td>杨晓东</td><td>产地</td><td colspan="4">云南金平马鞍底标水岩 N 22° 43.985′; E 103° 30.621′</td><td>海拔</td><td colspan="2">1 364 m</td></tr>
<tr><td>副模</td><td>IOZ(E)1859277</td><td>性别</td><td>♂</td><td>采集信息</td><td colspan="2">同 1859278</td><td>体长</td><td colspan="2">28.5 mm</td></tr>
<tr><td>已知分布</td><td colspan="10">云南</td></tr>
<tr><td>备注</td><td colspan="10">馆藏标本由陈常卿先生赠送。另有 IOZ(E)1859275 和 IOZ(E)1859279 保存于西班牙 Eduard Vives 个人收藏，6 号副模标本保存于天津陈常卿个人收藏。原标签把 Jin Ping 误拼为 Jin Pin</td></tr>
</table>

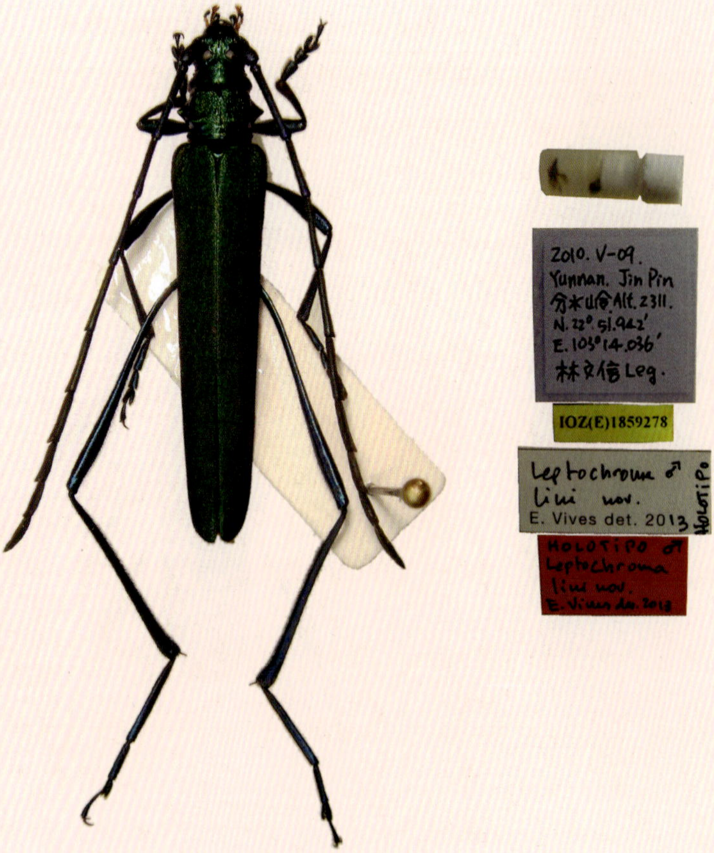

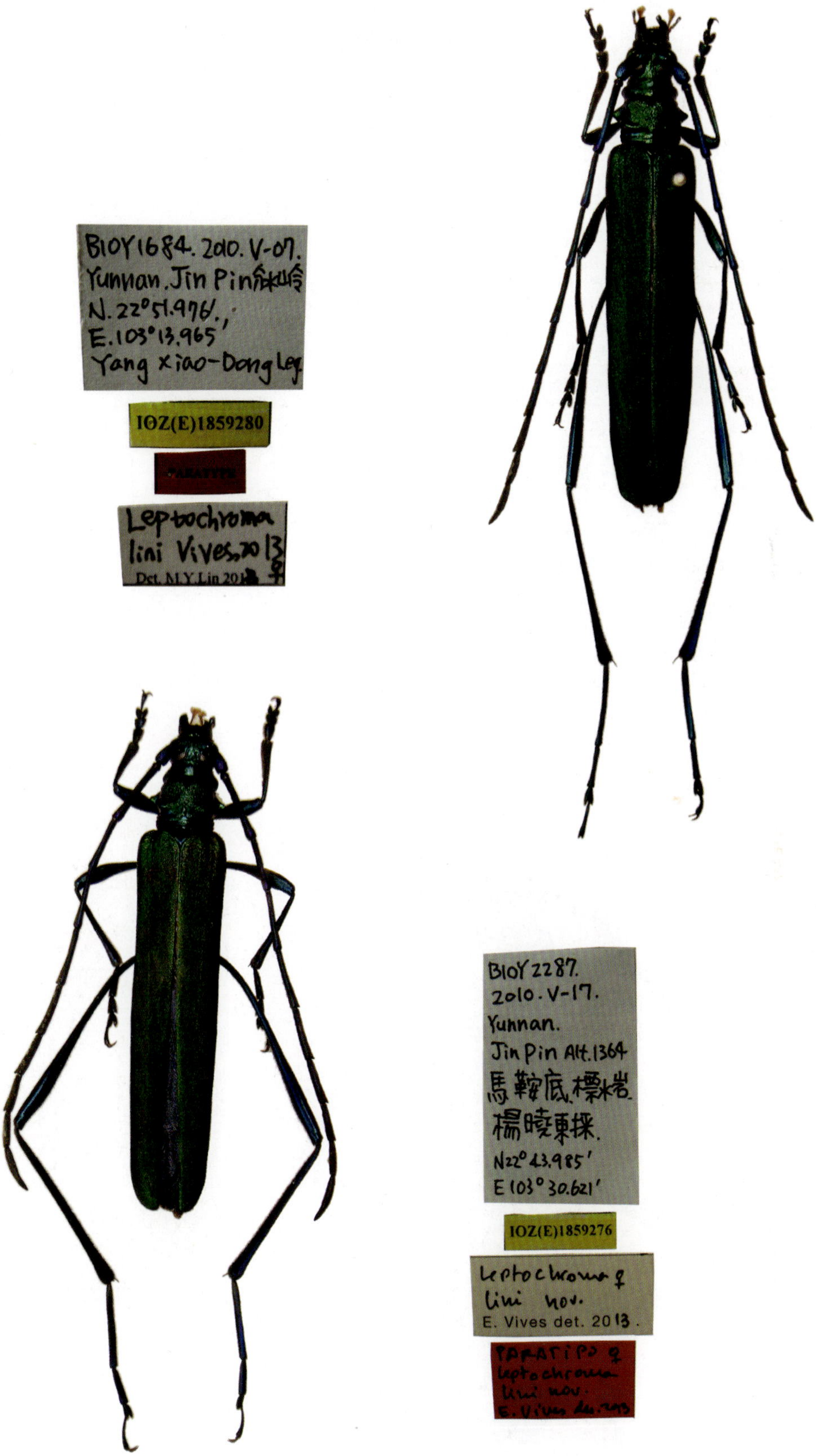
BIOY1684. 2010. V-07.
N. 22°51.976',
E.103°13.965'
Yang xiao-Dong Leg.
IOZ(E)1859280
Leptochroma
lini Vives, 2013
BIOY2287.
2010. V-17.
Yunnan.
Jin Pin Alt.1364
N22°43.985'
E103°30.621'
IOZ(E)1859276
lini nov.
E. Vives det. 2013.

Schwarzerium Matsushita, 1933 施华天牛属

Schwarzerium **Matsushita, 1933: 251.** Type species: *Aphrodisium semivelutinum* Schwarzer, 1925, by original designation.

Subgenus *Rogosochroma* Vives & Lin, 2013

Schwarzerium **(*Rogosochroma*) Vives & Lin, 2013: 68.** Type species: *Schwarzerium* (*Rugosochroma*) *yunnanum* Vives & Lin, 2013, by original designation.

学名	***Schwarzerium* (*Rugosochroma*) *yunnanum* Vives & Lin, 2013**					中文名	云南施华天牛	
原始学名	***Schwarzerium* (*Rugosochroma*) *yunnanum* Vives & Lin, 2013**					曾用名		
重要引证	***Schwarzerium* (*Rugosochroma*) *yunnanum*** Vives & Lin, 2013: 68, figs. 1–2							
模式标本相关信息	正模	IOZ(E)1859281	性别	♂	采集时间	1984. Ⅷ.6	体长	24.0 mm
	采集人	范建国	产地	云南中甸冲江河			海拔	1 800 m
	副模	IOZ(E)1859282	性别	♀	采集时间	1984. Ⅷ.6	体长	26.5 mm
	采集人	王瑞琪	产地	云南丽江玉龙山			海拔	2 800 m
	副模	IOZ(E)1859283	性别	♂	采集信息	同正模 1859281	体长	21.5 mm
	副模	IOZ(E)1905092	性别	♀	采集信息	同正模 1859281	体长	25.0 mm
已知分布	云南							
备注	IOZ(E)1905092 由西班牙 Eduard Vives 个人收藏，IOZ(E)1859282 交换给陈常卿个人收藏，换回林文信花天牛的 1 号副模标本 IOZ(E)1905116							

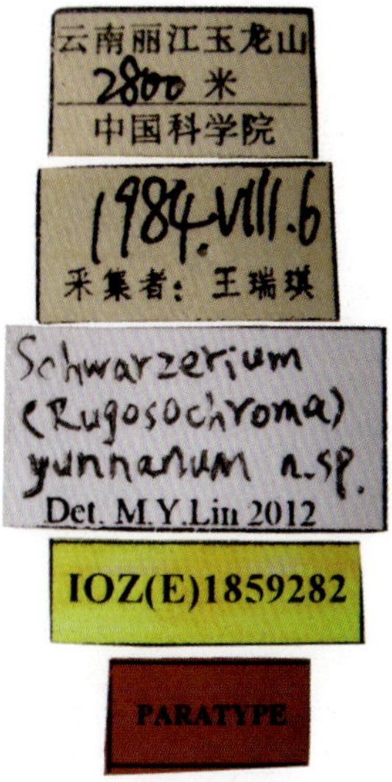
云南丽江玉龙山
2800 米
中国科学院
1984.VIII.6
采集者：王瑞琪
Schwarzerium
(Rugosochroma)
yunnanum n.sp.
Det. M.Y.Lin 2012
IOZ(E)1859282
PARATYPE

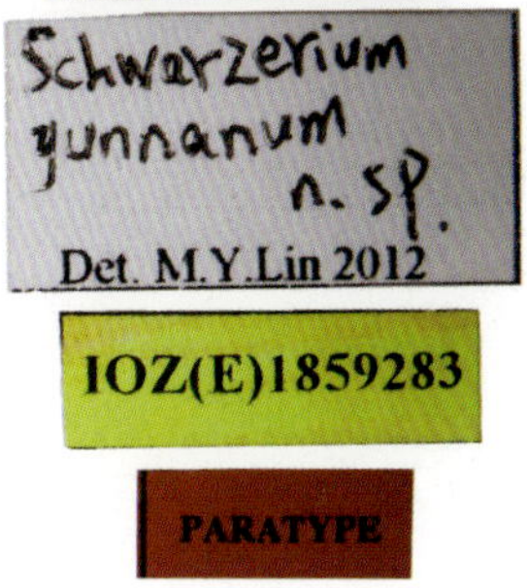
云南中甸冲江河
1800 米
中国科学院
1984.VIII.6
采集者：范建国
Schwarzerium
yunnanum
n.sp.
Det. M.Y.Lin 2012
IOZ(E)1859283
PARATYPE

Tribe Callidiini Kirby, 1837 扁胸天牛族

Callidiellum Linsley, 1940 小扁天牛属

***Callidiellum* Linsley, 1940: 254.** Type species: *Semanotus cupressi* Van Dyke, 1923, by original designation.

学名	***Callidiellum flavosignatus* Pu, 1991**						中文名	黄斑小扁天牛
原始学名	***Callidiellum flavosignatus* Pu, 1991**						曾用名	
重要引证	***Callidiellum flavosignatus*** Pu, 1991b: 342, 343, fig. 1							
模式标本相关信息	正模	IOZ(E)217677	性别	♂	采集时间	1982. Ⅶ.6	体长	14.5 mm
	采集人	王祖武	产地	青海泽库麦秀山			海拔	3 100 m
	配模	IOZ(E)217678	性别	♀	采集时间	1982. Ⅶ.6	体长	10.0 mm
	采集人	王祖武	产地	青海泽库麦秀山			海拔	3 100 m
	副模	IOZ(E)217679-680	性别	♀	采集时间	1981. Ⅶ	体长	11.5～13.0 mm
	采集人	刘兴元	产地	青海班玛县玛可河			海拔	3 200～4 500 m
	副模	IOZ(E)217681	性别	♀	采集时间	1982. Ⅵ.24	体长	14.8 mm
	采集人	王子亮	产地	甘肃碌曲县双岔林场			海拔	2 900 m
已知分布	甘肃、青海							
寄主	*Abies* sp. (PINACEAE), *Cupressus* sp. (CUPRESSACEAE)							
备注	部分标本照片由黄鑫磊拍摄。在古北区鞘翅目名录里，本种被归在扁胸天牛属（*Callidium*）的指名亚属下							

Dundaia Holzschuh, 1993 钝天牛属

***Dundaia* Holzschuh, 1993: 33.** Type species: *Dundaia nitens* Holzschuh, 1993, by original designation.

学名	***Dundaia subtuberculata* (Pu, 1992)**						中文名	钝天牛
原始学名	***Callidium subtuberculatus* Pu, 1992**						曾用名	弱瘤扁胸天牛
重要引证	***Callidium subtuberculatus*** Pu, 1992b: 597, 619, pl. Ⅱ, fig. 9. (*sic*, should be *subtuberculatum*) ***Callidium* (*Callidium*) *subtuberculatum***; Hubweber *et al.*, 2010: 151 ***Dundaia subtuberculata***: Lin & Tichý, 2014: 129 ***Dundaia nitens*** Holzschuh, 1993: 33, fig. 37. Synonymized by Lin & Tichý, 2014: 128							
模式标本相关信息	正模	IOZ(E)217682	性别	♀	采集时间	1983. Ⅷ.6	体长	14.5 mm
	采集人	张学忠	产地	四川红原			海拔	3 400～3 600 m
已知分布	陕西、四川							
备注	标本照片由黄鑫磊拍摄							

青海 泽库麦秀山3100米
中国科学院
1982.VII.6.
采集者: 王祖武
寄主: 柏树
1982.VII.6.
HOLOTYP
IOZ(E) 217677
Callidiellum flavosignatus Pu
鉴定者: 蒲富基 1988
青海 泽库麦秀山3100米
中国科学院
1982.VII.6
采集者: 王祖武
ALLOTYPE
IOZ(E) 217678
甘肃
双岔林场
中国科学院
1982.VI.24
采集者: 王子亮
寄主: 圆柏,冷杉
采集者:
PARATYPE
IOZ(E) 217681
四川 红原
3400-3600m
中国科学院
HOLOTYPE
1983.VIII.6
采集者
IOZ(E) 217682
Callidium subtuberculatus Pu
鉴定者: 蒲富基 1987

Tribe Callidiopini Lacordaire, 1868 蜡天牛族

本族模式属 *Callidiopis* Thomson, 1864 在中国没有分布，尚未有中文名。虽然中文族名跟模式属不对应，但为了使用习惯和方便保留沿用。

Ceresium Newman, 1842 蜡天牛属

***Ceresium* Newman, 1842: 322.** Type species: *Ceresium raripilum* Newman, 1842, by monotypy (and designated by Thomson, 1864: 236).

***Diatomocephala* Blanchard, 1853: 266.** Type species: *Diatomocephala maculicollis* Blanchard, 1853, by monotypy.

***Raphidera* Perroud, 1855: 336.** Type species: *Raphidera gracilis* Perroud, 1855, by monotypy.

***Rhaphidodera* Gemminger & Harold, 1872: 2831 [unjustified emendation]**

学名	***Ceresium sculpticolle* Gressitt, 1942**						中文名	胝胸蜡天牛	
原始学名	***Ceresium sculpticolle* Gressitt, 1942**						曾用名		
重要引证	***Ceresium sculpticolle*** Gressitt, 1942: 1, pl. 1, fig. 1								
模式标本相关信息	正模	IOZ(E)1859460	性别	♂	采集时间	1939. Ⅵ .22	体长	12.5 mm	
	采集人	Miss Lieu	产地	Szechwan, Chengtu （四川成都）			海拔		
已知分布	四川								
寄主	*Citrus* sp. (RUTACEAE)								

Tribe Cerambycini Latreille, 1802 天牛族

Gibbocerambyx Pic, 1923 瘤天牛属

***Gibbocerambyx* Pic, 1923: 12.** Type species: *Gibbocerambyx aureovittatus* Pic, 1923, by monotypy.

学名	***Gibbocerambyx aurovirgatus* (Gressitt, 1939)**						中文名	黄条瘤天牛
原始学名	***Zegriades aurovirgatus* Gressitt, 1939**						曾用名	黄条切缘天牛
重要引证	***Zegriades aurovirgatus*** Gressitt, 1939: 96, pl. Ⅲ , fig. 3 ***Gibbocerambyx aurovirgatus***: Holzschuh, 2003a: 173							
模式标本相关信息	正模	IOZ(E)217670	性别	♀	采集时间	1936. Ⅶ .20	体长	21.5 mm
	采集人	O. Piel	产地	T' ien-mu Shan(浙江天目山)			海拔	
已知分布	河南、安徽、浙江、湖北、湖南、广西、四川							
寄主	*Gingko biloba* Linnaeus (GINGKOACEAE), *Pinus* sp. (PINACEAE)							
备注	另有配模标本存于别处							

L.144
Ceresium sulpticolle
鑑定者: Gressitt
IOZ(E)1859460

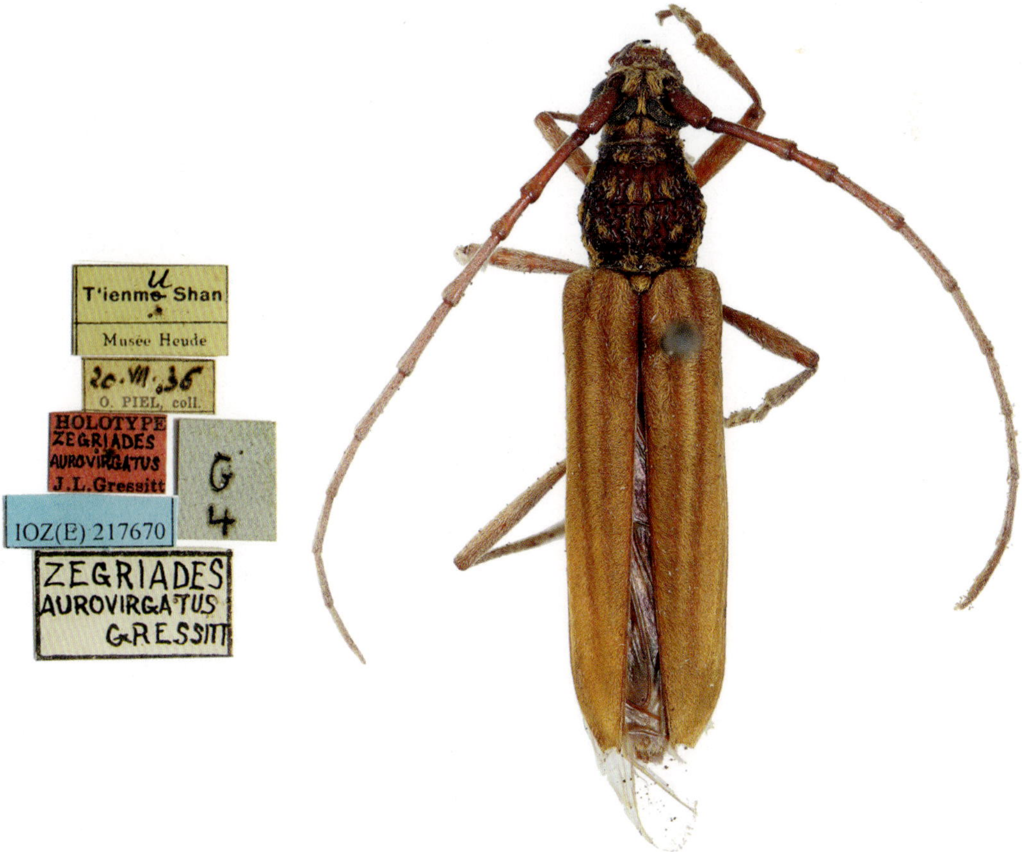
T'ienmu Shan
Musée Heude
20.VII.36
O. PIEL, coll.
HOLOTYPE ZEGRIADES AUROVIRGATUS J.L.Gressitt
G 4
IOZ(E) 217670
ZEGRIADES AUROVIRGATUS GRESSITT

Tribe Cleomenini Lacordaire, 1868 纤天牛族

Cleomenes Thomson, 1864 纤天牛属

***Cleomenes* Thomson, 1864: 161.** Type species: *Cleomenes diammaphoroides* Thomson, 1864, by original designation.

学名	***Cleomenes multiplagatus* Pu, 1992**						中文名	多纹纤天牛
原始学名	***Cleomenes multiplagatus* Pu, 1992**						曾用名	
重要引证	***Cleomenes multiplagatus*** Pu, 1992b: 599, 619, pl. Ⅱ, fig. 10							
模式标本相关信息	正模	IOZ(E)217688	性别	♀	采集时间	1981. Ⅶ.25	体长	11.5 mm
	采集人	王书永	产地	云南维西攀天阁			海拔	2 500 m
	副模	IOZ(E)1859339	性别	♀	采集时间	1981. Ⅵ.14	体长	11.0 mm
	采集人	张学忠	产地	云南维西白济汛			海拔	1 780 m
已知分布	云南							

学名	***Cleomenes tenuipes* Gressitt, 1939**						中文名	三带纤天牛
原始学名	***Cleomenes tenuipes* Gressitt, 1939**						曾用名	
重要引证	***Cleomenes tenuipes*** Gressitt, 1939: 106, pl. Ⅱ, fig. 8							
模式标本相关信息	正模	IOZ(E)217568	性别	♂	采集时间	1936. Ⅵ.9	体长	8.8 mm
	采集人	O. Piel	产地	T' ien-mu Shan(浙江天目山)			海拔	
	副模	IOZ(E)217569	性别	♀	采集时间	1936. Ⅵ.10	体长	10.2 mm
	采集人	O. Piel	产地	T' ien-mu Shan(浙江天目山)			海拔	
已知分布	浙江、湖北、台湾、广西、云南;印度,越南,老挝,马来西亚							
备注	另有 10 号副模标本存于别处。标本照片由大林延夫拍摄							

中国科学院
1981.VII.25
采集者 王書永
10
HOLOTYPE
IOZ(E) 217688
Cleomenes multiplagiatus Pu
Cleomenes multiplagatus Pu, 1992
Det. M.Y.LIN,2009
1780M
中国科学院
1981. VI. 14
采集者: 张学忠
PARATYPE
Cleomenes multiplagatus Pu
Det. M.Y.LIN 2011
IOZ(E)1859339
T'ienmu Shan
Musée Heude
9.6.36
O. PIEL, coll.
g.16
HOLOTYPE CLEOMENES TENUIPES J.L.Gressitt
HOLOTYPE
IOZ(E) 217568
T'ienmu Shan
Musée Heude
10.6.36
O. PIEL, coll.
g.16
PARATYPE CLEOMENES TENUIPES J.L.Gressitt
PARATYPE
IOZ(E) 217569

Dere White, 1855 红胸天牛属

***Dere* White, 1855: 248.** Type species: *Dere thoracica* White, 1855, by monotypy.

学名	***Dere affinis macilenta* Gressitt, 1940**					中文名	小金龟树红胸天牛
原始学名	***Dere macilenta* Gressitt, 1940**					曾用名	小红胸天牛、华中红胸天牛
重要引证	***Dere macilenta*** Gressitt, 1940a: 87 ***Dere affinis macilenta***; Gressitt & Rondon, 1970: 294						
模式标本相关信息	副模	IOZ(E)217574	性别	♀	采集时间	不详	体长	7.0 mm
	采集人	A. de Cooman	产地	Vietnam, Tonkin, Hoa-Binh		海拔	
已知分布	广东、海南、香港、四川；越南						
寄主	*Bombax malabaricum* de Candolle (BOMBACACEAE), *Camellia sinensis* (Linnaeus)O. Kuntze (THEACEAE), *Pyrus* sp. (ROSACEAE)						
备注	正模标本产自海南黎母山，保存于美国 California Academy of Scicences。产自越南的副模标本在原始文献未明确描述，仅在分布地点有提到						

Tribe Clytini Mulsant, 1839 虎天牛族

Amamiclytus K.Ohbayashi, 1964 矮虎天牛属

***Amamiclytus* K. Ohbayashi, 1964: 21.** Type species: *Amamiclytus nobuoi* K. Ohbayashi, 1964, by original designation.

学名	***Amamiclytus wenshuani* Niisato & Han, 2013**					中文名	文烜矮虎天牛
原始学名	***Amamiclytus wenshuani* Niisato & Han, 2013**					曾用名	
重要引证	***Amamiclytus wenshuani*** Niisato & Han, 2013: 165, figs.1, 4-9						
模式标本相关信息	正模	IOZ(E)1905262	性别	♂	采集时间	2010. Ⅶ .7	体长	4.2 mm
	采集人	毕文烜	产地	云南泸水鲁掌镇		海拔	1 500 m
	副模	IOZ(E)1905263	性别	♂	采集信息	同正模	体长	4.3 mm
已知分布	云南						
备注	本种模式标本由毕文烜赠送给中国科学院动物研究所，本种另有 4 号副模标本保存于上海毕文烜个人收藏和日本的新里达也个人收藏。标本的部分照片由毕文烜拍摄。 原文误把标签信息拼写为：Lushui, Luzhabg County, Yunnan Province						

TONKIN
Hoa-Binh
leg. A. de Cooman
PARATYPE
DERE
MACILENTA
J.L.Gressitt
PARATYPE
IOZ(E) 217574

云南 泸水 鲁掌镇
2010-VII-7
1500m
毕文垣 leg.
Amamiclytus
wenshuani
Niisato & Han, 2013
Det. T. Niisato, 2013
HOLOTYPE
Amamiclytus
wenshuani
Niisato & Han, 2013
IOZ(E)1905262
云南 泸水 鲁掌镇
2010-VII-7
1500m
毕文垣 leg.
Amamiclytus
wenshuani
Niisato & Han, 2013
Det. T. Niisato, 2013
PARATYPE
Amamiclytus
wenshuani
Niisato & Han, 2013
IOZ(E)1905263

Calloides LeConte, 1873 球虎天牛属

***Calloides* LeConte, 1873: 319.** Type species: *Clytus nobilis* Harris, 1836, designated by Casey, 1912: 349.

<table>
<tr><td>学名</td><td colspan="5">Calloides bicolor Pu, 1991</td><td>中文名</td><td colspan="2">两色球虎天牛</td></tr>
<tr><td>原始学名</td><td colspan="5">Calloides bicolor Pu, 1991</td><td>曾用名</td><td colspan="2"></td></tr>
<tr><td>重要引证</td><td colspan="8">Calloides bicolor Pu, 1991c: 248, 252, figs.3-4</td></tr>
<tr><td rowspan="8">模式标本相关信息</td><td>正模</td><td>IOZ(E)217683</td><td>性别</td><td>♂</td><td>采集时间</td><td>1957. Ⅳ.24</td><td>体长</td><td>21.0 mm</td></tr>
<tr><td>采集人</td><td>王宗元</td><td>产地</td><td colspan="3">四川峨眉山清音阁</td><td>海拔</td><td></td></tr>
<tr><td>配模</td><td>IOZ(E)217684</td><td>性别</td><td>♀</td><td>采集时间</td><td>1988. Ⅶ.21</td><td>体长</td><td>24.0 mm</td></tr>
<tr><td>采集人</td><td>杨龙龙</td><td>产地</td><td colspan="3">贵州石阡代家坝</td><td>海拔</td><td>600 m</td></tr>
<tr><td>副模</td><td>IOZ(E)217685
-686</td><td>性别</td><td>♂</td><td>采集时间</td><td>1955. Ⅵ.27、
1957. Ⅶ.9</td><td>体长</td><td>18.1～
21.0 mm</td></tr>
<tr><td>采集人</td><td>黄克仁，卢佑才
等</td><td>产地</td><td colspan="3">四川峨眉山（报国寺）</td><td>海拔</td><td></td></tr>
<tr><td>副模</td><td>IOZ(E)217687</td><td>性别</td><td>♀</td><td>采集时间</td><td>1963. Ⅵ.14</td><td>体长</td><td>22.0 mm</td></tr>
<tr><td>采集人</td><td>刘思孔</td><td>产地</td><td colspan="3">广西临桂界头</td><td>海拔</td><td></td></tr>
<tr><td>已知分布</td><td colspan="8">广西、四川、贵州</td></tr>
</table>

中国科学院
ALLOTYPE
IOZ(E) 217684

中央自然博物館
PARATYPE
IOZ(E) 217687

Chlorophorus Chevrolat, 1863 绿虎天牛属

***Chlorophorus* Chevrolat, 1863: 290.** Type species: *Callidium annulare* Fabricius, 1787, by original designation.

<table>
<tr><td>学名</td><td colspan="5">Chlorophorus trivialis Holzschuh, 2010</td><td>中文名</td><td colspan="2">短绿虎天牛</td></tr>
<tr><td>原始学名</td><td colspan="5">Chlorophorus trivialis Holzschuh, 2010</td><td>曾用名</td><td colspan="2"></td></tr>
<tr><td>重要引证</td><td colspan="8">Chlorophorus trivialis Holzschuh, 2010:189, Abb. 39a, 39b</td></tr>
<tr><td rowspan="2">模式标本相关信息</td><td>副模</td><td>IOZ(E)1859349</td><td>性别</td><td>♂</td><td>采集时间</td><td>1998. Ⅶ.13 ～ 14</td><td>体长</td><td>10.8 mm</td></tr>
<tr><td>采集人</td><td>D. Král</td><td>产地</td><td colspan="2">四川 W. Sichuan Pr., Temple 35 km N.Sabdê N 29° 40′; E 101° 20′</td><td>海拔</td><td>3 500 ～ 4 300 m</td></tr>
<tr><td>已知分布</td><td colspan="8">四川、云南、西藏</td></tr>
<tr><td>备注</td><td colspan="8">标签上还有以下信息：1998 China Expedition: J. Farkač, D. Král, J. Schneider & A. Smetana。Carolus Holzschuh 赠送 1 号副模标本，2011.IX.1 收到。标本照片由毕文烜拍摄</td></tr>
</table>

Clytus Laicharting, 1784 虎天牛属

***Clytus* Laicharting, 1784: 88.** Type species: *Leptura arietis* Linnaeus, 1758, designated by Curtis, 1828.

***Clytumnus* Thomson, 1861: 404 [RN].** Type species: *Leptura arietis* Linnaeus, 1758

***Xylotrechus* (*Europa*) Thomson, 1861: 221.** Type species: *Leptura arietis* Linnaeus, 1758, designated by Löbl & Smetana, 2010: 170.

***Sphegesthes* Chevrolat, 1863: 333.** Type species: *Leptura arietis* Linnaeus, 1758.

<table>
<tr><td>学名</td><td colspan="5">Clytus larvatus Gressitt, 1939</td><td>中文名</td><td colspan="2">黄胸虎天牛</td></tr>
<tr><td>原始学名</td><td colspan="5">Clytus larvatus Gressitt, 1939</td><td>曾用名</td><td colspan="2"></td></tr>
<tr><td>重要引证</td><td colspan="8">Clytus larvatus Gressitt, 1939: 99, pl. Ⅲ , fig. 8</td></tr>
<tr><td rowspan="2">模式标本相关信息</td><td>正模</td><td>IOZ(E)217570</td><td>性别</td><td>♂</td><td>采集时间</td><td>1937. Ⅴ.15</td><td>体长</td><td>11.0 mm</td></tr>
<tr><td>采集人</td><td>O. Piel</td><td>产地</td><td colspan="3">T' ien-mu Shan(浙江天目山)</td><td>海拔</td><td></td></tr>
<tr><td>已知分布</td><td colspan="8">安徽、浙江、江西</td></tr>
<tr><td>寄主</td><td colspan="8">Ulmus sp. (ULMACEAE)</td></tr>
</table>

CHINA: W Sichuan,3500-
4300m, Temple 35 km N
Sabdê, 29°40N 101°20E
13-14.VII.1998, D. Král
1998 China Expedition
J. Farkač, D. Král,
J. Schneider
& A. Smetana
PARATYPUS
Chlorophorus
trivialis n. sp.
det. C. Holzschuh 2010
IOZ(E)1859349

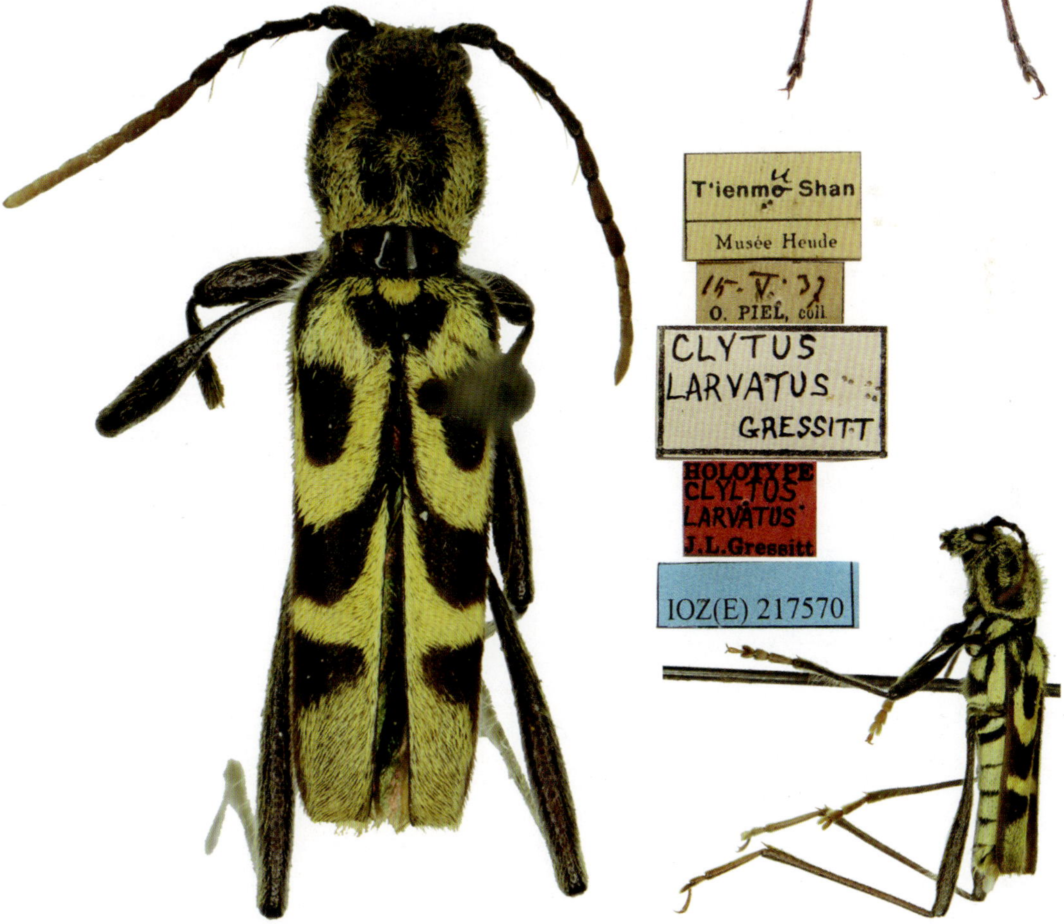
T'ienmo Shan
Musée Heude
15-V-37
O. PIEL, coll
CLYTUS
LARVATUS
GRESSITT
HOLOTYPE
CLYTUS
LARVATUS
J.L.Gressitt
IOZ(E) 217570

Cyrtoclytus Ganglbauer, 1882 曲虎天牛属

***Cyrtoclytus* Ganglbauer, 1882: 736.** Type species: *Callidium* (*Clytus*) *capra* Germar, 1824, by monotypy.

<table>
<tr><td>学名</td><td colspan="4">Cyrtoclytus elegantissimus Niisato & Chou, 2009</td><td colspan="2">中文名</td><td colspan="2">华丽曲虎天牛</td></tr>
<tr><td>原始学名</td><td colspan="4">Cyrtoclytus elegantissimus Niisato & Chou, 2009</td><td colspan="2">曾用名</td><td colspan="2"></td></tr>
<tr><td>重要引证</td><td colspan="8">Cyrtoclytus elegantissimus Niisato & Chou in: Niisato, Chou & Kusakabe, 2009: 222, figs. 1, 9–11</td></tr>
<tr><td rowspan="2">模式标本相关信息</td><td>正模</td><td>IOZ(E)1859478</td><td>性别</td><td>♂</td><td>采集时间</td><td>2001. Ⅵ .15</td><td>体长</td><td>15.5 mm</td></tr>
<tr><td>采集人</td><td>周文一</td><td>产地</td><td colspan="3">贵州江口县梵净山</td><td>海拔</td><td>1 500 m</td></tr>
<tr><td>已知分布</td><td colspan="8">贵州</td></tr>
<tr><td>备注</td><td colspan="8">Cornus kousa Bürger ex Miquel subsp. chinensis (Osborn) Q.Y. Xiang (CORNACEAE)</td></tr>
</table>

<table>
<tr><td>学名</td><td colspan="4">Cyrtoclytus ohbayashii Niisato & Chou, 2009</td><td colspan="2">中文名</td><td colspan="2">大林曲虎天牛</td></tr>
<tr><td>原始学名</td><td colspan="4">Cyrtoclytus ohbayashii Niisato & Chou, 2009</td><td colspan="2">曾用名</td><td colspan="2"></td></tr>
<tr><td>重要引证</td><td colspan="8">Cyrtoclytus ohbayashii Niisato & Chou in: Niisato, Chou & Kusakabe, 2009: 226, figs. 3–4, 12–14</td></tr>
<tr><td rowspan="2">模式标本相关信息</td><td>正模</td><td>IOZ(E)1859479</td><td>性别</td><td>♂</td><td>采集时间</td><td>2000. Ⅳ .21</td><td>体长</td><td>18.0 mm</td></tr>
<tr><td>采集人</td><td>周文一</td><td>产地</td><td colspan="3">广西金秀县大瑶山</td><td>海拔</td><td>900 m</td></tr>
<tr><td>已知分布</td><td colspan="8">广西</td></tr>
<tr><td>备注</td><td colspan="8">在 Acer sp. 花上采到。配模标本存放于周文一的个人收藏</td></tr>
</table>

Fanjing Shan 1,500m alt.
Jiangkou co., Guizhou Prov.
SW. China / 15-VI-2001
Wen-I CHOU leg.
15-VI-2001 CHINA
貴州江口縣梵淨山
1500m, 四照花
W. I. Chou leg.
HOLOTYPE
Cyrtoclytus elegantisimus
NIISATO et CHOU, 2009
HOLOTYPE
Cyrtoclytus elegantissima
NIISATO et CHOU, 2009
IOZ(E)1859478

21-IV-2000 CHINA
廣西金秀縣大瑤山
900m, Acer
W. I. Chou leg.
Mt. Dayao Shan, 900m alt.
Jiaxin Yaozu Zixixian
Guangxi Zhuangzu Ziziqu
SW. China / 21-IV-2000
Wen-I CHOU leg.
HOLOTYPE
Cyrtoclytus ohbayashii
NIISATO et CHOU, 2009
IOZ(E)1859479

Demonax Thomson, 1861 刺虎天牛属

***Demonax* Thomson, 1861: 226.** Type species: *Demonax nigrofasciatus* Thomson, 1861, by monotypy.

<table>
<tr><td>学名</td><td colspan="5">Demonax conspurcatus Holzschuh, 2009</td><td>中文名</td><td colspan="2">绿刺虎天牛</td></tr>
<tr><td>原始学名</td><td colspan="5">Demonax conspurcatus Holzschuh, 2009</td><td>曾用名</td><td colspan="2"></td></tr>
<tr><td>重要引证</td><td colspan="8">Demonax conspurcatus Holzschuh, 2009: 345, Abb. 53a, 53b</td></tr>
<tr><td rowspan="2">模式标本相关信息</td><td>副模</td><td>IOZ(E)1859359</td><td>性别</td><td>♂</td><td>采集时间</td><td>2009. Ⅴ.17～26</td><td>体长</td><td>7.7 mm</td></tr>
<tr><td>采集人</td><td>C.Holzschuh</td><td>产地</td><td colspan="3">NE-Laos, Hua Phan prov.Ban Saleui, Phou Pan (Mt.) N 20° 12′; E 104° 01′</td><td>海拔</td><td>1 300～1 900 m</td></tr>
<tr><td>已知分布</td><td colspan="8">老挝</td></tr>
<tr><td>备注</td><td colspan="8">Carolus Holzschuh 赠送 1 号副模标本，2011.IX.1 收到。标本照片由毕文烜拍摄</td></tr>
</table>

<table>
<tr><td>学名</td><td colspan="5">Demonax josefinae Holzschuh, 1983</td><td>中文名</td><td colspan="2">约瑟芬刺虎天牛</td></tr>
<tr><td>原始学名</td><td colspan="5">Demonax josefinae Holzschuh, 1983</td><td>曾用名</td><td colspan="2"></td></tr>
<tr><td>重要引证</td><td colspan="8">Demonax josefinae Holzschuh, 1983: 383, Abb. 13</td></tr>
<tr><td rowspan="4">模式标本相关信息</td><td>副模</td><td>IOZ(E)1859461</td><td>性别</td><td>♂</td><td>采集时间</td><td>1983. Ⅵ.8～14</td><td>体长</td><td>9.8 mm</td></tr>
<tr><td>采集人</td><td>C. Holzschuh</td><td>产地</td><td colspan="3">E-Nepal, Dhankuta Arun-Valley, Lamobagar</td><td>海拔</td><td>1 400 m</td></tr>
<tr><td>副模</td><td>IOZ(E)1859463</td><td>性别</td><td>♀</td><td>采集信息</td><td>同副模 1859461</td><td>体长</td><td>10.4 mm</td></tr>
<tr><td>副模</td><td>IOZ(E)1859462</td><td>性别</td><td>♂</td><td>采集信息</td><td>同副模 1859461</td><td>体长</td><td>9.7 mm</td></tr>
<tr><td>已知分布</td><td colspan="8">印度，尼泊尔</td></tr>
<tr><td>备注</td><td colspan="8">Carolus Holzschuh 赠送</td></tr>
</table>

NE - LAOS, Hua Phan prov.
Ban Saleui, Phou Pan (Mt.)
~20°12'N, 104°01'E
17.-26.V.2009, 1300-1900 m
leg. C. Holzschuh
PARATYPUS
Demonax
conspurcatus n.sp.
det. C. Holzschuh 2009
IOZ(E)1859359
E - NEPAL, Dhankuta
Arun-Valley, Lamobagar
8. - 14.6.1983, 1400 m
leg. C. Holzschuh
PARATYPUS
Demonax
josefinae n. sp.
det. C. Holzschuh 1983
IOZ(E)1859461
E - NEPAL, Dhankuta
Arun-Valley, Lamobagar
8. - 14.6.1983, 1400 m
leg. C. Holzschuh
PARATYPUS
Demonax
josefinae n. sp.
det. C. Holzschuh 1983
IOZ(E)1859463

学名	***Demonax palleolus* Holzschuh, 2006**					中文名	白纹刺虎天牛	
原始学名	***Demonax palleolus* Holzschuh, 2006**					曾用名		
重要引证	***Demonax palleolus*** Holzschuh, 2006b: 291, Abb. 11							
模式标本相关信息	副模	IOZ(E)1859347	性别	♀	采集时间	1991. Ⅵ .8 ～ 13	体长	7.2 mm
	采集人		产地	Sichuan Pr., Abazhou: Nanping: Jiuzhaigou（四川九寨沟）			海拔	2 000 m
已知分布	陕西、四川							
备注	Carolus Holzschuh 赠送 1 号副模标本，2011.IX.1 收到。标本照片由毕文烜拍摄							

学名	***Demonax rosae* Holzschuh, 1983**					中文名	蔷薇刺虎天牛	
原始学名	***Demonax rosae* Holzschuh, 1983**					曾用名		
重要引证	***Demonax rosae*** Holzschuh, 1983: 393, Abb. 23							
模式标本相关信息	副模	IOZ(E)1859464	性别	♂	采集时间	1983. Ⅴ .15 ～ 21	体长	5.5 mm
	采集人	C. Holzschuh	产地	C-Nepal, Kathmandu Valley, Godavari			海拔	1 500 m
	副模	IOZ(E)1859465	性别	♀	采集信息	同副模 1859464	体长	5.0 mm
	副模	IOZ(E)1859466	性别	♂	采集信息	同副模 1859464	体长	5.7 mm
已知分布	云南；印度，尼泊尔							
备注	Carolus Holzschuh 赠送							

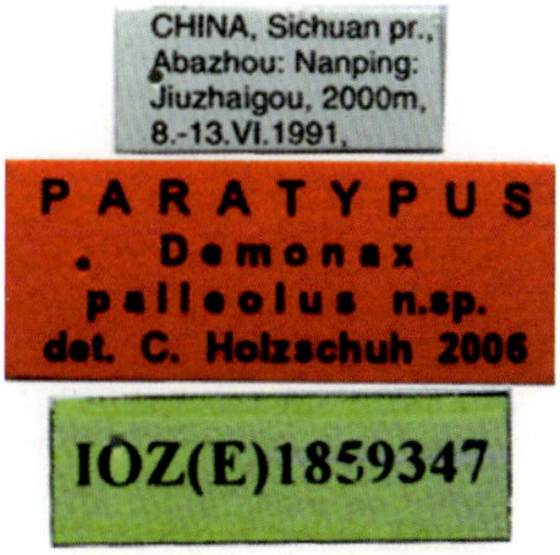
CHINA, Sichuan pr.,
Abazhou: Nanping:
Jiuzhaigou, 2000m,
8.-13.VI.1991,
PARATYPUS
Demonax
palleolus n.sp.
det. C. Holzschuh 2006
IOZ(E)1859347

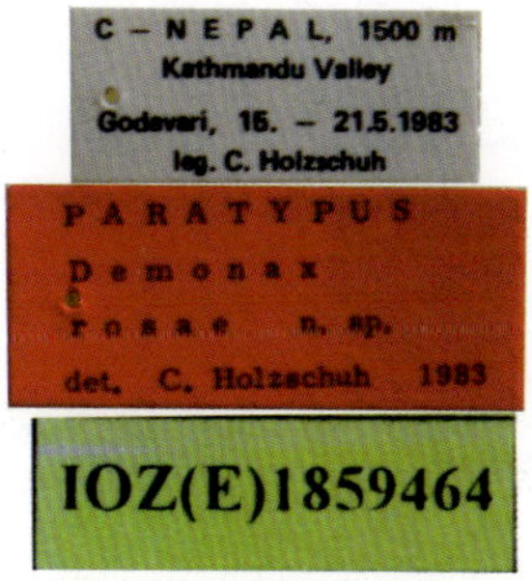
C – N E P A L, 1500 m
Kathmandu Valley
Godavari, 15. – 21.5.1983
leg. C. Holzschuh
PARATYPUS
Demonax
rosae n. sp.
det. C. Holzschuh 1983
IOZ(E)1859464

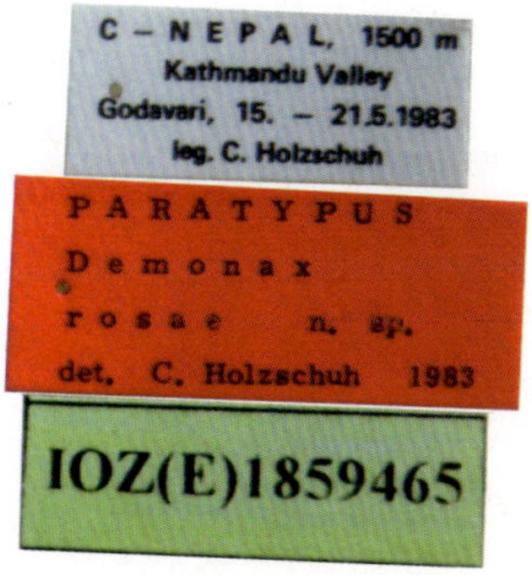
C – N E P A L, 1500 m
Kathmandu Valley
Godavari, 15. – 21.5.1983
leg. C. Holzschuh
PARATYPUS
Demonax
rosae n. sp.
det. C. Holzschuh 1983
IOZ(E)1859465

学名	***Demonax rosicola* Holzschuh, 2006**					中文名	玫瑰刺虎天牛	
原始学名	***Demonax rosicola* Holzschuh, 2006**					曾用名		
重要引证	***Demonax rosicola*** Holzschuh, 2006b: 294, Abb. 13.							
模式标本相关信息	副模	IOZ(E)1859361	性别	♀	采集时间	1993. Ⅵ .30～Ⅶ .17	体长	11.8 mm
	采集人		产地	Yunnan, Dali zhou, Weishan county, Weibaoshan（云南大理巍山县）			海拔	2 700～3 000 m
已知分布	云南							
寄主	*Rosa* sp. (ROSACEAE)							
备注	标签上还有以下信息：GESCHLUPFT AUS DURREN ASTEN: ROSA e.l.28. Ⅷ .1994 Carolus Holzschuh 赠送 1 号副模标本，2011.Ⅸ.1 收到。标本照片由毕文烜拍摄							

学名	***Demonax simillimus* Gressitt, 1939**					中文名	粒胸刺虎天牛	
原始学名	***Demonax simillimus* Gressitt, 1939**					曾用名		
重要引证	***Demonax simillimus*** Gressitt, 1939: 103, pl. I, fig. 2							
模式标本相关信息	正模	IOZ(E)217573	性别	♀	采集时间	1936. Ⅵ .10	体长	12.5 mm
	采集人	O. Piel	产地	T' ien-mu Shan（浙江天目山）			海拔	
已知分布	江苏、浙江、福建							
备注	原始文献把采集日期误写为 1936.Ⅵ.16 标签上的 *Trichoferus brunneomaculatus* 从未被发表，正式发表名称为 *Trichoferus maculatus*							

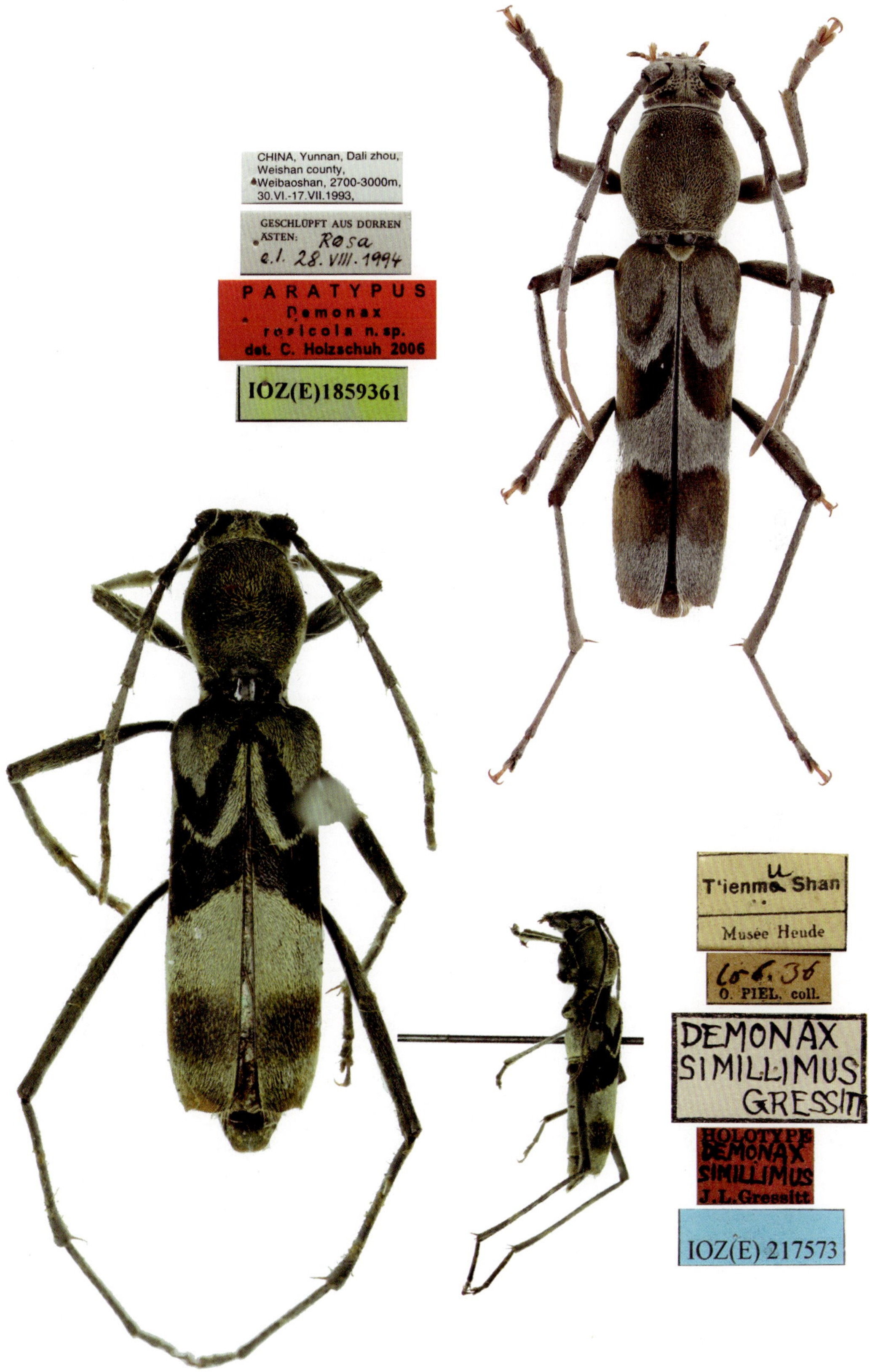
CHINA, Yunnan, Dali zhou, Weishan county, Weibaoshan, 2700-3000m, 30.VI.-17.VII.1993,
GESCHLÜPFT AUS DÜRREN ÄSTEN: Rosa e.l. 28.VIII.1994
PARATYPUS Demonax rosicola n.sp. det. C. Holzschuh 2006
IOZ(E)1859361
T'ienmu Shan
Musée Heude
6.6.36 O. PIEL. coll.
DEMONAX SIMILLIMUS GRESSITT
HOLOTYPE DEMONAX SIMILLIMUS J.L.Gressitt
IOZ(E) 217573

Perissus Chevrolat, 1863 跗虎天牛属

***Perissus* Chevrolat, 1863: 262.** Type species: *Perissus x-littera* Chevrolat, 1863, designated by Thomson, 1864: 191.

学名	***Perissus angusticinctus* Gressitt, 1942**						中文名	天目跗虎天牛
原始学名	***Perissus angusticinctus* Gressitt, 1942**						曾用名	
重要引证	***Perissus angusticinctus*** Gressitt, 1942: 81, pl. Ⅰ, fig. 2							
模式标本相关信息	正模	IOZ(E)217632	性别	♀	采集时间	1936. Ⅶ.9	体长	12.0 mm
	采集人	不详	产地	T'ien-mu Shan(浙江天目山)			海拔	
已知分布	浙江、湖北							
备注	标本照片由毕文烜拍摄							

学名	***Perissus kiangsuensis* Gressitt, 1940**						中文名	江苏跗虎天牛
原始学名	***Perissus kiangsuensis* Gressitt, 1940**						曾用名	
重要引证	***Perissus kiangsuensis*** Gressitt, 1940b: 180, 183, pl. Ⅰ, fig. 2							
模式标本相关信息	正模	IOZ(E)217633	性别	♀	采集时间		体长	6.5 mm
	采集人		产地	Kiangsu, Hia-shu(江苏)			海拔	
已知分布	江苏							

学名	***Perissus rhaphumoides* Gressitt, 1940**						中文名	三条跗虎天牛
原始学名	***Perissus rhaphumoides* Gressitt, 1940**						曾用名	
重要引证	***Perissus rhaphumoides*** Gressitt, 1940b: 181, 183, pl. I, fig. 1							
模式标本相关信息	正模	IOZ(E)217634	性别	♀	采集时间	1929. Ⅴ.25	体长	9.0 mm
	采集人		产地	Kiangsu, Yangtcheau(江苏扬州)			海拔	
已知分布	江苏							

Tienmushan
HOLOTYPE PERISSUS ANGUSTICINCTUS J.L. Gressitt
IOZ(E) 217632
KIANG SU
Hia Shu
Musée Heude
Cer. 122
HOLOTYPE PERISSUS KIANGSUENSIS J.L. Gressitt
HOLOTYPE
IOZ(E) 217633
Yangtcheou
25. 5. 29
HOLOTYPE PERISSUS RHAPHUMOIDES J.L. Gressitt
HOLOTYPE
IOZ(E) 217634

Rhaphuma **Pascoe, 1858 艳虎天牛属**

Rhaphuma **Pascoe, 1858: 240** [RN]. Type species: *Clytus quadricolor* Laporte & Gory, 1836, by original designation.

Arcyphorus **Chevrolat, 1863: 287.** Type species: *Arcyphorus histrio* Chevrolat, 1863, designated by Thomson, 1864: 192.

Arcyophorus **Gemminger & Harold, 1872: 2938.** Type species: *Arcyphorus histrio* Chevrolat, 1863. [unjustified ememdation]

Raphium **White, 1855: 298 [HN, *nec* Mejgen, 1803 for Diptera].** Type species: *Clytus quadricolor* Laporte & Gory, 1836, by monotypy.

Raphuma **Thomson, 1864: 192.** Type species: *Clytus quadricolor* Laporte & Gory, 1836. [unjustified ememdation]

学名	***Rhaphuma elongata*** **Gressitt, 1940**					中文名	连环艳虎天牛	
原始学名	***Rhaphuma elongata*** **Gressitt, 1940**					曾用名		
重要引证	***Rhaphuma elongata*** Gressitt, 1940b: 184, pl. Ⅱ（原文错误标注为 pl. Ⅲ）							
模式标本相关信息	正模	IOZ(E)217653	性别	♂	采集时间	1935. Ⅶ.13	体长	15.0 mm
	采集人	O. Piel	产地	Ku-ling = Guling（江西九江市庐山区牯岭）			海拔	
已知分布	山西、河南、陕西、浙江、湖北、江西、湖南、海南、四川、云南							
备注	另有 2 号雄性副模标本产自浙江天目山，保存于 Gressitt Collection，现应在美国加州科学院							

学名	***Rhaphuma joshii*** **Holzschuh, 1984**					中文名	乔什艳虎天牛	
原始学名	***Rhaphuma joshii*** **Holzschuh, 1984**					曾用名		
重要引证	***Rhaphuma joshii*** Holzschuh, 1984: 361, Abb. 19							
模式标本相关信息	副模	IOZ(E)1859455	性别	♂	采集时间	1984. Ⅴ.12～14	体长	10.0 mm
	采集人	C. Holzschuh	产地	W. Nepal, NW Pokhara Kali-Gandaki-Khola, Tatopani			海拔	1 100～1 300 m
已知分布	尼泊尔							
备注	Carolus Holzschuh 赠送							

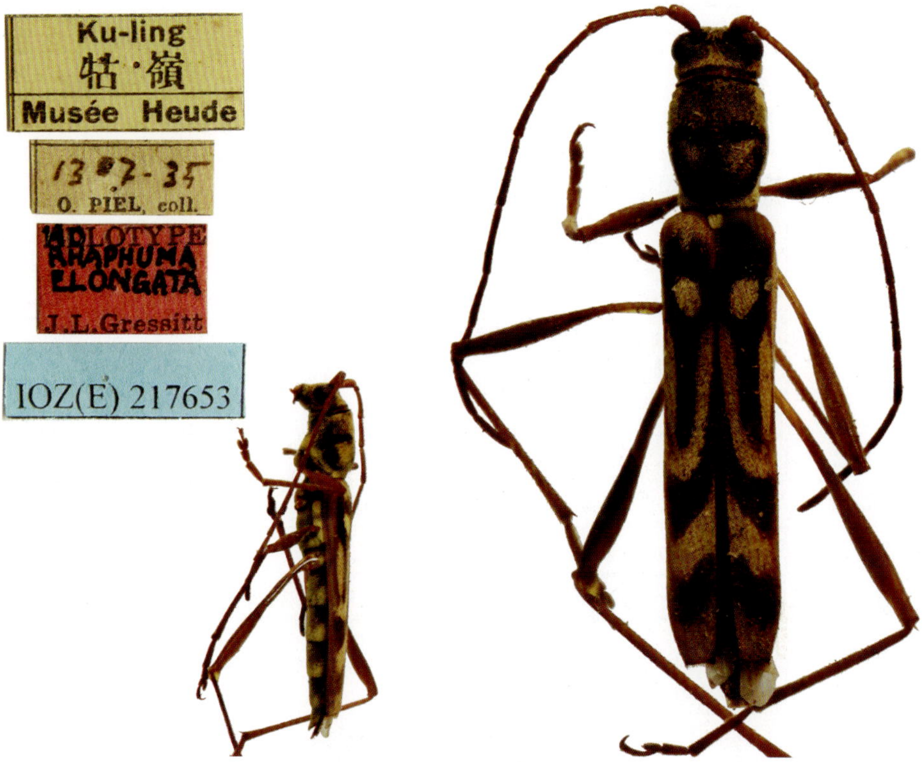
Ku-ling
牯·嶺
Musée Heude
13 7-35
O. PIEL, coll.
HOLOTYPE
Rhaphuma
elongata
J.L.Gressitt
IOZ(E) 217653

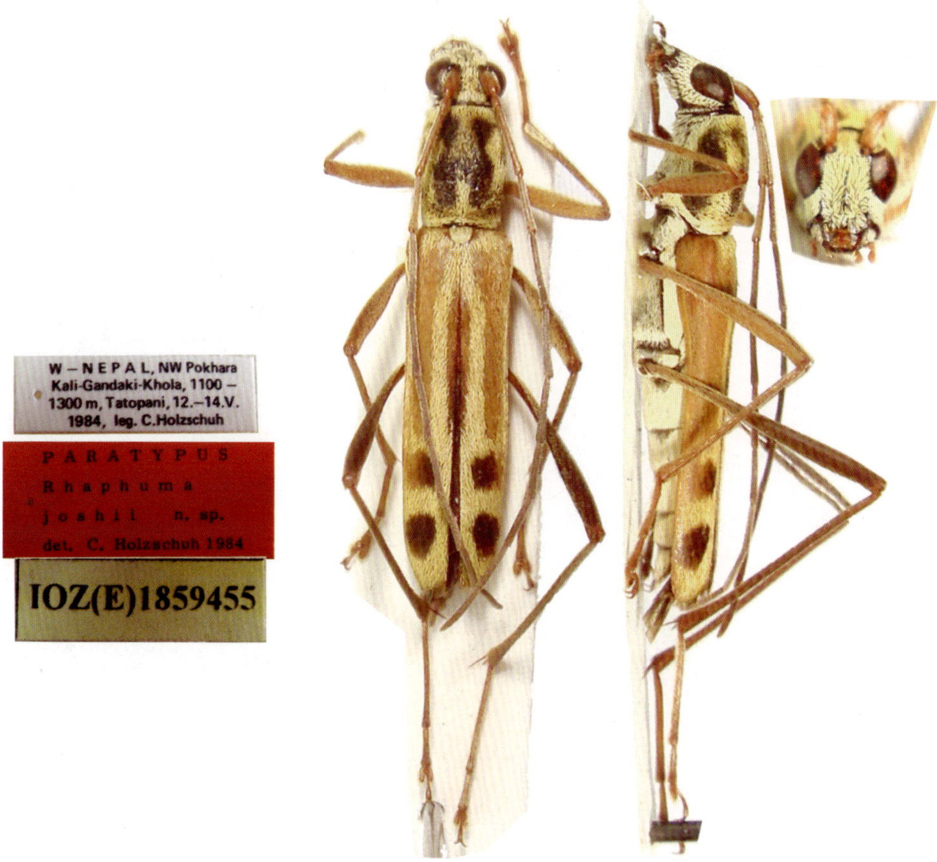
W – N E P A L, NW Pokhara
Kali-Gandaki-Khola, 1100 –
1300 m, Tatopani, 12.–14.V.
1984, leg. C.Holzschuh
PARATYPUS
Rhaphuma
joshii n. sp.
det. C. Holzschuh 1984
IOZ(E)1859455

学名	*Amamiclvtus limaticollis* (Gressitt, 1939)						中文名	天目矮虎天牛
原始学名	*Rhaphuma limaticollis* Gressitt, 1939						曾用名	天目艳虎天牛
重要引证	*Rhaphuma limaticollis* Gressitt, 1939: 101, pl. Ⅲ , fig. 6 *Amamiclvtus limaticollis*: Niisato & Han, 2013:167,figs 2, 3, 10-17							
模式标本相关信息	正模	IOZ(E)217654	性别	♀	采集时间	1937. Ⅳ .19	体长	5.5 mm
	采集人	O. Piel	产地	T' ien-mu Shan(浙江天目山)			海拔	
已知分布	浙江、福建							
备注	标本照片由毕文烜拍摄。 由于本书即将出版时才更新属，所以此种位置不便移动							

学名	*Rhaphuma pieli* Gressitt, 1940						中文名	米纹艳虎天牛
原始学名	*Rhaphuma pieli* Gressitt, 1940						曾用名	
重要引证	*Rhaphuma pieli* Gressitt, 1940: 79, pl. 2, fig. 8							
模式标本相关信息	正模	IOZ(E)217655	性别	♀	采集时间	1936. Ⅲ .26	体长	9.0 mm
	采集人	G. Ros	产地	Hainan, Nodoa(海南那大)			海拔	
已知分布	海南、香港							
备注	标本照片由毕文烜拍摄							

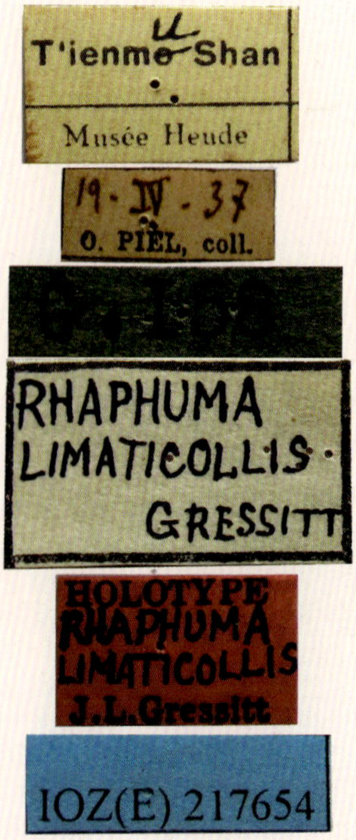

HAINAN
Nodoa 26-III-36
G. Ros leg.
RHAPHUMA PIELI GRESSITT
IOZ(E) 217655

Xylotrechus Chevrolat, 1860 脊虎天牛属

***Clytus* (*Xylotrechus*) Chevrolat, 1860: 456.** Type species: *Clytus* (*Xylotrechus*) *sartorii* Chevrolat, 1860, designated by Thomson, 1861: 221.

Xylotrechus: Thomson, 1861: 216, 221.

Subgenus *Xylotrechus* Chevrolat, 1860

***Clytus* (*Xylotrechus*) Chevrolat, 1860: 456.** Type species: *Clytus* (*Xylotrechus*) *sartorii* Chevrolat, 1860, designated by Thomson, 1861: 221.

***Xylotrechus*: Thomson, 1861: 216, 221.**

学名	***Xylotrechus* (*Xylotrechus*) *latefasciatus ochroceps* Gressitt, 1951**					中文名	红黑头脊虎天牛
原始学名	***Xylotrechus latefasciatus ochroceps* Gressitt, 1951**					曾用名	
重要引证	***Xylotrechus latefasciatus ochroceps*** Gressitt, 1951: 247, pl. 9, fig. 7 ***Xylotrechus latefasciatus ochraceps***; Hua, 2002: 236 [misspelling]						
模式标本相关信息	正模	IOZ(E)217669	性别	♀	采集时间	Ⅶ.15	体长	15.5 mm
	采集人	Chou Io(周小山?)	产地	Sikang(四川)			海拔	
已知分布	新疆、四川						
备注	原文标注采集人为 Prof. Chou Io （应该是周尧教授），但标签看起来像周小山						

Tribe Hesperophanini Mulsant, 1839 沟角天牛族

Subtribe Hesperophanina Mulsant, 1839

Trichoferus Wollaston, 1854 茸天牛属

***Trichoferus* Wollaston, 1854: 427.** Type species: *Trichoferus senex* Wollaston, 1854 (= *Trichoferus fasciculatus senex* Wollaston, 1854), by monotypy.

***Hesperandrius* Reitter, 1913: 45.** Type species: *Callidium griseum* Fabricius, 1793, designated by Sama, 1991: 123. Synonymized by Sama, 1991: 123.

学名	***Trichoferus maculatus* Pu, 1991**					中文名	棕斑茸天牛
原始学名	***Trichoferus maculatus* Pu, 1991**					曾用名	
重要引证	***Trichoferus maculatus*** Pu, 1991c: 249, 252, fig. 5						
模式标本相关信息	正模	IOZ(E)217778	性别	♂	采集时间	1981.Ⅵ.9	体长	15.5 mm
	采集人	张宝林	产地	四川渡口			海拔	
已知分布	四川						

Si-Kang
15
VII
245
周
AC. SIN.
HOLOTYPE
XYLOTR.
LATEFASCIATUS
OCHROCEPS
J.L.Gressitt
HOLOTYPE
XYLOTRECHUS
LATEFASCIATUS
OCHROCEPS
IOZ(E) 217669
XYLOTRECHUS
LATEFASCIATUS
OCHROCEPS
GRESS.
J.L.Gressitt-Det.1949

四川 渡口
1981. 6. 9.
中国科学院
采集者:
未发表
HOLOTYPE
IOZ(E) 217778
Trichoferus
brunneomaculatus
鉴定者: 蒲富基 1989
Pu
Trichoferus ♂
maculatus
Pu, 1991
Det. M.Y.Lin 2015

Tribe Molorchini Gistel, 1848 短鞘天牛族

Glaphyra Newman, 1840 短翅天牛属

***Glaphyra* Newman, 1840: 19.** Type species: *Glaphyra semiusta* Newman, 1840, by monotypy.

***Conchopterus* Fairmaire, 1868: 153.** Type species: *Necydalis umbellatarum* Schreber, 1759, designated by Löbl & Smetata, 2010: 188.

***Laphyra* Newman, 1842: 418 [RN].** Type species: *Glaphyra semiusta* Newman, 1840, by monotypy.

***Molorchus* (*Linomius*) Mulsant, 1862: 226.** Type species: *Necydalis umbellatarum* Schreber, 1759, by monotypy.

***Molorchus* (*Sinolus*) Mulsant, 1862: 228.** Type species: *Molorchus kiesenwetteri* Mulsant & Rey, 1861, by monotypy.

备注：据 Danilevsky 更新的古北区名录，短翅天牛属应作为 *Molorchus* 指名亚属的一个异名。

<table>
<tr><td>学名</td><td colspan="5">Glaphyra elliptica Holzschuh, 2008</td><td>中文名</td><td colspan="2">椭圆短翅天牛</td></tr>
<tr><td>原始学名</td><td colspan="5">Glaphyra elliptica Holzschuh, 2008</td><td>曾用名</td><td colspan="2"></td></tr>
<tr><td>重要引证</td><td colspan="8">Glaphyra elliptica Holzschuh, 2008: 211, Abb. 43a-b</td></tr>
<tr><td rowspan="3">模式标本相关信息</td><td>副模</td><td>IOZ(E)1859486</td><td>性别</td><td>♀</td><td>采集时间</td><td>2008. Ⅳ.23 ~ Ⅴ.15</td><td>体长</td><td>8.3 mm</td></tr>
<tr><td>采集人</td><td>C. Holzschuh</td><td>产地</td><td colspan="3">NE Laos, Hua Phan prov. Ban Saluei, Phou Pan (Mt.) N 20° 12′; E 104° 01′</td><td>海拔</td><td>1 500 ~ 1 900 m</td></tr>
<tr><td>副模</td><td>IOZ(E)1859487</td><td>性别</td><td>♂</td><td>采集信息</td><td>同副模 1859486</td><td>体长</td><td>7.5 mm</td></tr>
<tr><td>已知分布</td><td colspan="8">老挝</td></tr>
<tr><td>备注</td><td colspan="8">Andreas Weigel 赠送 2 号副模标本，于 2010 年 5 月寄达</td></tr>
</table>

<table>
<tr><td>学名</td><td colspan="5">Glaphyra excisa Holzschuh, 2008</td><td>中文名</td><td colspan="2">割短翅天牛</td></tr>
<tr><td>原始学名</td><td colspan="5">Glaphyra excisa Holzschuh, 2008</td><td>曾用名</td><td colspan="2"></td></tr>
<tr><td>重要引证</td><td colspan="8">Glaphyra excisa Holzschuh, 2008: 227, Abb. 53</td></tr>
<tr><td rowspan="2">模式标本相关信息</td><td>副模</td><td>IOZ(E)1859360</td><td>性别</td><td>♀</td><td>采集时间</td><td>2008. Ⅳ.23 ~ Ⅴ.15</td><td>体长</td><td>5.5 mm</td></tr>
<tr><td>采集人</td><td>C. Holzschuh</td><td>产地</td><td colspan="3">NE Laos, Hua Phan prov.Ban Saluei, Phou Pan (Mt.) N 20° 12′; E 104° 01′</td><td>海拔</td><td>1 500 ~ 1 900 m</td></tr>
<tr><td>已知分布</td><td colspan="8">老挝</td></tr>
<tr><td>备注</td><td colspan="8">Carolus Holzschuh 赠送 1 号副模标本，2011. IX.1 收到。标本照片由毕文烜拍摄</td></tr>
</table>

NE - LAOS, Hua Phan prov.
Ban Saluei, Phou Pan (Mt.)
~20°12'N, 104°01'E
23.IV.-15.V.2008, 1500-
leg. C. Holzschuh, 1900 m
PARATYPUS
Glaphyra
elliptica n. sp.
det. C. Holzschuh 2008
IOZ(E)1859486
NE - LAOS, Hua Phan prov.
Ban Saluei, Phou Pan (Mt.)
~20°12'N, 104°01'E
23.IV.-15.V.2008, 1500-
leg. C. Holzschuh, 1900 m
PARATYPUS
Glaphyra
elliptica n. sp.
det. C. Holzschuh 2008
IOZ(E)1859487
NE - LAOS, Hua Phan prov.
Ban Saluei, Phou Pan (Mt.)
~20°12'N, 104°01'E
23.IV.-15.V.2008, 1500-
leg. C. Holzschuh, 1900 m
PARATYPUS
Glaphyra
excisa n. sp.
det. C. Holzschuh 2008
IOZ(E)1859360

Tribe Obriini Mulsant, 1839 侧沟天牛族

Ibidionidum Gahan, 1894 长柄天牛属

***Ibidionidum* Gahan, 1894: 14.** Type species: *Ibidionidum corbetti* Gahan, 1894, by original designation.

subgenus *Ibidionidum* Gahan, 1894

***Ibidionidum* Gahan, 1894: 14.** Type species: *Ibidionidum corbetti* Gahan, 1894, by original designation.

学名	***Ibidionidum* (*Ibidionidum*) *longithoracicum* (Chiang, 1963)**					中文名	长胸长柄天牛	
原始学名	***Obrium longithoracicum* Chiang, 1963**					曾用名	长胸侧沟天牛	
重要引证	***Obrium longithoracicum*** Chiang, 1963: 65, 73, fig. 3 ***Ibidionidum longithoracicum***; Hua, 2002: 211							
模式标本相关信息	正模	IOZ(E)217618	性别	♀	采集时间	1955. V.28	体长	10.6 mm
	采集人	吴乐	产地	云南保山至永平			海拔	
	配模	IOZ(E)217619	性别	♂	采集时间	1955. V.29	体长	7.0 mm
	采集人	布希克	产地	云南永平至下关			海拔	
	副模	IOZ(E)217620-22, IOZ(E)217627-28	性别	♂ ♀	采集时间	1955. V.28	体长	8.0～10.0 mm
	采集人	吴乐，B. 波波夫	产地	云南保山至永平			海拔	
	副模	IOZ(E)217623-26	性别	♂ ♀	采集时间	1955. V.28	体长	7.5～11.0 mm
	采集人	克雷让诺夫斯基	产地	云南保山东北山上			海拔	1 700 m
已知分布	云南							
备注	另外还有 1 号副模标本于 2005 年 12 月 9 日交换至西南大学							

雲南保山至永平
1955.V.28.
吳 樂
Баошань-Юнпин
Юньнань 28 У 1955
У Ло
20
Obrium longitho-
racicum sp. nov.
鑑定者：蔣書楠 1961
HOLOTYPE
IOZ(E) 217618

雲南永平至下關
1955.V.29.
布希克
Юнпин-Сягуань
Юньнань 29 У 1955
Бущик
Obrium longitho-
racicum sp. nov.
鑑定者：蔣書楠 1961
ALLOTYPE
IOZ(E) 217619

Obrium Dejean, 1821 侧沟天牛属

***Obrium* Dejean, 1821: 110.** Type species: *Cerambyx cantharinus* Linnaeus, 1767, designated by Curtis, 1825: pl. XCI.

***Diozodes* Haldeman, 1847: 42.** Type species: *Callidium pallidum* Say, 1823 (= *Cerambyx maculatus* Olivier, 1795), by monotypy. Synonymized by Haldeman, 1847: 372.

***Phyton* Newman, 1840: 19.** Type species: *Phyton limum* Newman, 1840 (=*Cerambyx maculatus* Olivier, 1795), by monotypy.

<table>
<tr><td>学名</td><td colspan="6">Obrium facetum Holzschuh, 1989</td><td>中文名</td><td>黑脸侧沟天牛</td></tr>
<tr><td>原始学名</td><td colspan="6">Obrium facetum Holzschuh, 1989</td><td>曾用名</td><td></td></tr>
<tr><td>重要引证</td><td colspan="8">Obrium facetum Holzschuh, 1989: 157, Abb. 14</td></tr>
<tr><td rowspan="3">模式标本相关信息</td><td>副模</td><td>IOZ(E)1859453</td><td>性别</td><td>♀</td><td>采集时间</td><td>1982. Ⅳ.29</td><td>体长</td><td>4.6 mm</td></tr>
<tr><td>采集人</td><td>T. Shimomura</td><td>产地</td><td colspan="3">N. Thailand, Chiang Mai, Mt. Doi Pui</td><td>海拔</td><td>1 400～1 500 m</td></tr>
<tr><td>副模</td><td>IOZ(E)1859454</td><td>性别</td><td>♂</td><td>采集信息</td><td>同副模 1859453</td><td>体长</td><td>4.6 mm</td></tr>
<tr><td>已知分布</td><td colspan="8">泰国</td></tr>
<tr><td>备注</td><td colspan="8">Carolus Holzschuh 赠送</td></tr>
</table>

<table>
<tr><td>学名</td><td colspan="6">Obrium filicorne Holzschuh, 2008</td><td>中文名</td><td>线角侧沟天牛</td></tr>
<tr><td>原始学名</td><td colspan="6">Obrium filicorne Holzschuh, 2008</td><td>曾用名</td><td></td></tr>
<tr><td>重要引证</td><td colspan="8">Obrium filicorne Holzschuh, 2008: 183, Abb. 23</td></tr>
<tr><td rowspan="2">模式标本相关信息</td><td>副模</td><td>IOZ(E)1905274</td><td>性别</td><td>♀</td><td>采集时间</td><td>2008. Ⅳ.23～Ⅴ.16</td><td>体长</td><td>4.0 mm</td></tr>
<tr><td>采集人</td><td>C. Holzschuh</td><td>产地</td><td colspan="3">NE. Laos, Hua Phan Prov., Ban Saluei, Mt. Phou Pan N 20° 12′; E 104° 01′</td><td>海拔</td><td>1 500～1 900 m</td></tr>
<tr><td>已知分布</td><td colspan="8">老挝</td></tr>
<tr><td>备注</td><td colspan="8">Andreas Weigel 赠送</td></tr>
</table>

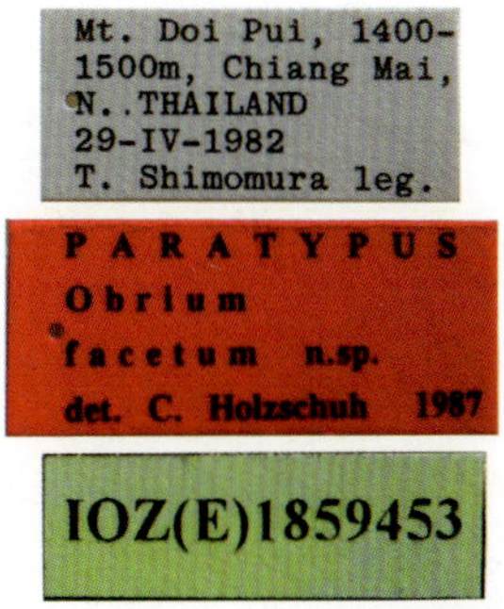
Mt. Doi Pui, 1400-
1500m, Chiang Mai,
N..THAILAND
29-IV-1982
T. Shimomura leg.
PARATYPUS
Obrium
facetum n.sp.
det. C. Holzschuh 1987
IOZ(E)1859453

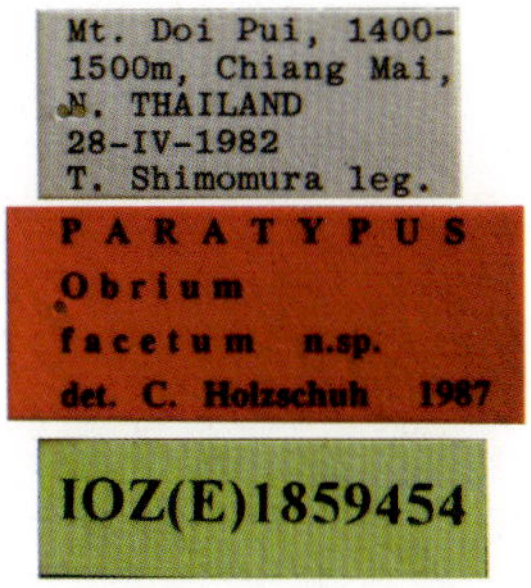
Mt. Doi Pui, 1400-
1500m, Chiang Mai,
N. THAILAND
28-IV-1982
T. Shimomura leg.
PARATYPUS
Obrium
facetum n.sp.
det. C. Holzschuh 1987
IOZ(E)1859454

1.00mm

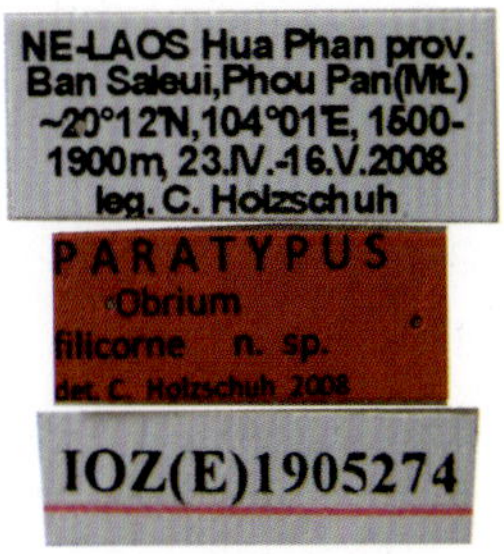
NE-LAOS Hua Phan prov.
Ban Saleui,Phou Pan(Mt.)
~20°12'N,104°01'E, 1500-
1900m, 23.IV.-16.V.2008
leg. C. Holzschuh
PARATYPUS
Obrium
filicorne n. sp.
det. C. Holzschuh 2008
IOZ(E)1905274

Tribe Prothemini Lacordaire, 1868 长跗天牛族

Prothema Pascoe, 1857 长跗天牛属

***Prothema* Pascoe, 1857: 43.** Type species: *Prothema signatum* Pascoe, 1857 (=*Prothema funerea* Pascoe, 1857), by monotypy.

***Sigeum* Pascoe, 1866: 523.** Type species: *Blemmya humeralis* Pascoe, 1857, by original designation. Synonymized by Pascoe, 1869: 581.

<table>
<tr><td>学名</td><td colspan="5">Prothema astutum Holzschuh, 2011</td><td colspan="2">中文名</td><td colspan="2">灵巧长跗天牛</td></tr>
<tr><td>原始学名</td><td colspan="5">Prothema astutum Holzschuh, 2011</td><td colspan="2">曾用名</td><td colspan="2"></td></tr>
<tr><td>重要引证</td><td colspan="9">Prothema astutum Holzschuh, 2011:305, Abb. 49</td></tr>
<tr><td rowspan="2">模式标本相关信息</td><td>正模</td><td>IOZ(E)1859270</td><td>性别</td><td>♂</td><td>采集时间</td><td>2008. Ⅴ.30</td><td>体长</td><td colspan="2">11.9 mm</td></tr>
<tr><td>采集人</td><td>A. Weige</td><td>产地</td><td colspan="3">S-Yunnan, Xishuangbanna, 26 km W. Jinghong, vic. Meng Song, N 22° 04.65′; E 100° 33.98′ (勐宋)</td><td>海拔</td><td colspan="2">1 400～1 600 m</td></tr>
<tr><td>已知分布</td><td colspan="9">云南</td></tr>
<tr><td>备注</td><td colspan="9">at flowers of Castanopsis trees</td></tr>
</table>

<table>
<tr><td>学名</td><td colspan="5">Prothema sinuosa Holzschuh, 2007</td><td colspan="2">中文名</td><td colspan="2">弯长跗天牛</td></tr>
<tr><td>原始学名</td><td colspan="5">Prothema sinuosa Holzschuh, 2007</td><td colspan="2">曾用名</td><td colspan="2"></td></tr>
<tr><td>重要引证</td><td colspan="9">Prothema sinuosa Holzschuh, 2007: 239, Abb. 46</td></tr>
<tr><td rowspan="2">模式标本相关信息</td><td>副模</td><td>IOZ(E)1859351</td><td>性别</td><td>♂</td><td>采集时间</td><td>2007. Ⅴ.17～Ⅵ.3</td><td>体长</td><td colspan="2">13.0 mm</td></tr>
<tr><td>采集人</td><td>C. Holzschuh</td><td>产地</td><td colspan="3">NE-Laos, Hua Phan Prov. Ban Saluei, Phou Pan (Mt.) N 20° 12′; E 104° 01′</td><td>海拔</td><td colspan="2">1 500～1 900 m</td></tr>
<tr><td>已知分布</td><td colspan="9">老挝</td></tr>
<tr><td>备注</td><td colspan="9">Carolus Holzschuh 赠送 1 号副模标本，2011.IX.1 收到。标本照片由毕文烜拍摄</td></tr>
</table>

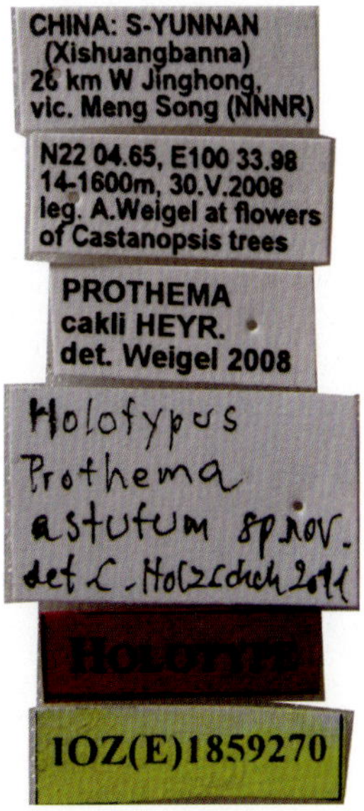
CHINA: S-YUNNAN
(Xishuangbanna)
26 km W Jinghong,
vic. Meng Song (NNNR)
N22 04.65, E100 33.98
14-1600m, 30.V.2008
leg. A.Weigel at flowers
of Castanopsis trees
PROTHEMA
cakli HEYR.
det. Weigel 2008
Holotypus
Prothema
astutum sp.nov.
det. C. Holzschuh 2011
HOLOTYPE
IOZ(E)1859270

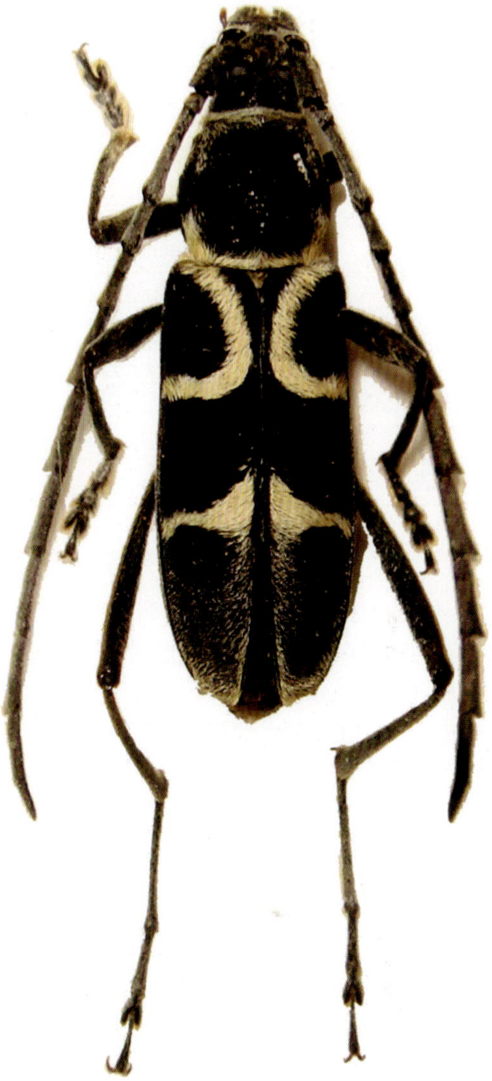

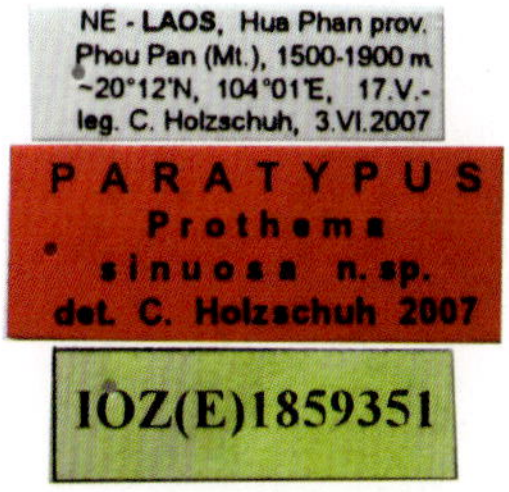
NE - LAOS, Hua Phan prov.
Phou Pan (Mt.), 1500-1900 m
~20°12'N, 104°01'E, 17.V.-
leg. C. Holzschuh, 3.VI.2007
PARATYPUS
Prothema
sinuosa n. sp.
det. C. Holzschuh 2007
IOZ(E)1859351

Tribe Trachyderini Dupont, 1836 紫天牛族

Parabunothorax Pu, 1991 显瘤天牛属

***Parabunothorax* Pu, 1991: 247.** Type species: *Parabunothorax rubripennis* Pu, 1991, by original designation.

学名	***Parabunothorax rubripennis* Pu, 1991**					中文名	显瘤天牛	
原始学名	***Parabunothorax rubripennis* Pu, 1991**					曾用名	红翅显瘤天牛	
重要引证	***Parabunothorax rubripennis*** Pu, 1991c: 248, 251, figs.1-2							
模式标本相关信息	正模	IOZ(E)217753	性别	♂	采集时间	1985. V	体长	17.0 mm
	采集人	马归燕	产地	贵州雷公山			海拔	
已知分布	贵州							
备注	标本照片由毕文烜拍摄							

Purpuricenus Dejean, 1821 紫天牛属

***Purpuricenus* Dejean, 1821: 105.** Type species: *Cerambyx kaehleri* Linnaeus, 1758, designated by Blanchard *in* Cuvier, 1849: pl. 66, fig. 1; and Linsley, 1962: 103.

***Acanthoptera* Latreille, 1829: 114.** Type species: *Cerambyx budensis* Götz, 1783.

***Cyclodera* White, 1846: 510.** Type species: *Cyclodera quadrinotata* White, 1846, by monotypy.

***Hamadrias* Gistel, 1848: 130. [unnecessary substitute name]**

***Philagathes* Thomson, 1864: 196.** Type species: *Philagathes laetus* Thomson, 1864, by original designation.

***Porphyrocenus* Reitter, 1913: 34.** Type species: *Purpuricenus spectabilis* Motschulsky, 1858, by original designation.

***Purpuricenus* (*Sternoplistes*) Guérin-Méneville, 1844: 224.** Type species: *Purpuricenus* (*Sternoplistes*) *temminckii* Guérin-Méneville, 1844, by monotypy.

Notes: The dividing of *Purpuricenus* Dejean, 1821 in two subgenera based on the shape of pronotum was not natural. *Purpuricenus* Dejean, 1821 = *Sternoplistes* Guérin-Méneville, 1844 (Danilevsky, 2012).

学名	***Purpuricenus globiger ambrusi* Danilevsky, 2012**					中文名	安布缺缘紫天牛	
原始学名	***Purpuricenus globiger ambrusi* Danilevsky, 2012**					曾用名		
重要引证	***Purpuricenus globiger ambrusi*** Danilevsky, 2012: 11, figs. 8-12							
模式标本相关信息	副模	IOZ(E)1859266	性别	♂	采集时间	2009. Ⅵ.1～15	体长	21.5 mm
	采集人	Wang Xing	产地	Gansu, Longnan（甘肃陇南）			海拔	1 700 m
	副模	IOZ(E)1859267	性别	♀	采集信息	同副模 1859266	体长	21.0 mm
已知分布	甘肃							
备注	Richard Ambrus 赠送 2 号副模标本，由 Mikhail Danilevsky 于 2012 年 5 月从俄罗斯寄达北京。正模保存于俄罗斯的 Mikhail Danilevsky 个人收藏							

贵州雷公山
中国科学院
1985. V.
采集者：马归燕
rubripennis
鑑定者：蒲富基 1989
HOLOTYPE
IOZ(E) 217753
CHINA, Gansu
Longnan
1. - 15. 6. 2009
Igt. Wang Xing
PARATYPUS
Purpuricenus globiger
AMBRUSI ssp. n.
M.Danilevsky det. 2012
IOZ(E)1859266
CHINA, Gansu
Longnan
1. - 15. 6. 2009
Igt. Wang Xing
PARATYPUS
Purpuricenus globiger
AMBRUSI ssp. n.
M.Danilevsky det. 2012
IOZ(E)1859267

学名	***Purpuricenus sideriger richardi*** **Danilevsky, 2012**					中文名	理查圆斑紫天牛	
原始学名	***Purpuricenus sideriger richardi*** **Danilevsky, 2012**					曾用名		
重要引证	***Purpuricenus sideriger richardi*** Danilevsky, 2012: 15, figs. 19-21							
模式标本相关信息	副模	IOZ(E)1859268	性别	♀	采集时间	2008. Ⅵ.5 ~ 10	体长	18.0 mm
	采集人	Wang Xing	产地	Gansu, Longnan (甘肃陇南), Tanchang, Qinyuxiang env.			海拔	
已知分布	甘肃							
备注	Richard Ambrus 赠送1号副模标本，由Mikhail Danilevsky于2012年5月从俄罗斯寄达北京，寄来的时候忘记插鉴定标签了，由林美英跟作者确认之后补了一张鉴定签。正模保存于俄罗斯的Mikhail Danilevsky个人收藏							

学名	***Purpuricenus temminckii oliveri*** **Danilevsky, 2012**					中文名	奥利弗竹紫天牛	
原始学名	***Purpuricenus temminckii oliveri*** **Danilevsky, 2012**					曾用名		
重要引证	***Purpuricenus temminckii oliveri*** Danilevsky, 2012: 19, figs. 36-39							
模式标本相关信息	副模	IOZ(E)1859269	性别	♀	采集时间	2008. Ⅵ.5 ~ 10	体长	13.9 mm
	采集人	Wang Xing	产地	Gansu, Longnan (甘肃陇南), Tanchang, Qinyuxiang env.			海拔	
已知分布	甘肃							
备注	Richard Ambrus 赠送1号副模标本，由Mikhail Danilevsky于2012年5月从俄罗斯寄达北京。正模保存于俄罗斯的Mikhail Danilevsky个人收藏							

CHINA, GANSU
Longnan, Tanchang
Qinyuxiang env.
5. - 10. 6. 2008
paratype
Det. M. Y. Lin, 2012
IOZ(E)1859268
CHINA, GANSU
Longnan, Tanchang
Qinyuxiang env.
5. - 10. 6. 2008
Igt. Wang Xing
PARATYPUS
M.Danilevsky det. 2012
IOZ(E)1859269

Tribe Rosaliini Fairmaire, 1864 丽天牛族

Acrocyrtidus Jordan, 1894 艳天牛属

***Acrocyrtidus* Jordan, 1894: 499.** Type species: *Acrocyrtidus fasciatus* Jordan, 1894, by original designation.

***Lautitia* Matsushita, 1933: 226.** Type species: *Lautitia elegantula* Matsushita, 1933, by original designation. Synonymized by Hayashi, 1962: 10, note.

***Mausaridaeus* Pic, 1903: 29.** Type species: *Mausaridaeus diversinotatus* Pic, 1903, by original designation. Synonymized by Plavilstshikov, 1934: 127.

<table>
<tr><td>学名</td><td colspan="5">Acrocyrtidus simianshanensis reductus Holzschuh, 2010</td><td>中文名</td><td colspan="2">少斑四面山艳天牛</td></tr>
<tr><td>原始学名</td><td colspan="5">Acrocyrtidus simianshanensis reductus Holzschuh, 2010</td><td>曾用名</td><td colspan="2"></td></tr>
<tr><td>重要引证</td><td colspan="8">Acrocyrtidus simianshanensis reductus Holzschuh, 2010: 188, Abb. 38</td></tr>
<tr><td rowspan="4">模式标本相关信息</td><td>副模</td><td>IOZ(E)1859328</td><td>性别</td><td>♂</td><td>采集时间</td><td>2010. Ⅳ.7～Ⅴ.25</td><td>体长</td><td>14.5 mm</td></tr>
<tr><td>采集人</td><td>C. Holzschuh</td><td>产地</td><td colspan="3">NE. Laos, Hua Phan prov., Ban Saleui, Phou Pan (Mt.) N 20° 12′; E 104° 01′</td><td>海拔</td><td>1 300～1 900 m</td></tr>
<tr><td>副模</td><td>IOZ(E)1859329</td><td>性别</td><td>♀</td><td>采集信息</td><td>同副模 1859328</td><td>体长</td><td>19.5 mm</td></tr>
<tr><td>副模</td><td>IOZ(E)1859330-331</td><td>性别</td><td>♂♂</td><td>采集信息</td><td>同副模 1859328</td><td>体长</td><td>12.5～14.5 mm</td></tr>
<tr><td>已知分布</td><td colspan="8">老挝</td></tr>
<tr><td>备注</td><td colspan="8">Carolus Holzschuh 赠送 4 号副模标本，2011.IX.1 收到</td></tr>
</table>

Tribe Stenhomalini Miroshnikov, 1989 狭天牛族

Stenhomalus White, 1855 狭天牛属

***Stenhomalus* White, 1855: 243.** Type species: *Stenhomalus fenestratus* White, 1855, by monotypy.

Subgenus *Stenhomalus* White, 1855

***Stenhomalus* White, 1855: 243.** Type species: *Stenhomalus fenestratus* White, 1855, by monotypy.

***Stenomalus* Gemminger, 1872: 2841 [unjustified emendation]**

<table>
<tr><td>学名</td><td colspan="5">Stenhomalus (Stenhomalus) incongruus incongruus Gressitt, 1939</td><td>中文名</td><td colspan="2">江苏狭天牛</td></tr>
<tr><td>原始学名</td><td colspan="5">Stenhomalus incongruus Gressitt, 1939</td><td>曾用名</td><td colspan="2"></td></tr>
<tr><td>重要引证</td><td colspan="8">Stenhomalus incongruus Gressitt, 1939: 211, pl. 8, fig. 3</td></tr>
<tr><td rowspan="2">模式标本相关信息</td><td>配模</td><td>IOZ(E)217658</td><td>性别</td><td>♂</td><td>采集时间</td><td>1933. Ⅵ.23</td><td>体长</td><td>4.8 mm</td></tr>
<tr><td>采集人</td><td>A. Savio</td><td>产地</td><td colspan="3">Shanghai Zô-Sè(上海佘山)</td><td>海拔</td><td></td></tr>
<tr><td>已知分布</td><td colspan="8">上海、江苏</td></tr>
<tr><td>备注</td><td colspan="8">正模存放于 California Academy of Sciences, San Francisco</td></tr>
</table>

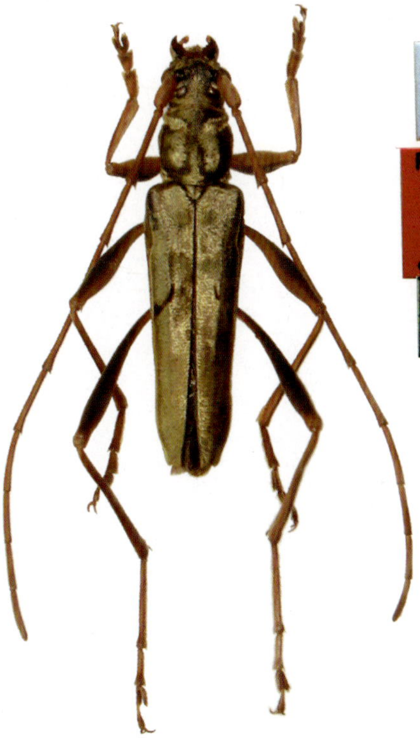

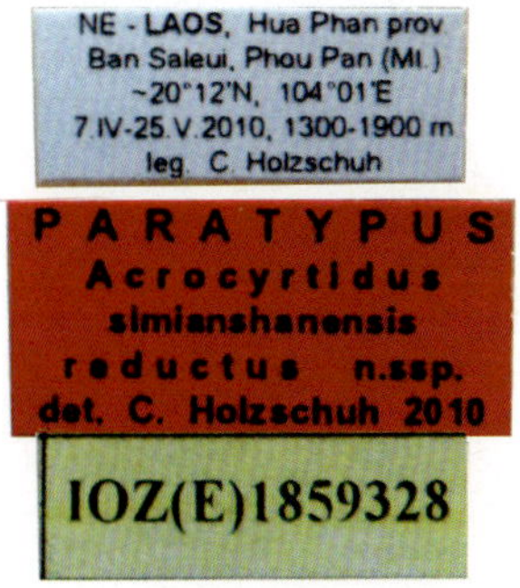
NE - LAOS, Hua Phan prov
Ban Saleui, Phou Pan (Mt.)
~20°12'N, 104°01'E
7.IV-25.V.2010, 1300-1900 m
leg. C. Holzschuh
PARATYPUS
Acrocyrtidus
simianshanensis
reductus n.ssp.
det. C. Holzschuh 2010
IOZ(E)1859328

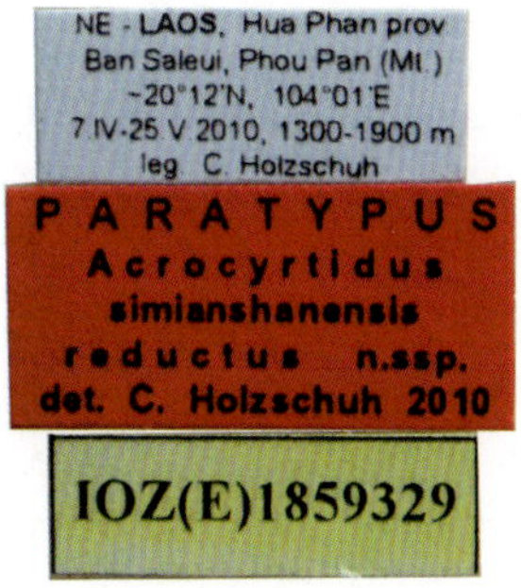
NE - LAOS, Hua Phan prov
Ban Saleui, Phou Pan (Mt.)
~20°12'N, 104°01'E
7.IV-25.V.2010, 1300-1900 m
leg. C. Holzschuh
PARATYPUS
Acrocyrtidus
simianshanensis
reductus n.ssp.
det. C. Holzschuh 2010
IOZ(E)1859329

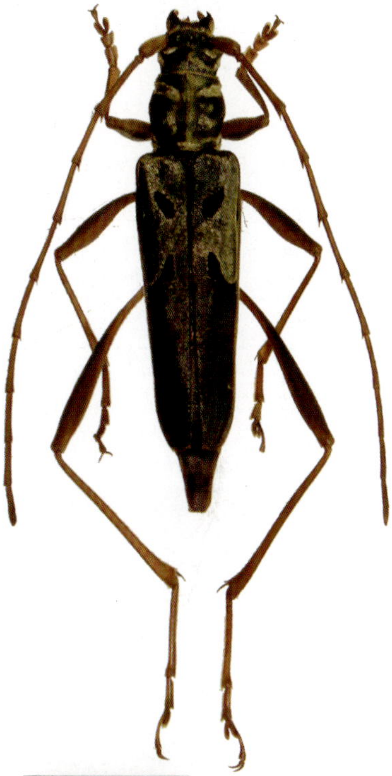

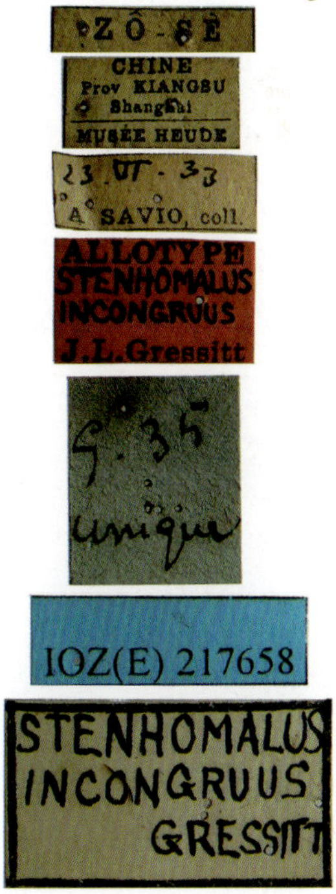
ZÔ-SÈ
CHINE
Prov KIANGSU
Shanghai
MUSÉE HEUDE
A. SAVIO, coll.
ALLOTYPE
STENHOMALUS
INCONGRUUS
J.L.Gressitt
IOZ(E) 217658
STENHOMALUS
INCONGRUUS
GRESSITT

Tribe Stenopterini Gistel, 1848 狭鞘天牛族

Merionoeda Pascoe, 1858 半鞘天牛属

***Merionoeda* Pascoe, 1858: 237.** Type species: *Merionoeda puella* Pascoe, 1858, designated by Thomson, 1864: 163.

Subgenus *Macromolorchus* Pic, 1922

***Macromolorchus* Pic, 1922: 28.** Type species: *Macromolorchus curtipennis* Pic, 1922, by monotypy.

***Hakata* Mitono & Nishimura, 1936: 33.** Type species: *Hakata hirsuta* Mitono & Nishimura, 1936, by original designation. Synonymized with *Macromolorchus* Pic, 1922 by Gressitt & Rondon, 1970: 116.

***Merionoeda* (*Macromolorchus*): Gressitt & Rondon, 1970: 116.**

学名	***Merionoeda* (*Macromolorchus*) *baoshana* Chiang, 1963**					中文名	保山半鞘天牛	
原始学名	***Merionoeda* (*Holangus*) *baoshana* Chiang, 1963**					曾用名		
重要引证	***Merionoeda* (*Holangus*) *baoshana*** Chiang, 1963: 66, 73, fig. 4 ***Merionoeda* (*Macromolorchus*) *aglaospadix*** Gressitt & Rondon, 1970: 118, fig. 21k. Syonymized by Löbl & Smetana, 2010: 204 ***Merionoeda* (*Macromolorchus*) *baoshana***: Niisato & Lin, 2013: 70							
模式标本相关信息	正模	IOZ(E)217603	性别	♀	采集时间	1955. Ⅴ.28	体长	10.6 mm
	采集人	欧炳荣	产地	云南保山第一道班			海拔	
	副模	IOZ(E)1859319	性别	♀	采集时间	1955.Ⅴ.28	体长	14.5 mm
	采集人	B. 波波夫	产地	云南保山至永平			海拔	
已知分布	云南；老挝							
备注	Niisato（2014 个人交流）说 *Merionoeda* (*Macromolorchus*) *aglaospadix* Gressitt & Rondon, 1970 没有被正式发表为 *Merionoeda* (*Holangus*) *baoshana* Chiang, 1963 的异名。但在 Löbl & Smetana (2010) 的名录里，两者已被列在一起作为同种，虽然没有任何阐述，还是可以把该文作为第一次提出异名的文献							

学名	***Merionoeda* (*Macromolorchus*) *eburata atratula* Holzschuh, 2009**					中文名	黑肩象牙半鞘天牛	
原始学名	***Merionoeda* (*Macromolorchus*) *eburata atratula* Holzschuh, 2009**					曾用名		
重要引证	***Merionoeda* (*Macromolorchus*) *eburata atratula*** Holzschuh, 2009: 296, Abb. 22							
模式标本相关信息	副模	IOZ(E)1859332	性别	♂	采集时间	2009. Ⅳ.15	体长	11.0 mm
	采集人	Local collector	产地	NE. Laos, Hua Phan Prov., Phou Pan (Mt.)			海拔	
	副模	IOZ(E)1859333	性别	♂	采集信息	同副模 1859332	体长	10.0 mm
	副模	IOZ(E)1905275	性别	♂	采集信息	同副模 1859332	体长	11.0 mm
已知分布	老挝							
备注	Carolus Holzschuh 赠送 2 号副模标本，2011.IX.1 收到。Andreas Weigel 赠送 1 号副模标本 [IOZ(E)1905275]，2013 年年底收到							

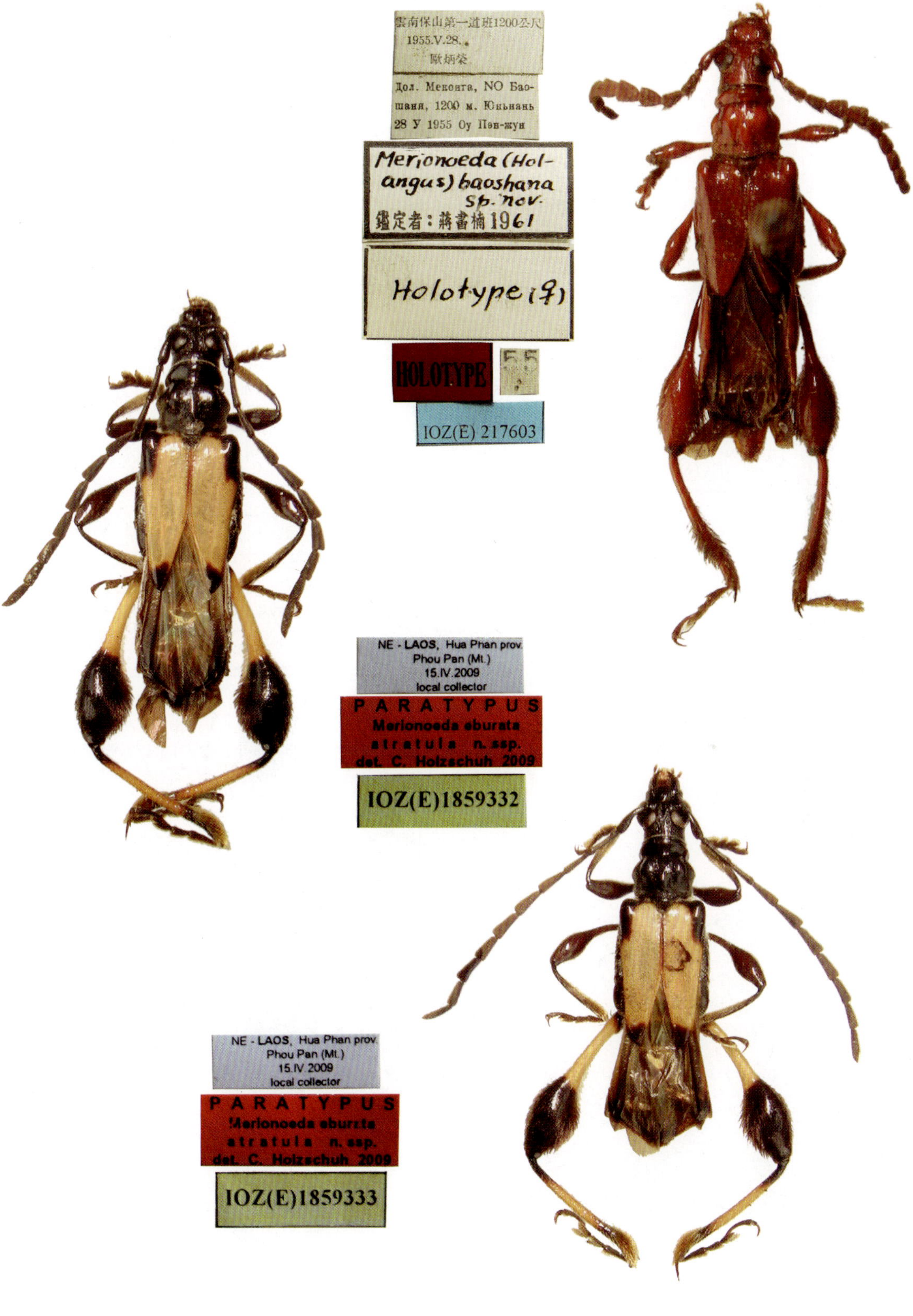

雲南保山第一道班1200公尺
1955.V.28.
歐炳榮
Дол. Меконга, NO Бао-
шаня, 1200 м. Юньнань
28 У 1955 Оу Пэн-жун
Merionoeda (Hol-
angus) baoshana
sp. nov.
鑑定者：蔣書楠 1961
Holotype (♀)
HOLOTYPE
IOZ(E) 217603
NE - LAOS, Hua Phan prov.
Phou Pan (Mt.)
15.IV.2009
local collector
PARATYPUS
Merionoeda eburata
atratula n. ssp.
det. C. Holzschuh 2009
IOZ(E)1859332
NE - LAOS, Hua Phan prov.
Phou Pan (Mt.)
15.IV.2009
local collector
PARATYPUS
Merionoeda eburata
atratula n. ssp.
det. C. Holzschuh 2009
IOZ(E)1859333

Subgenus *Merionoeda* Pascoe, 1858

***Merionoeda* Pascoe, 1858: 237.** Type species: *Merionoeda puella* Pascoe, 1858, designated by Thomson, 1864: 163.

***Merionoeda* (*Merionoeda*); Niisato & Lin, 2013: 73.**

学名	***Merionoeda* (*Merionoeda*) *evidens* Holzschuh, 2003**					中文名	娉婷半鞘天牛	
原始学名	***Merionoeda evidens* Holzschuh, 2003**					曾用名		
重要引证	***Merionoeda evidens*** Holzschuh, 2003a: 184, Abb. 29							
模式标本相关信息	副模	IOZ(E)1859488	性别	♂	采集时间	2002. Ⅴ.3～15	体长	7.0 mm
	采集人	L. Dembicky	产地	India S, Tamil Nadu, Nilghiri Hills 11km SE, Kotagiri, Kunchappanai N 11° 24′; E 76° 56′			海拔	1 100 m
	副模	IOZ(E)1859489	性别	♂	采集信息	同副模 1859488	体长	6.0 mm
	副模	IOZ(E)1905276	性别	♂	采集信息	同副模 1859488	体长	8.0 mm
已知分布	印度							
备注	Andreas Weigel 赠送 3 号副模标本，2 号于 2010 年 5 月寄达，1 号于 2013 年年底寄达							

S-INDIA Tamil Nadu
Nilgiri hills,11km SE Kota-
giri,Kunchappanai 11°24'N
76°56'E 1100m 3.-15.V.
2002 leg. L. Dembicky
PARATYPUS
Merionoeda
evidens sp. n.
det. C. Holzschuh 2003
IOZ(E)1859489

学名	***Merionoeda* (*Merionoeda*) *nigrella* Gressitt, 1942**						中文名	黑背半鞘天牛
原始学名	***Merionoeda* (*Merionoeda*) *nigrella* Gressitt, 1942**						曾用名	
重要引证	***Merionoeda* (*Merionoeda*) *nigrella*** Gressitt, 1942: 79, pl. Ⅰ, fig. 1							
模式标本相关信息	正模	IOZ(E)217604	性别	♂	采集时间	1936. Ⅵ.23	体长	6.3 mm
	采集人	Shanghai Science Institute 10	产地	Huangshan(安徽黄山)			海拔	
已知分布	安徽							
备注	本种很可能是印度半鞘天牛*M. indica* (Hope,1831)的次异名Niisato & Yokoi(2009)报道的云南记录，所依据标本为*M.indica* (Hope, 1831)。印度半鞘天牛已知分布有：四川、云南；印度，尼泊尔，老挝							

Microdebilissa **Pic, 1925 锯翅天牛属**

Microdebilissa **Pic, 1925: 16.** Type species: *Microdebilissa bipartita* Pic, 1925, by monotypy.

Euchlanis **Pascoe, 1869: 565 [HN, preoccupied by Ehrenberg, 1832 for Rotifera].** Type species: *Euchlanis collaris* Pascoe, 1869, by monotypy. Synonymized with *Microdebilissa* Pic, 1925 by Gressitt Rondon, 1970:129.

Neodeuteromma **Mitono, 1936: 32.** Type species: *Neodeuteromma serratipenne* Mitono, 1936 (= *Mirodebilissa testacea* Matsushita, 1933), by monotypy. Synonymized by Hayashi, 1951: 80, and Synonymized by Gressitt, 1951:180.

学名	***Microdebilissa atripennis*** **(Pu, 1992)**						中文名	黑翅锯翅天牛
原始学名	***Euchlanis atripennis*** **Pu, 1992**						曾用名	黑翅尤天牛
重要引证	***Euchlanis atripennis*** Pu, 1992b: 600, 620, fig. 1 & pl. Ⅰ, fig. 11 ***Microdebilissa atripennis***: Heffern & Özdikmen, 2007: 60							
模式标本相关信息	正模	IOZ(E)217689	性别	♂	采集时间	1981. Ⅵ.11	体长	5.8 mm
	采集人	王书永	产地	云南泸水			海拔	2 150 m
已知分布	云南							
备注	标本照片由毕文烜拍摄							

Hungshan
June 23 1936
10
S.S.I
HOLOTYPE
MERIONOEDA
NIGRELLA
J.L.Gressitt
IOZ(E) 217604

云南 泸水
2150m
中国科学院
1981. VI. 11.
采集者 王書永
Euchlanis
atripennis Pu
鑑定者：蒲富基 1986
IOZ(E) 217689

Tribe Thraniini Gahan, 1906 锥背天牛族

Thranius Pascoe, 1859 锥背天牛属

***Thranius* Pascoe, 1859: 22.** Type species: *Thranius bimaculatus* Pascoe, 1859, designated by Thomson, 1864: 162.

***Singalia* Lacordaire, 1872: 834.** Type species: *Singalia spinipennis* Lacordaire, 1872 (= *Thranius gibbosus* Pascoe, 1859), by original designation. Synonymized by Gahan, 1906: 236.

学名	***Thranius obliquefasciatus* Pu, 1992**				中文名		斜纹锥背天牛	
原始学名	***Thranius obliquefasciatus* Pu, 1992**				曾用名		云南锥背天牛	
重要引证	***Thranius obliquefasciatus*** Pu, 1992: 596, 618, pl. I, fig.7 ***Thranius capucinus*** Holzschuh, 1993: 31, fig. 35. Synonymized by Lin & Tichý, 2014: 129							
模式标本相关信息	正模	IOZ(E)217772	性别	♂	采集时间	1981. Ⅶ.22	体长	13.5 mm
	采集人	张学忠	产地	云南维西攀天阁			海拔	2 920 m
	配模	IOZ(E)217773	性别	♀	采集时间	1962. Ⅶ.30	体长	21.0 mm
	采集人	宋士美	产地	云南丽江玉龙山			海拔	
	副模	IOZ(E)217774	性别	♀	采集时间	1982. Ⅶ.30	体长	21.5 mm
	采集人	宋士美	产地	云南丽江			海拔	
	副模	IOZ(E)217775	性别	♂	采集时间	1984. Ⅶ.9	体长	15.5 mm
	采集人	刘大军	产地	云南永胜六德			海拔	2 250 m
	副模	IOZ(E)217776	性别	♂	采集时间	1984. Ⅷ.4	体长	16.5 mm
	采集人	刘大军	产地	云南中甸冲江河			海拔	2 300 m
已知分布	云南							
备注	标签上的 *Thranius obliqueplagiatus* 从未被发表，正式发表名称为 *Thranius obliquefasciatus*							

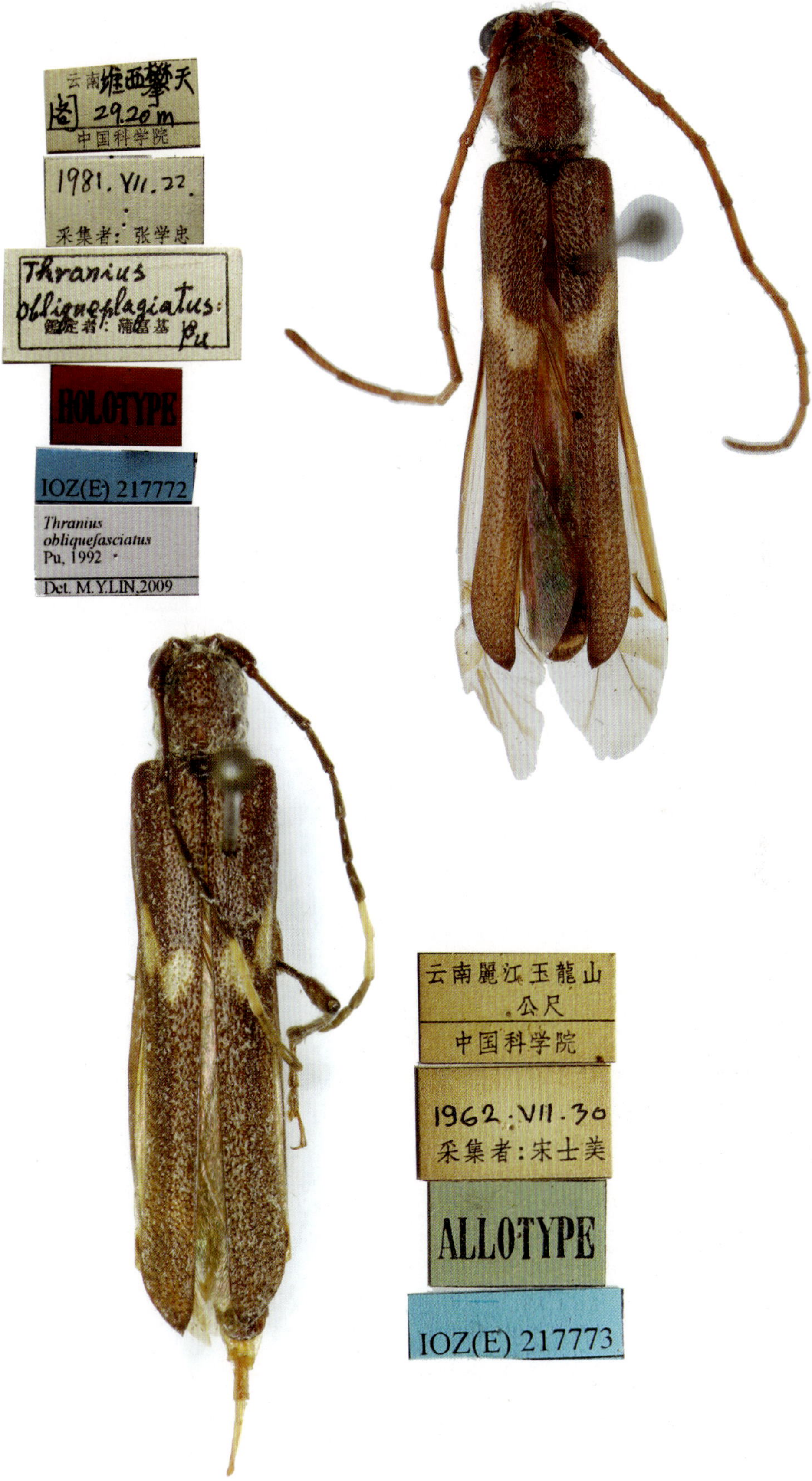

云南维西攀天阁 2920m
中国科学院
1981.VII.22
采集者：张学忠
Thranius obliqueplagiatus
鉴定者：蒲富基 Pu
HOLOTYPE
IOZ(E) 217772
Thranius obliquefasciatus Pu, 1992
Det. M.Y.LIN,2009
云南麗江玉龍山
公尺
中国科学院
1962.VII.30
采集者：宋士美
ALLOTYPE
IOZ(E) 217773

<table>
<tr><td>学名</td><td colspan="5">Thranius simplex fulvus Pu, 1992</td><td colspan="2">中文名</td><td colspan="2">棕黄单锥背天牛</td></tr>
<tr><td>原始学名</td><td colspan="5">Thranius simplex fulvus Pu, 1992</td><td colspan="2">曾用名</td><td colspan="2"></td></tr>
<tr><td>重要引证</td><td colspan="9">Thranius simplex fulvus Pu, 1992b: 596, 619, pl. Ⅱ , fig, 8</td></tr>
<tr><td rowspan="2">模式标本相关信息</td><td>正模</td><td>IOZ(E)217777</td><td>性别</td><td>♂</td><td>采集时间</td><td>1980. Ⅷ .25</td><td>体长</td><td colspan="2">19.0 mm</td></tr>
<tr><td>采集人</td><td>刘友樵</td><td>产地</td><td colspan="3">四川卧龙</td><td>海拔</td><td colspan="2">1 900 m</td></tr>
<tr><td>已知分布</td><td colspan="9">四川</td></tr>
</table>

Tribe Tillomorphini Pascoe,1869 眉天牛族

本族模式属 *Tillomorpha* Blanchard in Gay, 1851 在中国没有分布，尚未有中文名。虽然中文族名跟模式属不对应，但为了使用习惯和方便保留沿用。本族在台湾叫蓝领天牛族。

Halme Pascoe, 1869 肖眉天牛属

***Halme* Pascoe, 1869: 640.** Type species: *Halme cleriformis* Pascoe, 1869, by monotypy.

<table>
<tr><td>学名</td><td colspan="5">Halme atrocoerulea Gressitt, 1939</td><td colspan="2">中文名</td><td colspan="2">红角肖眉天牛</td></tr>
<tr><td>原始学名</td><td colspan="5">Halme atrocoerulea Gressitt, 1939</td><td colspan="2">曾用名</td><td colspan="2"></td></tr>
<tr><td>重要引证</td><td colspan="9">Halme atrocoerulea Gressitt, 1939: 104, pl. Ⅱ , fig. 5</td></tr>
<tr><td rowspan="2">模式标本相关信息</td><td>正模</td><td>IOZ(E)217594</td><td>性别</td><td>♀</td><td>采集时间</td><td>1936. Ⅵ .17</td><td>体长</td><td colspan="2">6.2 mm</td></tr>
<tr><td>采集人</td><td>O. Piel</td><td>产地</td><td colspan="3">T' ien-mu Shan(浙江天目山)</td><td>海拔</td><td colspan="2"></td></tr>
<tr><td>已知分布</td><td colspan="9">浙江、福建</td></tr>
</table>

四川卧龙
中国科学院
1980.VIII.25.
采集者：刘友樵
8
Thranius simplex fulvus Pu
鉴定者：蒲富基 1987
HOLOTYPE
IOZ(E) 217777

T'ienmu Shan
Musée Heude
O. PIEL, coll.
HOLOTYPE HALME ATROCOERULEA J.L.Gressitt
HALME ATROCOERULEA GRESSITT
HOLOTYPE
IOZ(E) 217594

Subfamily Lamiinae Latreille,1825
沟胫天牛亚科

分布（参考 Švácha & Lawrence, 2014）：天牛科里最大的亚科，种数超过已描述的所有天牛种类的一半。世界广布，在热带的种类尤其繁多。除了在澳洲区，天牛亚科的种数超过了本亚科以外，其他主要动物地理分布区都是沟胫天牛亚科的种类最多。

成虫形态特征（参考 Švácha & Lawrence, 2014）：小至大型，体长 2.4 ~ 75 mm，头强烈特化，通常短，额大而垂直至后倾，口器多为下口式，很少种类前口式（一些 Acanthoderini，尤其是澳大利亚的 Tmesisternini 族）。触角窝距上颚髁很远，通常或多或少被复眼围绕，很多种类复眼深凹甚至被分为两叶。额中沟大都延伸至后头区且接近或到达头颅后缘。额唇基较宽，后唇基通常很短，偶尔突出到前唇基上方。幕骨通常发达。前幕骨陷显著。上唇可动。触角长，大都 11 或 12 节，一般形状简单（但一些触角节可能具刺或毛刷）。上颚从不显著膨阔或镰刀状，但可能具多样的齿突，内缘不具缨毛或显著的臼板，末端简单或双齿。下颚和下唇发达，下颚内颚叶存在，但不具显著的长毛，外咽片和亚颏短，唇舌发达，下颚须和下唇须的末节大都具小的末端感觉区，末端尖锐，很少种类末端平切（如 *Phantasis*）。前胸背板不具显著边缘，至多具一对刺突或偶尔具更复杂的突片。前足基节窝多样，向后开放或关闭。中胸背板大都具发音板和完整的内突，发音板的分界线很不对称（通常偏向左边，但甚至在同种中具偏左或偏右的可能），发音板在功能上没有被分成两块（一侧较大而具功能，另一侧很窄而没有发音作用，或完全消失），但这样的发音板与不具中央纵纹的天牛亚科的发音板在起源上是完全不同的，与其他类群内突缩短的情况也不同。后胸叉骨具叶片或无。前足基节多样。尤其是一些雄虫，前足可能伸长，*Acrocinus* 属的前足极度伸长，前足腿节与体等长。前足胫节在中部具清洁毛刷，大都长在胫节的斜沟或凹陷里，中足胫节的外侧也常常具有类似的结构。跗节伪 4 节，具跗垫，但一些类群具真 4 节（第 4 跗节与第 5 跗节完全愈合），如 Tetraopini、

Astathini、Dorcadionini 等。爪间突不明显。

本亚科的族级分类不完善也不稳定，很多现行的分类单元不是单系群。一些显然与功能适应相关的容易变异的特征的使用，如与飞行能力丧失相关的爪的形态或爪的特化，显然给沟胫天牛的内部阶元分类带来了困难。

沟胫天牛亚科是种类最多的亚科，世界记录约 2 万种，超过所有天牛总数的一半。中国记录 28 族 301 属约 1 494 种（其中 48 种含 2 亚种，10 种含 3 亚种，2 种含 4 亚种）。本图册记录国家动物博物馆馆藏模式标本 20 族 64 属 147 种 / 亚种 426 号，展示了 244 号标本照片，其中 94 号为正模，2 号为正选模。

Tribe Acanthocinini Blanchard, 1845 长角天牛族

Boninella Gressitt, 1956 博宁天牛属

***Boninella* Gressitt, 1956: 182.** Type species: *Boninella degenerata* Gressitt, 1956, by original designation.

<table>
<tr><td>学名</td><td colspan="5">Boninella kamezawai Hasegawa & N. Ohbayashi, 2009</td><td>中文名</td><td colspan="2">龟泽博宁天牛</td></tr>
<tr><td>原始学名</td><td colspan="5">Boninella kamezawai Hasegawa & N. Ohbayashi, 2009</td><td>曾用名</td><td colspan="2"></td></tr>
<tr><td>重要引证</td><td colspan="8">Boninella kamezawai Hasegawa & N. Ohbayashi, 2009: 378, figs. 8, 16, 24, 32, 41, 50</td></tr>
<tr><td rowspan="2">模式标本相关信息</td><td>副模</td><td>IOZ(E)1859496</td><td>性别</td><td>♂</td><td>采集时间</td><td>1996</td><td>体长</td><td>4.7 mm</td></tr>
<tr><td>采集人</td><td>Hiromu Kamezawa</td><td>产地</td><td colspan="3">Japan, Tokyo, Iss. Ogasawara (Bonin), Is. Hahajima, Iss. Hahajima, Mt. Kuwanokiyama</td><td>海拔</td><td></td></tr>
<tr><td>已知分布</td><td colspan="8">日本：Ogasawara Islands</td></tr>
<tr><td>备注 1</td><td colspan="8">Larva from a dead trunk of lianoid 1996.I.2, emerged 1996.IV.20</td></tr>
<tr><td>备注 2</td><td colspan="8">长谷川道明赠送 1 号副模标本，2010. Ⅲ .17 收到</td></tr>
</table>

<table>
<tr><td>学名</td><td colspan="5">Boninella satoi masatakai Hasegawa & N. Ohbayashi, 2009</td><td>中文名</td><td colspan="2">正孝四纹博宁天牛</td></tr>
<tr><td>原始学名</td><td colspan="5">Boninella satoi masatakai Hasegawa & N. Ohbayashi, 2009</td><td>曾用名</td><td colspan="2"></td></tr>
<tr><td>重要引证</td><td colspan="8">Boninella satoi masatakai Hasegawa & N. Ohbayashi, 2009: 372, figs. 37, 47</td></tr>
<tr><td rowspan="2">模式标本相关信息</td><td>副模</td><td>IOZ(E)1859498</td><td>性别</td><td>♂</td><td>采集时间</td><td>1996</td><td>体长</td><td>3.5 mm</td></tr>
<tr><td>采集人</td><td>Hiromu Kamezawa</td><td>产地</td><td colspan="3">Japan, Tokyo, Iss. Ogasawara (Bonin), Is. Hahajima, Iss. Hahajima, Mt. Kensakiyama</td><td>海拔</td><td></td></tr>
<tr><td>已知分布</td><td colspan="8">日本：Ogasawara Islands</td></tr>
<tr><td>备注</td><td colspan="8">Larva from dead branchs of Cinnamomum pseudo-pedunculatum, Hayata 1996.I.4 ～ 5, emerged 1996.V.2. 长谷川道明赠送 1 号副模标本，2010. Ⅲ .17 收到</td></tr>
</table>

<table>
<tr><td>学名</td><td colspan="5">Boninella takakuwai Hasegawa & N. Ohbayashi, 2009</td><td>中文名</td><td colspan="2">高桑博宁天牛</td></tr>
<tr><td>原始学名</td><td colspan="5">Boninella takakuwai Hasegawa & N. Ohbayashi, 2009</td><td>曾用名</td><td colspan="2"></td></tr>
<tr><td>重要引证</td><td colspan="8">Boninella takakuwai Hasegawa & N. Ohbayashi, 2009: 369, figs. 4, 12, 20, 28, 36, 45</td></tr>
<tr><td rowspan="2">模式标本相关信息</td><td>副模</td><td>IOZ(E)1859497</td><td>性别</td><td>♂</td><td>采集时间</td><td>1984. Ⅴ .17</td><td>体长</td><td>2.5 mm</td></tr>
<tr><td>采集人</td><td>M. Hasegawa</td><td>产地</td><td colspan="3">Japan, Tokyo, Ogasawara Islands (Hahajima Is.)</td><td>海拔</td><td></td></tr>
<tr><td>已知分布</td><td colspan="8">日本：Ogasawara Islands</td></tr>
<tr><td>寄主</td><td colspan="8">Rhaphiolepis wrightiana [Rosaceae]</td></tr>
<tr><td>备注</td><td colspan="8">长谷川道明赠送 1 号副模标本，2010. Ⅲ .17 收到</td></tr>
</table>

東京都小笠原村
母島桑ノ木山
Mt. Kuwanokiyama,
Is. Hahajima, Iss. Hahajima,
Iss. Ogasawara(Bonin),
TOKYO, JAPAN
Larva from a dead trunk
of lianoid 2, Jan., 1996
emerged 20, Apr., 1996
Hiromu KAMEZAWA leg.
PARATYPE
Boninella kamezawai
HASEGAWA et
N. OHBAYASHI, 2009
IOZ(E)1859496

東京都小笠原村
母島剣先山
Kensakiyama,
ahajima, Iss. Hahajima,
gasawara(Bonin),
YO, JAPAN
a from dead branchs of
amomum
do-pedunculatum
ta 4-5, Jan., 1996
ged 2, May, 1996
nu KAMEZAWA leg.
RATYPE
ninella satoi masatakai
HASEGAWA et
N. OHBAYASHI, 2009
IOZ(E)1859498

(Hahajima Is.)
Ogasawara Islands
Tokyo, Japan
17, V, 1984
Hasegawa M. leg.
PARATYPE
Boninella takakuwai
HASEGAWA et
N. OHBAYASHI, 2009
IOZ(E)1859497

Leiopus Audinet-Serville, 1835 利天牛属

Leiopus **Audinet-Serville, 1835: 86.** Type species: *Cerambyx nebulosus* Linnaeus, 1758, designated by Thomson, 1864: 26.

Subgenus *Carinopus* Wallin, Kvamme & Lin, 2012

Leiopus **(*Carinopus*) Wallin, Kvamme & Lin, 2012: 7.** Type species: *Leiopus* (*Carinopus*) *holzschuhi* Wallin, Kvamme & Lin, 2012, by original designation.

学名	***Leiopus* (*Carinopus*) *holzschuhi* Wallin, Kvamme & Lin, 2012**					中文名	红薯利天牛	
原始学名	***Leiopus* (*Carinopus*) *holzschuhi* Wallin, Kvamme & Lin, 2012**					曾用名		
重要引证	***Leiopus* (*Carinopus*) *holzschuhi*** Wallin, Kvamme & Lin, 2012: 14, figs. 15, 16, 32, 39, 53, 64, 78, 92							
模式标本相关信息	副模	IOZ(E)1859257	性别	♀	采集时间	2008. Ⅶ .2	体长	10.4 mm
	采集人	杨晓东（灯诱）	产地	贵州（江口）梵净山			海拔	1 850 m
	副模	IOZ(E)1859441	性别	♀	采集时间	2001. Ⅶ .24	体长	9.9 mm
	采集人	葛斯琴	产地	河南白云山			海拔	1 500 m
已知分布	河南、陕西、重庆、四川、贵州							
备注	正模标本与 12 号副模标本保存于奥地利 Carolus Holzschuh 个人收藏，另有 1 号副模标本保存于天津陈常卿个人收藏。其中 1859257 由陈常卿赠送给中国科学院动物研究所。中文名的由来是因为虫友们称呼 Holzschuh 先生为红薯爷爷							

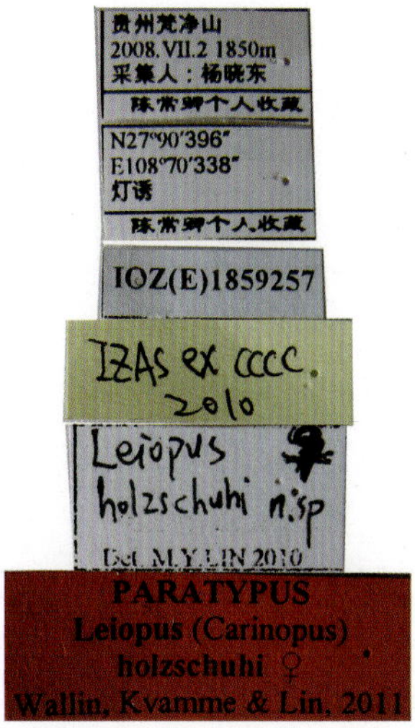
贵州梵净山
2008.VII.2 1850m
采集人：杨晓东
陈常卿个人收藏
N27°90'396"
E108°70'338"
灯诱
陈常卿个人收藏
IOZ(E)1859257
IZAS ex CCCC.
2010
Leiopus
holzschuhi n.sp
Det. M.Y. LIN 2010
PARATYPUS
Leiopus (Carinopus)
holzschuhi ♀
Wallin, Kvamme & Lin, 2011

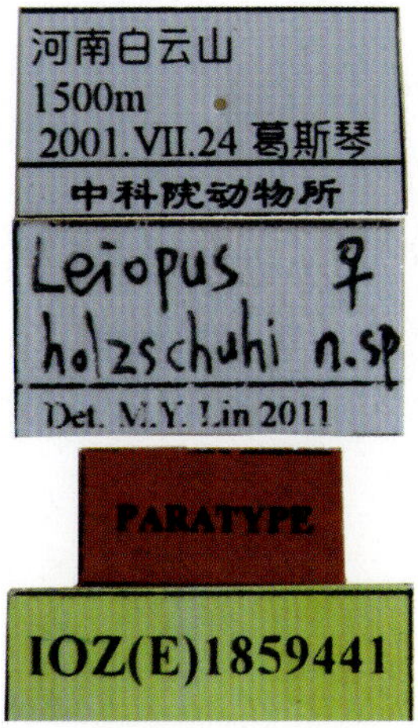
河南白云山
1500m
2001.VII.24 葛斯琴
中科院动物所
Leiopus ♀
holzschuhi n.sp
Det. M.Y. Lin 2011
PARATYPE
IOZ(E)1859441

<table>
<tr><td>学名</td><td colspan="5">Leiopus (Carinopus) multipunctellus Wallin, Kvamme & Lin, 2012</td><td colspan="2">中文名</td><td colspan="2">多刻利天牛</td></tr>
<tr><td>原始学名</td><td colspan="5">Leiopus (Carinopus) multipunctellus Wallin, Kvamme & Lin, 2012</td><td colspan="2">曾用名</td><td colspan="2"></td></tr>
<tr><td>重要引证</td><td colspan="9">Leiopus (Carinopus) multipunctellus Wallin, Kvamme & Lin, 2012: 16, Figs. 17, 18, 33, 40, 54, 65, 79, 93</td></tr>
<tr><td rowspan="7">模式标本相关信息</td><td>正模</td><td>IOZ(E)1858413</td><td>性别</td><td>♂</td><td>采集时间</td><td>1981. Ⅵ.5</td><td>体长</td><td>8.0 mm</td></tr>
<tr><td>采集人</td><td>王书永</td><td>产地</td><td colspan="3">云南泸水姚家坪 沟谷次生林</td><td>海拔</td><td>2 500 m</td></tr>
<tr><td>副模</td><td>IOZ(E)1858415</td><td>性别</td><td>♂</td><td>采集时间</td><td>1983. Ⅷ.8</td><td>体长</td><td>7.5 mm</td></tr>
<tr><td>采集人</td><td>张学忠</td><td>产地</td><td colspan="3">四川卧龙</td><td>海拔</td><td>2 500 m</td></tr>
<tr><td>副模</td><td>IOZ(E)1859473</td><td>性别</td><td>♀</td><td>采集时间</td><td>1981. Ⅵ.5</td><td>体长</td><td>10.8 mm</td></tr>
<tr><td>采集人</td><td>王书永</td><td>产地</td><td colspan="3">云南泸水姚家坪 沟谷次生林</td><td>海拔</td><td>2 500 m</td></tr>
<tr><td>副模</td><td>IOZ(E)1859414, 416;
IOZ(E)1859468-472;
IOZ(E)1859474-476</td><td>性别</td><td>♂
♀</td><td>采集信息</td><td>同 1859473，时间和采集人略有变化</td><td>体长</td><td>7.4～10.8 mm</td></tr>
<tr><td>已知分布</td><td colspan="9">四川、云南</td></tr>
<tr><td>备注</td><td colspan="9">1859476 通过交换保存在河北大学。原始描述文献把 IOZ(E)1858415 误为 IOZ(E)1859415</td></tr>
</table>

四川卧龙
2500m
中国科学院
1983.VIII.8
采集者:
IOZ(E)1858415
PARATYPUS
No. 1858415
Leiopus (Carinopus)
multipunctellus ♂
Wallin, Kvamme & Lin, 2011

云南
2500m
中国科学院
1981.VI.5.
沟谷次生林
采集者 王書永
Leiopus ♀
multipunctellus
n. sp.
Det. M.Y.LIN 2010
IOZ(E)1859473
PARATYPUS
Leiopus (Carinopus)
multipunctellus ♀
Wallin, Kvamme & Lin, 2011

学名	***Leiopus* (*Carinopus*) *nigropunctatus* Wallin, Kvamme & Lin, 2012**					中文名	黑刻利天牛	
原始学名	***Leiopus* (*Carinopus*) *nigropunctatus* Wallin, Kvamme & Lin, 2012**					曾用名		
重要引证	***Leiopus* (*Carinopus*) *nigropunctatus*** Wallin, Kvamme & Lin, 2012: 8, Figs. 7, 8, 28, 35, 49, 60, 74, 88							
模式标本相关信息	错误鉴定	IOZ(E)1859258	性别	♂	采集时间	2009. Ⅵ .26	体长	12.5 mm
	采集人	林文信	产地	贵州(江口)梵净山 4 500 步 N 27° 54.097′; E 108° 42.228′			海拔	1 775 m
	副模	IOZ(E)1859271	性别	♀	采集时间	2004. Ⅷ .6 ~ 7	体长	10.5 mm
	采集人	杨秀娟、滑会然	产地	四川卧龙			海拔	
	错误鉴定	IOZ(E)1859442	性别	♀	采集时间	1979. Ⅵ .25 ~ 26	体长	10.0 mm
	采集人	杜少琨	产地	广西猫儿山			海拔	1 200 ~ 2 100 m
已知分布	四川							
备注	正模标本保存于奥地利 Carolus Holzschuh 个人收藏，另有 1 号副模标本保存于河北大学，2 号副模标本保存于上海昆虫博物馆。1859271 通过交换保存在中国科学院动物研究所。1859258 和 1859442 虽然在文章中列为副模，但其实是错误鉴定，应移出模式系列，且把贵州和广西移出分布地名单							

B09y0749-51 alt.1775m
贵州江口梵净山
4500 步 2009.VI.26
陈常卿个人收藏
N:27°54.097′
E:108°42.228′
[redacted]、林文信
陈常卿个人收藏
IOZ(E)1859258
IZAS ex CCCC
2010
PARATYPUS
Leiopus (Carinopus)
nigropunctatus ♂
Wallin, Kvamme & Lin, 2011
Leiopus ♂
holzschuhi Wallin,
Kvamme&Lin, 2012
Det. M.Y.Lin 2014
广西苗儿山
海拔:1200-2100公尺
1979.VI.25-26.
杜 少
IOZ(E)1859442
PARATYPE
Leiopus sp ♀
nr. multipunctellus
Det. M.Y.Lin 2014

<table>
<tr><td>学名</td><td colspan="6">Leiopus (Carinopus) ocellatus Wallin, Kvamme & Lin, 2012</td><td>中文名</td><td>眼斑利天牛</td></tr>
<tr><td>原始学名</td><td colspan="6">Leiopus (Carinopus) ocellatus Wallin, Kvamme & Lin, 2012</td><td>曾用名</td><td></td></tr>
<tr><td>重要引证</td><td colspan="8">Leiopus (Carinopus) ocellatus Wallin, Kvamme & Lin, 2012: 11, figs. 11, 12, 30, 37, 51, 62, 76, 90</td></tr>
<tr><td rowspan="6">模式标本相关信息</td><td>副模</td><td>IOZ(E)1858417</td><td>性别</td><td>♀</td><td>采集时间</td><td>1998. Ⅷ .22</td><td>体长</td><td>9.0 mm</td></tr>
<tr><td>采集人</td><td>袁德成</td><td>产地</td><td colspan="3">陕西宁陕火地塘</td><td>海拔</td><td>1 580 m</td></tr>
<tr><td>副模</td><td>IOZ(E)1858418</td><td>性别</td><td>♀</td><td>采集时间</td><td>1998. Ⅷ .18</td><td>体长</td><td>9.5 mm</td></tr>
<tr><td>采集人</td><td>袁德成</td><td>产地</td><td colspan="3">陕西宁陕火地沟</td><td>海拔</td><td>1 580 ~ 2 000 m</td></tr>
<tr><td>副模</td><td>IOZ(E)1859440</td><td>性别</td><td>♂</td><td>采集时间</td><td>1960. Ⅵ .3</td><td>体长</td><td>9.0 mm</td></tr>
<tr><td>采集人</td><td></td><td>产地</td><td colspan="3">陕西石泉</td><td>海拔</td><td></td></tr>
<tr><td>已知分布</td><td colspan="8">陕西</td></tr>
<tr><td>备注</td><td colspan="8">正模标本与 3 号副模标本保存于奥地利 Carolus Holzschuh 个人收藏</td></tr>
</table>

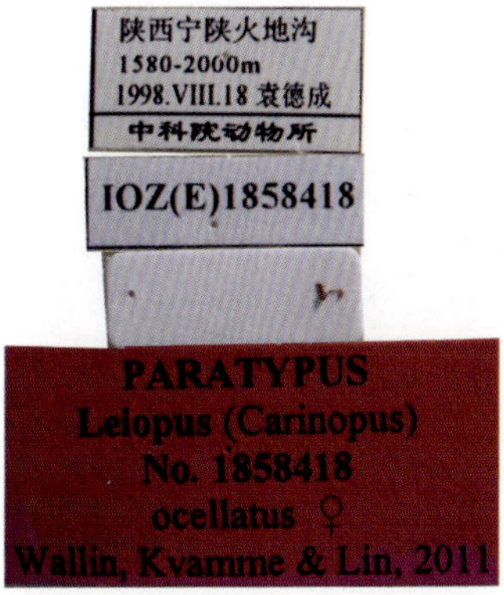
陕西宁陕火地沟
1580-2000m
1998.VIII.18 袁德成
中科院动物所
IOZ(E)1858418
PARATYPUS
Leiopus (Carinopus)
No. 1858418
ocellatus ♀
Wallin, Kvamme & Lin, 2011

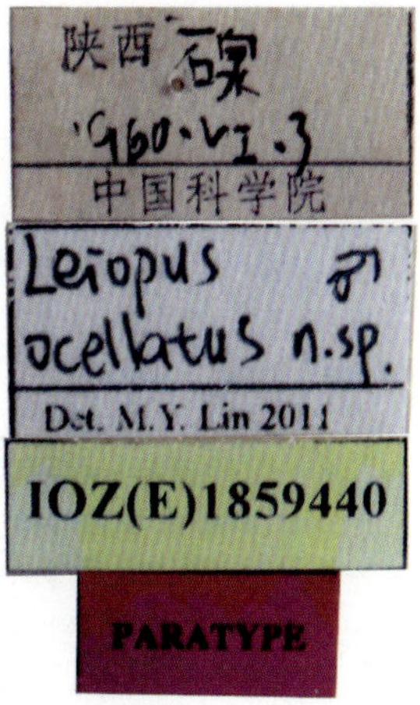
陕西
中国科学院
Leiopus ♂
ocellatus n.sp.
Det. M.Y. Lin 2011
IOZ(E)1859440
PARATYPE

Pararondibilis Breuning, 1961 拟方额天牛属

***Pararondibilis* Breuning, 1961: 547.** Type species: *Pararondibilis sikkimensis* Breuning, 1961, by original designation.

<table>
<tr><td>学名</td><td colspan="5">Pararondibilis acrosa Holzschuh, 2003</td><td>中文名</td><td colspan="2">顶拟方额天牛</td></tr>
<tr><td>原始学名</td><td colspan="5">Pararondibilis acrosa Holzschuh, 2003</td><td>曾用名</td><td colspan="2"></td></tr>
<tr><td>重要引证</td><td colspan="8">Pararondibilis acrosa Holzschuh, 2003b: 313, Taf. Ⅵ, abb. 11</td></tr>
<tr><td rowspan="4">模式标本相关信息</td><td>副模</td><td>IOZ(E)1859490</td><td>性别</td><td>♂</td><td>采集时间</td><td>1999. Ⅵ.23</td><td>体长</td><td>8.2 mm</td></tr>
<tr><td>采集人</td><td>A. Weigel</td><td>产地</td><td colspan="3">Nepal oc. 2500m ü. NN 25 km N Jumla, Pina W Jhyari Kh. Von Juglans regia geldopft. N 29° 29′ 47″; E82° 07′ 51″</td><td>海拔</td><td>2 500 m</td></tr>
<tr><td>副模</td><td>IOZ(E)1859491</td><td>性别</td><td>♂</td><td>采集时间</td><td>1999. Ⅵ.23</td><td>体长</td><td>7.5 mm</td></tr>
<tr><td>采集人</td><td>A. Weigel</td><td>产地</td><td colspan="3">Nepal oc. 2500m ü. NN 25 km N Jumla, Pina W Jhyari Kh. N 29° 29′ 47″; E 82° 07′ 51″</td><td>海拔</td><td>2 500 m</td></tr>
<tr><td>已知分布</td><td colspan="8">印度，尼泊尔</td></tr>
<tr><td>备注</td><td colspan="8">Andreas Weigel 赠送 2 号副模标本，于 2010 年 5 月寄达</td></tr>
</table>

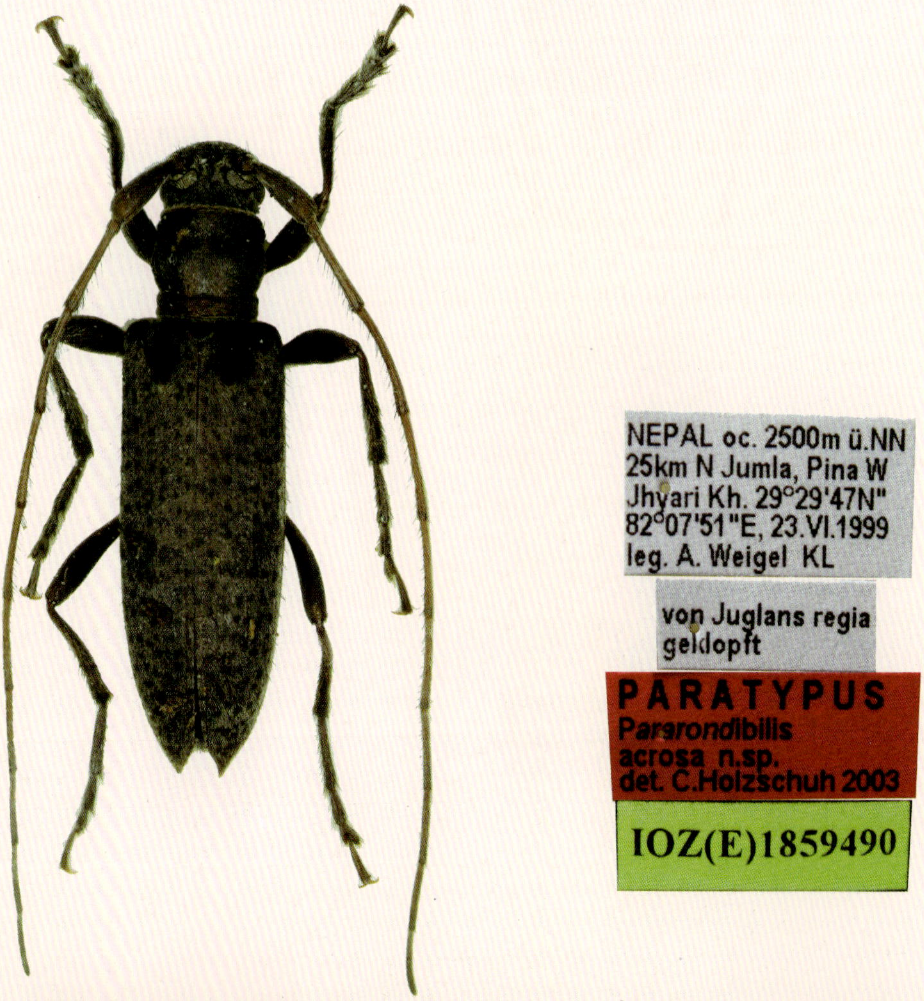

NEPAL oc. 2500m ü.NN
25km N Jumla, Pina W
Jhyari Kh. 29°29'47N"
82°07'51"E, 23.VI.1999
leg. A. Weigel KL
PARATYPUS
Pararondibilis
acrosa n.sp.
det. C.Holzschuh 2003
IOZ(E)1859491

Rondibilis Thomson, 1857 方额天牛属

***Rondibilis* Thomson, 1857: 306.** Type species: *Rondibilis bispinosa* Thomson, 1857, by monotypy.

Subgenus *Rondibilis* Thomson, 1857

***Rondibilis* Thomson, 1857: 306.** Type species: *Rondibilis bispinosa* Thomson, 1857, by monotypy.

***Eryssamena* Bates, 1884: 251.** Type species: *Eryssamena saperdina* Bates, 1884, designated by Gressitt, 1951: 521. Considered as a subgenus of *Rondibilis* by Kusama & Takakuwa, 1984: 490.

***Parenes* Aurivillius, 1928: 23.** Type species: *Parenes lineata* Aurivillius, 1928, by monotypy. Synonymized with *Eryssamena* Bates, 1884 by Breuning, 1956a: 361.

***Polimeta* Pascoe, 1864: 13.** Type species: *Ostedes spinosula* Pascoe, 1860, by original designation. Synonymized with *Rondibilis* Thomson, 1857 by Lacordaire, 1872: 797.

学名	***Rondibilis* (*Rondibilis*) *chengtuensis* Gressitt, 1942**					中文名	成都方额天牛	
原始学名	***Rondibilis chengtuensis* Gressitt, 1942**					曾用名		
重要引证	***Rondibilis chengtuensis*** Gressitt, 1942a: 6, pl. 1, fig. 7							
模式标本相关信息	正模	IOZ(E)1859457	性别	♂	采集时间	1939. Ⅴ.3	体长	7.4 mm
	采集人	Miss K. O. Victoria Lieu	产地	Chengtu(四川成都)			海拔	
已知分布	四川							
寄主	*Citrus* sp. (RUTACEAE)							
备注	原来保存在四川大学（K.O.V.Lieu coll.,Szechuan University)，转移历史不详							

学名	***Rondibilis* (*Rondibilis*) *microdentata* (Gressitt, 1942)**					中文名	微齿方额天牛	
原始学名	***Eryssamena microdentata* Gressitt, 1942**					曾用名	微齿集天牛	
重要引证	***Eryssamena microdentata*** Gressitt, 1942b: 89, pl. Ⅰ, fig. 7 ***Rondibilis* (*Rondibilis*) *microdentata***: Löbl & Smetana, 2010: 211							
模式标本相关信息	正模	IOZ(E)217579	性别	♀	采集时间	1936. Ⅷ.28	体长	12.0 mm
	采集人		产地	浙江天目山(T'ien-mu Shan)			海拔	
已知分布	浙江							
备注	因为 *Eryssamena* 被看作 *Rondibilis* 的异名，相关种类发生相应移动。S.S.I=Shanghai Science In Stitute							

L146
K.O.V. Lieu Col.
L146
L 146
Tribe
Rondibilis chengtuensis Gressitt
(L 146)
IOZ(E)1859457

S.S.I
IOZ(E) 217579
Eryssamena
microdentata
Gress.
鉴定者:

Tribe Agapanthiini Mulsant, 1839 多节天牛族

Aulaconotus Thomson, 1864 长额天牛属

***Aulaconotus* Thomson, 1864: 99.** Type species: *Aulaconotus pachypezoides* Thomson, 1864, by monotypy.

<table>
<tr><td>学名</td><td colspan="6">Aulaconotus incorrugatus Gressitt, 1939</td><td>中文名</td><td>天目长额天牛</td></tr>
<tr><td>原始学名</td><td colspan="6">Aulaconotus incorrugatus Gressitt, 1939</td><td>曾用名</td><td></td></tr>
<tr><td>重要引证</td><td colspan="8">Aulaconotus incorrugatus Gressitt, 1939: 117, pl. Ⅰ, fig. 10</td></tr>
<tr><td rowspan="2">模式标本相关信息</td><td>正模</td><td>IOZ(E)217564</td><td>性别</td><td>♀</td><td>采集时间</td><td>1936. Ⅵ.21</td><td>体长</td><td>15.0 mm</td></tr>
<tr><td>采集人</td><td>Père Octave Piel</td><td>产地</td><td colspan="3">T' ien-mu Shan（浙江天目山）</td><td>海拔</td><td></td></tr>
<tr><td>已知分布</td><td colspan="8">浙江</td></tr>
<tr><td>备注</td><td colspan="8">标本照片由毕文烜拍摄</td></tr>
</table>

Eucomatocera White, 1846 羽角天牛属

***Eucomatocera* White, 1846: 49.** Type species: *Eucomatocera vittata* White, 1846, by monotypy.

<table>
<tr><td>学名</td><td colspan="6">Eucomatocera minuta Pu, 1988</td><td>中文名</td><td>小羽角天牛</td></tr>
<tr><td>原始学名</td><td colspan="6">Eucomatocera minuta Pu, 1988</td><td>曾用名</td><td></td></tr>
<tr><td>重要引证</td><td colspan="8">Eucomatocera minuta Pu, 1988: 301, 303</td></tr>
<tr><td rowspan="2">模式标本相关信息</td><td>正模</td><td>IOZ(E)217580</td><td>性别</td><td>♂</td><td>采集时间</td><td>1983. Ⅶ.4</td><td>体长</td><td>7.0 mm</td></tr>
<tr><td>采集人</td><td>韩寅恒</td><td>产地</td><td colspan="3">西藏墨脱背崩</td><td>海拔</td><td>850 m</td></tr>
<tr><td>已知分布</td><td colspan="8">西藏</td></tr>
</table>

T'ienmu Shan
Musée Heude
21-6-36
O. PIEL, coll.
AULACONOTUS INCORRUGATUS GRESSITT
HOLOTYPE AULACONOTUS INCORRUGATUS J.L.Gressitt
IOZ(E) 217564
西藏墨脱背崩 850 m
中国科学院
1983.VII.4
采集者：韩寅恒
♀
Eucomatocera minuta Pu
鉴定者：蒲富基 1985
HOLOTYPE
IOZ(E) 217580

Pseudocalamobius Kraatz, 1879 竿天牛属

***Pseudocalamobius* Kraatz, 1879: 116.** Type species: *Calamobius japonicus* Bates, 1873, by original designation.

学名	***Pseudocalamobius niisatoi* Hasegawa, 1987**					中文名	新里竿天牛	
原始学名	***Pseudocalamobius niisatoi* Hasegawa, 1987**					曾用名	新里氏细角瘦天牛	
重要引证	***Pseudocalamobius niisatoi*** Hasegawa, 1987: 510, 514, figs. 2, 8, 12, 20–24							
模式标本相关信息	副模	IOZ(E)1859492	性别	♂	采集时间	1983. Ⅴ.18	体长	8.2 mm
	采集人	M. Hasegawa	产地	Taiwan, Nantou Hsien, Lushan SPA（台湾南投县）			海拔	
	副模	IOZ(E)1859493	性别	♀	采集时间	1977. Ⅳ.17	体长	9.0 mm
	采集人	W. Suzuki	产地	Formosa, Nantou, Nanshanchi（台湾南投县南山溪）			海拔	
已知分布	台湾							
备注	长谷川道明赠送 2 号副模标本，2010. Ⅲ.17 收到。正模保存于日本 Tokyo University of Agriculture							

学名	***Pseudocalamobius pubescens* Hasegawa, 1987**					中文名	毛竿天牛	
原始学名	***Pseudocalamobius pubescens* Hasegawa, 1987**					曾用名	毛细角瘦天牛	
重要引证	***Pseudocalamobius pubescens*** Hasegawa, 1987: 511, 517, figs. 4, 14, 30–34							
模式标本相关信息	副模	IOZ(E)1859494	性别	♂	采集时间	1983. Ⅶ.9	体长	8.3 mm
	采集人	Native collector	产地	Taiwan, Nantou Pref., Piluchi（台湾南投县）			海拔	2 300 m
	副模	IOZ(E)1859495	性别	♂	采集时间	1976. Ⅴ.19	体长	9.3 mm
	采集人	T. Shimomura	产地	Formosa, Nantou, Near Meifeng（台湾南投县梅峰附近）			海拔	
已知分布	台湾							
备注	长谷川道明赠送 2 号副模标本，2010. Ⅲ.17 收到。正模保存于日本 Tokyo University of Agriculture							

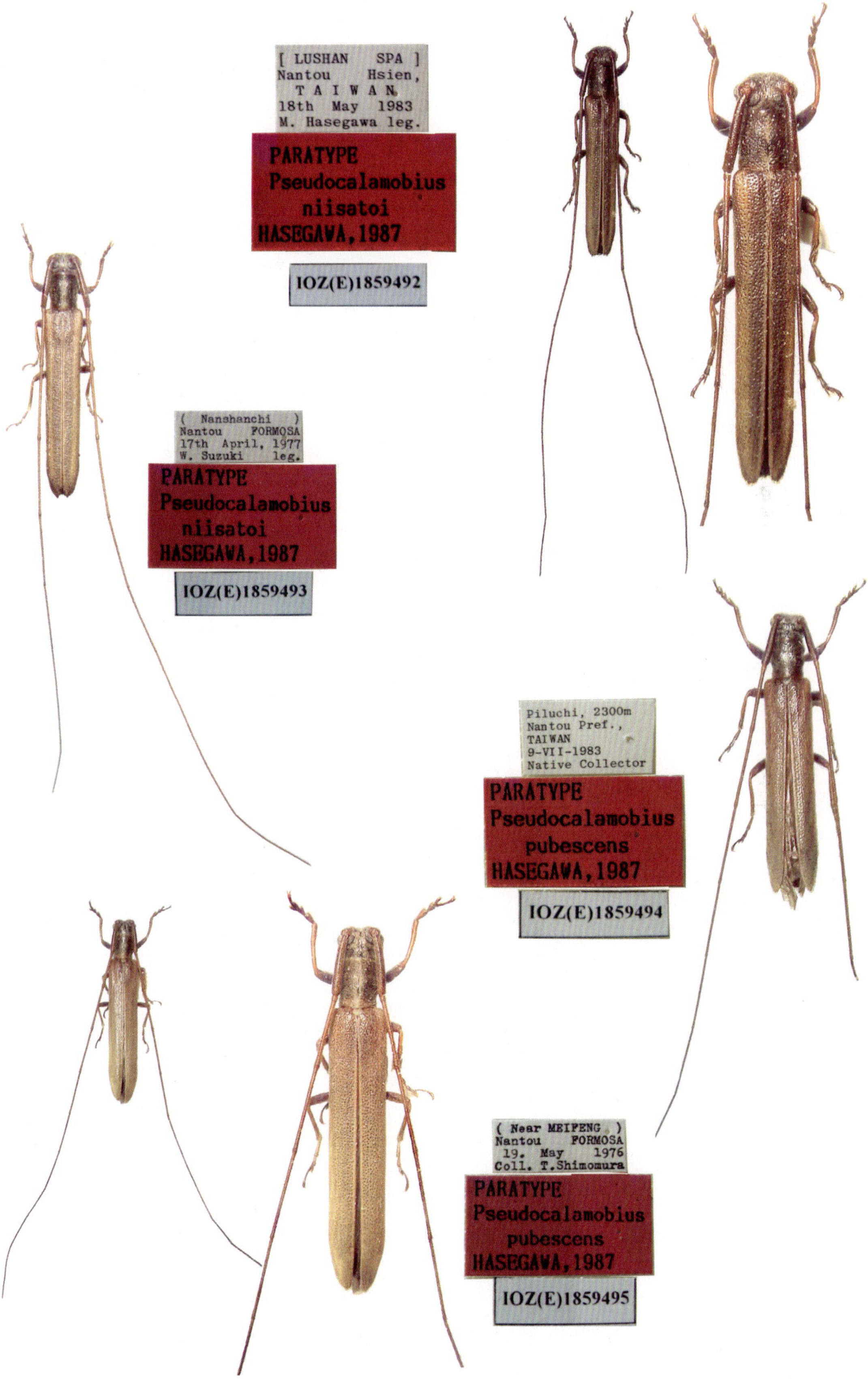
[LUSHAN SPA]
Nantou Hsien,
TAIWAN
18th May 1983
M. Hasegawa leg.
PARATYPE
Pseudocalamobius
niisatoi
HASEGAWA,1987
IOZ(E)1859492
(Nanshanchi)
Nantou FORMOSA
17th April, 1977
W. Suzuki leg.
PARATYPE
Pseudocalamobius
niisatoi
HASEGAWA,1987
IOZ(E)1859493
Piluchi, 2300m
Nantou Pref.,
TAIWAN
9-VII-1983
Native Collector
PARATYPE
Pseudocalamobius
pubescens
HASEGAWA,1987
IOZ(E)1859494
(Near MEIFENG)
Nantou FORMOSA
19. May 1976
Coll. T.Shimomura
PARATYPE
Pseudocalamobius
pubescens
HASEGAWA,1987
IOZ(E)1859495

Tribe Desmiphorini Thomson, 1860 链天牛族

模式属 *Desmiphora* Audinet-Serville, 1835 在中国没有分布，根据“*Desm*”的词义“链、束”拟定中文名为链天牛属，相应的族名为链天牛族。之所以不沿用原来的健天牛族，是因为一者族名的拉丁名已经变动，最好在中文名也有所体现；二者健天牛属 *Sophronisca* Aurivillius, 1910 既不是 Apodasyini 的模式属，也不是 Desmiphorini 的模式属。

曾用名 Apodasyini Lacordaire, 1872 在大陆曾叫健天牛族，在台湾叫黑角天牛族，其模式属 *Apodasya* Pascoe, 1863 在中国没有分布，尚未有中文名。

Anaesthetobrium Pic, 1923 微天牛属

***Anaesthetobrium* Pic, 1923: 20.** Type species: *Anaesthetobrium luteipenne* Pic, 1923, by monotpy.

***Paraphidola* Matsushita, 1933: 376.** Type species: *Paraphidola fuscoflava* Matsushita, 1933, by original designation. Synonymized by Breuning, 1963: 485.

<table>
<tr><td>学名</td><td colspan="5">Anaesthetobrium lieuae Gressitt, 1942</td><td>中文名</td><td colspan="2">桔微天牛</td></tr>
<tr><td>原始学名</td><td colspan="5">Anaesthetobrium lieuae Gressitt, 1942</td><td>曾用名</td><td colspan="2"></td></tr>
<tr><td>重要引证</td><td colspan="8">Anaesthetobrium lieuae Gressitt, 1942: 5, pl. 1, fig. 9</td></tr>
<tr><td rowspan="2">模式标本相关信息</td><td>正模</td><td>IOZ(E)1859456</td><td>性别</td><td>♂</td><td>采集时间</td><td>1939.V.3</td><td>体长</td><td>6.2 mm</td></tr>
<tr><td>采集人</td><td>Miss K. O. Victoria Lieu</td><td>产地</td><td colspan="3">Chengtu(四川成都)</td><td>海拔</td><td></td></tr>
<tr><td>已知分布</td><td colspan="8">四川</td></tr>
<tr><td>寄主</td><td colspan="8">Citrus sp. (RUTACEAE)</td></tr>
<tr><td>备注</td><td colspan="8">原始文献记载保存在四川大学(K.O.V.Lieu coll.,Szechuan University)。转移历史不详。标本照片由毕文烜拍摄</td></tr>
</table>

Eupogoniopsis Breuning, 1949 真芒天牛属

***Eupogoniopsis* Breuning, 1949: 23.** Type species: *Eupogonius tenuicornis* Bates, 1884, by original designation.

曾用名：拟竖毛天牛属。

<table>
<tr><td>学名</td><td colspan="5">Eupogoniopsis sepicola Holzschuh, 1999</td><td>中文名</td><td colspan="2">乌真芒天牛</td></tr>
<tr><td>原始学名</td><td colspan="5">Eupogoniopsis sepicola Holzschuh, 1999</td><td>曾用名</td><td colspan="2"></td></tr>
<tr><td>重要引证</td><td colspan="8">Eupogoniopsis sepicola Holzschuh, 1999: 46, Abb. 63</td></tr>
<tr><td rowspan="2">模式标本相关信息</td><td>副模</td><td>IOZ(E)1859352</td><td>性别</td><td>♂</td><td>采集时间</td><td>1984.VI.7～9</td><td>体长</td><td>8.9 mm</td></tr>
<tr><td>采集人</td><td>C. Holzschuh</td><td>产地</td><td colspan="3">W.Nepal,NW Pokhara Modi Khola,Prothana</td><td>海拔</td><td>1 900 m</td></tr>
<tr><td>已知分布</td><td colspan="8">尼泊尔</td></tr>
<tr><td>备注</td><td colspan="8">Carolus Holzschuh 赠送 1 号副模标本，2011.IX.1 收到。标本照片由毕文烜拍摄</td></tr>
</table>

CHENGTU
Anaesthetobrium lieuae Gressitt
(L 147) Chengtu
IOZ(E)1859456

W-NEPAL, NW Pokhara
Modi Khola, Pothana
1900 m, 7.-9. VI. 1984
leg. C. Holzschuh
PARATYPUS
Eupogoniopsis
sepicola n. sp.
det. C. Holzschuh 1999
IOZ(E)1859352

Miccolamia Bates, 1884 小沟胫天牛属

***Miccolamia* Bates, 1884: 253.** Type species: *Miccolamia cleroides* Bates, 1884, designated by Breuning, 1975: 52.

Subgenus *Isomiccolamia* K. Ohbayashi, 1963

***Isomiccolamia* K. Ohbayashi, 1963: 12.** Type species: *Miccolamia verrucosa* Bates, 1884, by original designation.

***Miccolamia* (*Isomiccolamia*): Hasegawa & N. Ohbayashi, 2001: 6.**

<table>
<tr><td>学名</td><td colspan="5">Miccolamia (Isomiccolamia) takakuwai Hasegawa & N. Ohbayashi, 2001</td><td>中文名</td><td colspan="2">高桑小沟胫天牛</td></tr>
<tr><td>原始学名</td><td colspan="5">Miccolamia (Isomiccolamia) takakuwai Hasegawa & N. Ohbayashi, 2001</td><td>曾用名</td><td colspan="2"></td></tr>
<tr><td>重要引证</td><td colspan="8">Miccolamia (Isomiccolamia) takakuwai Hasegawa & N. Ohbayashi, 2001: 12, figs. 17-19, 32, 41, 54-56, 71, 82</td></tr>
<tr><td rowspan="2">模式标本相关信息</td><td>副模</td><td>IOZ(E)1859499</td><td>性别</td><td>♀</td><td>采集时间</td><td>1983. Ⅳ.18</td><td>体长</td><td>3.9 mm</td></tr>
<tr><td>采集人</td><td>T. Niisato</td><td>产地</td><td colspan="3">Japan, Kanagawa, Kamakura, Koshigoe</td><td>海拔</td><td></td></tr>
<tr><td>已知分布</td><td colspan="8">日本：Hokkaido, Honshu, Shikoku, Kyushu</td></tr>
<tr><td>寄主</td><td colspan="8">Stachyurus praecox (STACHYURACEAE), Castanea crenata (FAGACEAE), Celastrus oriculatus (CELASTRACEAE), Staphylea bumalda (STAPHYLEACEAE)</td></tr>
<tr><td>备注</td><td colspan="8">长谷川道明赠送 1 号副模标本，2010.III.17 收到</td></tr>
</table>

<table>
<tr><td>学名</td><td colspan="5">Miccolamia (Isomiccolamia) verrucosa Bates, 1884</td><td>中文名</td><td colspan="2">小沟胫天牛</td></tr>
<tr><td>原始学名</td><td colspan="5">Miccolamia (Isomiccolamia) palurae Takakuwa & N. Ohbayashi, 1995</td><td>曾用名</td><td colspan="2"></td></tr>
<tr><td>重要引证</td><td colspan="8">Miccolamia (Isomiccolamia) verrucosa Bates, 1884: 253
Miccolamia (Isomiccolamia) palurae Takakuwa & N. Ohbayashi, 1995: 194. Synonymized by Hasegawa & N. Ohbayashi, 2001: 6, figs. 4-6, 7-9, 14-16, 31, 37-40, 50-53, 66-70, 81</td></tr>
<tr><td rowspan="2">模式标本相关信息</td><td>副模</td><td>IOZ(E)1859500</td><td>性别</td><td>♂</td><td>采集时间</td><td>1989. Ⅵ.13</td><td>体长</td><td>3.4 mm</td></tr>
<tr><td>采集人</td><td>M. Hasegawa</td><td>产地</td><td colspan="3">Japan, AICHI, Inabu cho</td><td>海拔</td><td></td></tr>
<tr><td>已知分布</td><td colspan="8">日本：Honshu, Shikoku, Kyushu</td></tr>
<tr><td>寄主</td><td colspan="8">Palura coreana [SYMPLOCACEAE]</td></tr>
<tr><td>备注</td><td colspan="8">长谷川道明赠送 1 号副模标本，2010. Ⅲ.17 收到</td></tr>
</table>

Koshigoe
Kamakura, KANAGAWA
Japan, 18. IV. 1983
T. Niisato leg.
PARATYPE
Miccolamia
(Isomiccolamia)
takakuwai
Hasegawa et N. Ohbayashi, 2001
IOZ(E)1859499

面ノ木峠,
Inabu cho, AICHI
Japan, 13.VI.1989
M.Hasegawa leg.
Paratype
Takakuwa et
N.Ohbayashi, 1995
Miccolamia (Isomiccolamia)
verrucosa Bates, 1884
Det. Michiaki HASEGAWA, 2010
IOZ(E)1859500

Subgenus *Miccolamia* Bates, 1884

***Miccolamia* Bates, 1884: 253.** Type species: *Miccolamia cleroides* Bates, 1884, designated by Breuning, 1975: 52.

***Miccolamia* (*Miccolamia*)*:* Hasegawa & N. Ohbayashi, 2001: 2.**

学名	***Miccolamia* (*Miccolamia*) *savioi* Gressitt, 1940**						中文名	江苏小沟胫天牛
原始学名	***Miccolamia savioi* Gressitt, 1940**						曾用名	
重要引证	***Miccolamia savioi*** Gressitt, 1940b: 192, pl. Ⅴ. fig. 2							
模式标本相关信息	正模	IOZ(E)217608	性别	♀	采集时间	1922. Ⅵ.8	体长	3.8 mm
	采集人	Père A. Savio	产地	Zi-ka-wei（上海徐汇区）			海拔	
已知分布	江苏、上海							
备注	标本照片由 Nobuo Ohbayashi 和毕文烜拍摄							

Sybrocentrura Breuning, 1947 隆线天牛属

***Sybrocentrura* Breuning, 1947: 57.** Type species: *Sybrocentrura obscura* Breuning, 1947 (= *Sydonia ropicoides* Gressitt, 1939), by original designation.

学名	***Sybrocentrura tristicula* Holzschuh, 2010**						中文名	三隆线天牛
原始学名	***Sybrocentrura tristicula* Holzschuh, 2010**						曾用名	
重要引证	***Sybrocentrura tristicula*** Holzschuh, 2010: 216, Abb. 61							
模式标本相关信息	副模	IOZ(E)1859343	性别	♂	采集时间	2001. Ⅵ.14～24	体长	8.0 mm
	采集人	C. Holzschuh	产地	贵州雷公山 Guizhou SE Kaili, Leishan Co Leigong Shan, pass Leishan-Fangxiang N 26° 22.7′; E 108° 12.99′			海拔	1 700m
	副模	IOZ(E)1859344	性别	♀	采集信息	同副模 1859343	体长	7.8 mm
已知分布	四川、贵州							
备注	Carolus Holzschuh 赠送 2 号副模标本，2011. IX.1 收到。标本照片由毕文烜拍摄							

KIANG SU
Zi-Ka-wei
Musée Heude
Zi-ka-wei
8. 6. 22
coll.
unique
HOLOTYPE
IOZ(E)217608

China, Prov. Guizhou SE
Kaili, Leishan Co Leigong
Shan, pass Leishan -
Fangxiang, 26°22,7N
108°12,99'E, 1700m
14.-24.VI.2001
leg.C.Holzschuh
PARATYPUS
Sybrocentrura
tristicula n. sp.
det. C. Holzschuh 2010
IOZ(E)1859343
China, Prov. Guizhou SE
Kaili, Leishan Co Leigong
Shan, pass Leishan -
Fangxiang, 26°22,7N
108°12,99'E, 1700m
14.-24.VI.2001
leg.C.Holzschuh
PARATYPUS
Sybrocentrura
tristicula n. sp.
det. C. Holzschuh 2010
IOZ(E)1859344

Tribe Apomecynini Thomson, 1860 瓜天牛族

Apomecyna Dejean, 1821 瓜天牛属

***Apomecyna* Dejean, 1821: 108.** Type species: *Saperda alboguttata* Megerle, 1802 (= *Lamia histrio* Fabricius, 1792), designated by Thomson, 1864: 45.

Subgenus *Apomecyna* Dejean, 1821

***Apomecyna* Dejean, 1821: 108.** Type species: *Saperda alboguttata* Megerle, 1802 (= *Lamia histrio* Fabricius, 1792), designated by Thomson, 1864: 45.

***Anapomecyna* Pic, 1925: 29.** Type species: *Anapomecyna luteomaculata* Pic, 1925, by monotypy.

***Crassapomecyna* Breuning, 1958: 492.** Type species: *Apomecyna crassiuscula* Fairmaire, 1896, by original designation.

***Mecynapus* Thomson, 1858: 187.** Type species: *Apomecyna parumpunctata* Chevrolat, 1856, by monotypy. Synonymized with *Apomecyna* by Thomson, 1864: 45.

***Pseudoalbana* Pic, 1895: 77.** Type species: *Pseudoalbana lameerei* Pic, 1895, by monotypy.

***Vocula* Lacordaire, 1872: 587.** Type species: *Vocula irrorata* Lacordaire, 1872 (= *Apomecyna parumpunctata* Chevrolat, 1856), designated by Löbl & Smetana, 2010: 228.

<table>
<tr><td>学名</td><td colspan="5">Apomecyna (Apomecyna) flavovittata Chiang, 1963</td><td>中文名</td><td colspan="2">黄星瓜天牛</td></tr>
<tr><td>原始学名</td><td colspan="5">Apomecyna flavovittata Chiang, 1963</td><td>曾用名</td><td colspan="2"></td></tr>
<tr><td>重要引证</td><td colspan="8">Apomecyna flavovittata Chiang, 1963: 67, 75, fig. 6</td></tr>
<tr><td rowspan="8">模式标本相关信息</td><td>正模</td><td>IOZ(E)217546</td><td>性别</td><td>♀</td><td>采集时间</td><td>1955. V.20</td><td>体长</td><td>11.5 mm</td></tr>
<tr><td>采集人</td><td>B. 波波夫</td><td>产地</td><td colspan="3">云南龙陵</td><td>海拔</td><td>1 600 m</td></tr>
<tr><td>副模</td><td>IOZ(E)217547</td><td>性别</td><td>♂</td><td>采集时间</td><td>1955. V.19</td><td>体长</td><td>7.0 mm</td></tr>
<tr><td>采集人</td><td>克雷让诺夫斯基</td><td>产地</td><td colspan="3">云南龙陵郊区</td><td>海拔</td><td>1 200 m</td></tr>
<tr><td>副模</td><td>IOZ(E)217548</td><td>性别</td><td>♀</td><td>采集时间</td><td>1955. V.28</td><td>体长</td><td>10.0 mm</td></tr>
<tr><td>采集人</td><td>欧炳荣</td><td>产地</td><td colspan="3">云南保山第一道班</td><td>海拔</td><td>1 200 m</td></tr>
<tr><td>副模</td><td>IOZ(E)217549</td><td>性别</td><td>♀</td><td>采集时间</td><td>1955. V.15</td><td>体长</td><td>9.5 mm</td></tr>
<tr><td>采集人</td><td>布希克、吴乐</td><td>产地</td><td colspan="3">云南龙陵</td><td>海拔</td><td>1 600 m</td></tr>
<tr><td>已知分布</td><td colspan="8">云南、西藏</td></tr>
<tr><td>备注</td><td colspan="8">部分标本照片由大林延夫拍摄</td></tr>
</table>

雲南龍陵1600公尺
1955.V.20
B.波波夫
HOLOTYPE
Лунлин, 1600 м.
Юньнань 20 У 1955
В. Попов
IOZ(E) 217546
112
Apomecyna flavovittata sp.n.
鑑定者：蔣書楠 1961
雲南龍陵郊區1200公尺
1955.V.19
克雷讓諾夫斯基
Окр. Лунлина, 1200 м.
Юньнань 19 У 1955
Крыжановский
Apomecyna flavovittata sp.n.
鑑定者：蔣書楠 1961
PARATYPE
IOZ(E) 217547

Tribe Eunidiini Téocchi *et al.*, 2010 短节天牛族

Eunidia Erichson, 1843 短节天牛属

***Eunidia* Erichson, 1843: 261.** Type species: *Eunidia nebulosa* Erichson, 1843, by monotypy.

***Anomoesia* Pascoe, 1858: 255.** Type species: *Anomoesia fulvida* Pascoe, 1858, by monotypy. Synonymized by Pascoe, 1861: 302.

***Aserixia* Pic, 1925: 31.** Type species: *Aserixia savioi* Pic, 1925, by monotypy. Synonymized by Breuning, 1949: 15.

***Boucardia* Pic, 1925: 31.** Type species: *Boucardia nigroapicalis* Pic, 1925, by monotypy. Synonymized by Breuning, 1949: 15.

***Frixus* Thomson, 1857: 313.** Type species: *Frixus variegatus* Thomson, 1857, by monotypy. Synonymized by Pascoe, 1861: 302.

***Mycerinella* Heller, 1924: 203.** Type species: *Mycerinella subfasciata* Heller, 1924, by monotypy.

***Paphraecia* Fairmaire, 1894: 332.** Type species: *Paphraecia obliquepicta* Fairmaire, 1894 (= *Eunidia nebulosa* Erichson, 1843), by monotypy. Synonymized by Gahan, 1909: 74.

***Semiclinia* Fairmaire, 1897: 254.** Type species: *Semiclinia denseguttata* Fairmaire, 1898 (= *Saperda guttulata* Coquerel, 1851), by monotypy. Synonymized by Gahan, 1909: 74.

***Syessita* Pascoe, 1864: 284.** Type species: *Syessita vestigialis* Pascoe, 1864, designated by Löbl & Smetana, 2010: 231. Synonymized by Gahan, 1909: 74.

***Tritomicrus* Fairmaire, 1892: 125.** Type species: *Tritomicrus marmoreus* Fairmaire, 1892, by monotypy. Synonymized by Gahan, 1909: 74.

<table>
<tr><td>学名</td><td colspan="5">Eunidia atripennis Pu & Yang, 1992</td><td>中文名</td><td colspan="2">黑翅短节天牛</td></tr>
<tr><td>原始学名</td><td colspan="5">Eunidia atripennis Pu & Yang, 1992</td><td>曾用名</td><td colspan="2"></td></tr>
<tr><td>重要引证</td><td colspan="8">Eunidia atripennis Pu & Yang, 1992: 301, 305, figs.1a-b</td></tr>
<tr><td rowspan="2">模式标本相关信息</td><td>正模</td><td>IOZ(E)217690</td><td>性别</td><td>♀</td><td>采集时间</td><td>1988. Ⅶ .7</td><td>体长</td><td>10.0 mm</td></tr>
<tr><td>采集人</td><td>王书永</td><td>产地</td><td colspan="3">贵州雷山桃江</td><td>海拔</td><td>950 m</td></tr>
<tr><td>已知分布</td><td colspan="8">湖北、重庆、贵州、云南</td></tr>
<tr><td>备注</td><td colspan="8">标本照片由毕文烜拍摄</td></tr>
</table>

贵州 雷山桃江
950m.
中国科学院
1988.VII.7
采集者 王書永
Eunidia atripennis Pu
鑑定者：蒲富基 1990
HOLOTYPE
IOZ(E) 217690

Tribe Astathini Pascoe, 1864 重突天牛族

Tetraophthalmus Dejean, 1835 重突天牛属

***Tetraophthalmus* Dejean, 1835: 347.** Type species: *Cerambyx splendidus* Fabricius, 1792, by monotypy.

***Astathes* Newman, 1842: 299.** Type species: *Astathes perplexa* Newman, 1842, designated by Thomson, 1864: 118.

***Astathes* (*Tetraophthalmus*): Kurihara & A. Saito, 2007: 675.**

学名	***Tetraophthalmus janthinipennis flavus* (Chiang, 1963)**					中文名	龙陵紫翅重突天牛	
原始学名	***Astathes cyanoptera flava* Chiang, 1963**					曾用名	龙柄重突天牛	
重要引证	***Astathes cyanoptera flava*** Chiang, 1963: 68, 75, fig. 7 ***Tetraophthalmus janthinipennis flavus***: Löbl & Smetana, 2010: 237							
模式标本相关信息	正模	IOZ(E)217562	性别	♀	采集时间	1955. V .10	体长	14.5 mm
	采集人	欧炳荣	产地	云南潞西			海拔	1 350 m
	配模	IOZ(E)1859302	性别	♂	采集时间	1955. V .20	体长	12.5 mm
	采集人	B. 波波夫	产地	云南龙陵			海拔	1 600 m
已知分布	云南							
备注	*T.cyanoptera* 被看作 *T. janthinipennis* 的亚种，本亚种发生相应移动							

Bacchisa Pascoe, 1866 眼天牛属

***Bacchisa* Pascoe, 1866: 329.** Type species: *Bacchisa coronata* Pascoe, 1866, by monotypy.

Subgenus *Bacchisa* Pascoe, 1866

***Bacchisa* Pascoe, 1866: 329.** Type species: *Bacchisa coronata* Pascoe, 1866, by monotypy.

***Chreonoma* Pascoe, 1867: 348.** Type species: *Chreonoma venustum* Pascoe, 1867, designated by Gahan, 1901: 63. Synonymized by Breuning, 1956b: 432.

学名	***Bacchisa* (*Bacchisa*) *pallens* (Chen, 1936)**					中文名	淡色眼天牛	
原始学名	***Chreonoma pallens* Chen, 1936**					曾用名		
重要引证	***Chreonoma pallens*** Chen, 1936: 165, fig. 1 ***Bacchisa* (*Bacchisa*) *pallens***: Breuning, 1956b: 422, 454							
模式标本相关信息	正模	IOZ(E)1859342	性别	♀	采集时间	1928. Ⅵ .10	体长	13.5 mm
	采集人	L. T. Chong	产地	广西三防			海拔	
已知分布	湖北、江西、广西							

1955.V.10.
Луси, 1350 м.
365
Astathes cyanoptera flavus subsp. nov.
鑑定者：蔣書楠 1961
完模标本
HOLOTYPE
IOZ(E) 217562
雲南龍陵1600公尺
Лунлин, 1600 м.
В. Попов
353
Astathes cyanoptera flavus subsp. n.
鑑定者：蔣書楠 1961
PARATYPE
付模标本
IOZ(E)1859302
廣西
三防
Chreonoma pallens chen
鑑定者：陳世驤 19
TYPE
Bacchisa pallens (chen)
Det. M.Y.LIN 2011
IOZ(E)1859342

Plaxomicrus Thomson, 1857 广翅天牛属

***Plaxomicrus* Thomson, 1857: 57.** Type species: *Plaxomicrus ellipticus* Thomson, 1857, designated by Thomson, 1864: 118.

学名	***Plaxomicrus nigriventris* Pu, 1991**					中文名	黑腹广翅天牛	
原始学名	***Plaxomicrus nigriventris* Pu, 1991**					曾用名		
重要引证	***Plaxomicrus nigriventris*** Pu, 1991d: 208, 210, fig. 3							
模式标本相关信息	正模	IOZ(E)217763	性别	♂	采集时间	1958. Ⅳ.22	体长	10.0 mm
	采集人	王书永	产地	云南勐龙版纳（N 21° 5′；E 100° 6′）勐宋			海拔	1 600 m
	配模	IOZ(E)217764	性别	♀	采集时间	1958. Ⅳ.24	体长	12.0 mm
	采集人	蒲富基	产地	云南勐龙勐宋			海拔	1 600 m
	副模	IOZ(E)217765-67	性别	♂	采集时间	1958. Ⅳ.22	体长	9.8 ～ 10.5 mm
	采集人	王书永	产地	云南勐龙勐宋			海拔	1 600 m
	副模	IOZ(E)217768	性别	♀	采集时间	1958. Ⅴ.14	体长	12.0 mm
	采集人	蒲富基	产地	云南西双版纳勐啊（N 22° 1′；E 99° 2′）			海拔	1 050 ～ 1 080 m
	副模	IOZ(E)217769	性别	♀	采集时间	1958. Ⅷ.27	体长	13.0 mm
	采集人	王书永	产地	云南西双版纳小勐养（N 22°；E 100° 8′）			海拔	850 m
已知分布	云南							

云南勐龍版納勐宋
1600.公尺
中國科学院
1958.IV.22.
採集者:王書永
Plaxomicrus nigriventris Pu
鑑定者：蒲富基 1988
HOLOTYPE
IOZ(E) 217763
雲南:勐戈
1958.IV.24
中國科學院
勐宋
1600M
採集者蒲富基
ALLOTYPE
IOZ(E) 217764

Tribe Ceroplesini Thomson, 1860 丛角天牛族

本族模式属 *Ceroplesis* Audinet-Serville, 1835 在中国没有分布，尚未有中文名。虽然中文族名跟模式属不对应，但为了使用习惯和方便保留沿用。

Subtribe Ceroplesina Thomson, 1860

Thysia Thomson, 1860 丛角天牛属

***Thysia* Thomson, 1860: 96.** Type species: *Lamia wallichi* Hope, 1831, by original designation.

***Thysiotes* Thomson, 1868: 201 [RN].** Type species: *Lamia wallichi* Hope, 1831

<table>
<tr><td>学名</td><td colspan="5">Thysia wallichi tonkinensis (Kriesche, 1924)</td><td>中文名</td><td colspan="2">连带丛角天牛</td></tr>
<tr><td>原始学名</td><td colspan="5">Diastocera savioi Yen, 1932</td><td>曾用名</td><td colspan="2">连带木棉丛角天牛</td></tr>
<tr><td>重要引证</td><td colspan="8">Diastocera wallichi tonkinensis Kriesche, 1924: 289
Diastocera savioi Yen, 1932: 165, figs. Synonymized by Gressitt, 1939: 65</td></tr>
<tr><td rowspan="3">模式标本相关信息</td><td>正选模</td><td>IOZ(E)1859340</td><td>性别</td><td>♀</td><td>采集时间</td><td></td><td>体长</td><td>40.0 mm</td></tr>
<tr><td>采集人</td><td>S. Y. T</td><td>产地</td><td colspan="3">Kwangsi, Yaoshan (广西瑶山)</td><td>海拔</td><td></td></tr>
<tr><td>副选模</td><td>IOZ(E)1859341</td><td>性别</td><td>♂</td><td>采集信息</td><td>同正选模</td><td>体长</td><td>43.0 mm</td></tr>
<tr><td>已知分布</td><td colspan="8">广东、广西；越南，老挝</td></tr>
<tr><td>备注 1</td><td colspan="8">原始文献依据 2 号标本描述，但未明确指定正模。本馆的这 2 号标本具有与原始描述完全一致的特征、标签，以及严家显的手写标签，证明就是当年的依据模式。因此，我们在此指定具手写鉴定标签、比较完整、长度数据符合且姿势与原始图版几乎一致的 1859340 号标本为正选模，1859341 号为副选模</td></tr>
<tr><td>备注 2</td><td colspan="8">长期以来 Thysia Thomson, 1860 被当作 Diastocera Dejean, 1835 的次异名。因此大家熟知的学名是 Diastocera wallichi tonkinensis Kriesche, 1924。但最近研究显示这是两个不同的属，本种（亚种）的正确归属是 Thysia，但中文属名不作更改。Diastocera 属目前仅知一种，分布于非洲的塞内加尔（Bousquet & Bouchard, 2013; Tavakilian & Chevillotte, 2014）</td></tr>
<tr><td>lectotype designation</td><td colspan="8">In order to fix the species concept and ensure universal and consistent interpretation of this species, we designate the IOZ(E)1859340 as lectotype, IOZ(E)1859341 as paralectotype of Distocerasavioi Yen, 1933</td></tr>
</table>

Kwangsi Yaoshan S. Y. T.
Diastocera savioi Yen
Diastocera wallichi Hope s.sp. Tonkinensis Kr. (Syn: Savioi Yen)
IOZ(E)1859340
LECTOTYPE
Diastocera ♀ wallichi tonkinensis Kr., 1924
Det. M.Y.LIN 2011

Kwangsi Yaoshan S. Y. T.
SYT 36
IOZ(E)1859341
Diastocera ♂ wallichi tonkinensis Kriesche
Det. M.Y.LIN 2011
PARALECTOTYPE
Diastocera savioi Yen, 1932

Tribe Dorcadionini Swainson & Shuckard, 1840 草天牛族

本族模式属 *Dorcadion* Dalman, 1817 叫真草天牛属，虽然中文族名跟模式属不对应，但为了使用习惯和方便保留沿用。“*Dorcadion*”的词根是“Dorcad-”，原本本族的拉丁名应该是 Dorcadiini，但由于 Dorcadionini 的使用频率高于 Dorcadiini，所以也保留沿用。

Dorcadion Dalman, 1817 真草天牛属

Dorcadion **Dalman, 1817: 397.** Type species: *Cerambyx glicyrrhizae* Pallas, 1773, designated by Thomson, 1864: 43.

Subgenus *Acutodorcadion* Danilevsky, Kasatkin & Rubenyan, 2005

Dorcadion **(*Acutodorcadion*) Danilevsky, Kasatkin & Rubenyan, 2005: 135, 143.** Type species: *Dorcadion acutispinum* Motschulsky, 1860, by original designation.

<table>
<tr><td>学名</td><td colspan="5">Dorcadion (Acutodorcadion) arietinum zhalanash Danilevsky, 1996</td><td>中文名</td><td colspan="2">扎拉肖锥柄真草天牛</td></tr>
<tr><td>原始学名</td><td colspan="5">Dorcadion (Acutodorcadion) arietinum zhalanash Danilevsky, 1996</td><td>曾用名</td><td colspan="2"></td></tr>
<tr><td>重要引证</td><td colspan="8">Dorcadion (Acutodorcadion) arietinum zhalanash Danilevsky, 1996: 614</td></tr>
<tr><td rowspan="4">模式标本相关信息</td><td>副模</td><td>IOZ(E)1859368</td><td>性别</td><td>♀</td><td>采集时间</td><td>1991. Ⅳ.15</td><td>体长</td><td>24.0 mm</td></tr>
<tr><td>采集人</td><td>M. Danilevsky</td><td>产地</td><td colspan="3">Kazakhstan 26km N Zhalanash, N 43° 15′; E 78° 56′</td><td>海拔</td><td>1 300 m</td></tr>
<tr><td>副模</td><td>IOZ(E)1859369</td><td>性别</td><td>♂</td><td>采集信息</td><td>同副模 1859368</td><td>体长</td><td>21.5 mm</td></tr>
<tr><td>副模</td><td>IOZ(E)1859367, 1859370-72</td><td>性别</td><td>♀ ♂</td><td>采集信息</td><td>同副模 1859368</td><td>体长</td><td>21.0 ~ 23.0 mm</td></tr>
<tr><td>已知分布</td><td colspan="8">哈萨克斯坦</td></tr>
<tr><td>备注</td><td colspan="8">Mikhail L. Danilevsky 赠送 6 号副模标本，2011.IX.1 收到。部分标本照片由毕文烜拍摄</td></tr>
</table>

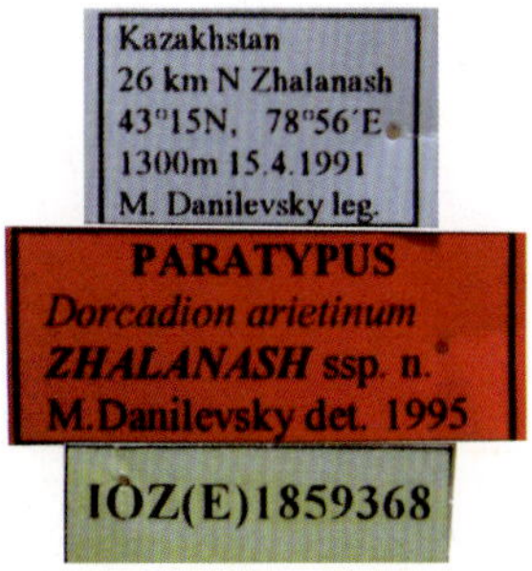
Kazakhstan
26 km N Zhalanash
43°15N, 78°56′E
1300m 15.4.1991
M. Danilevsky leg.
PARATYPUS
Dorcadion arietinum
ZHALANASH ssp. n.
M.Danilevsky det. 1995
IOZ(E)1859368

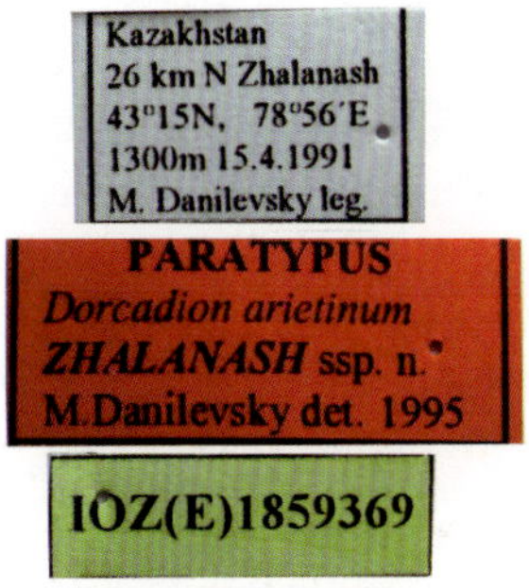
Kazakhstan
26 km N Zhalanash
43°15N, 78°56′E
1300m 15.4.1991
M. Danilevsky leg.
PARATYPUS
Dorcadion arietinum
ZHALANASH ssp. n.
M.Danilevsky det. 1995
IOZ(E)1859369

学名	***Dorcadion* (*Acutodorcadion*) *optatum toropyginae* Danilevsky, 1999**					中文名	陶氏眼真草天牛
原始学名	***Dorcadion* (*Acutodorcadion*) *optatum toropyginae* Danilevsky, 1999**					曾用名	
重要引证	***Dorcadion* (*Acutodorcadion*) *optatum toropyginae*** Danilevsky, 1999: 22						
模式标本相关信息	副模	IOZ(E)1859373	性别	♂	采集时间	1997. V .3～4	体长	18.0 mm
	采集人	M. Danilevsky	产地	Kirgizia Ala-Archa N 42° 40′; E 74° 29′			海拔	1 700 m
	副模	IOZ(E)1859374	性别	♀	采集信息	同副模 1859373	体长	20.0 mm
	副模	IOZ(E)1859375-76	性别	♂ ♀	采集信息	同副模 1859373	体长	16.5～18.5 mm
已知分布	吉尔吉斯斯坦							
备注	Mikhail L. Danilevsky 赠送 4 号副模标本，2011.IX.1 收到。部分标本照片由毕文烜拍摄							

Eodorcadion Breuning, 1947 草天牛属

***Eodorcadion* Breuning, 1947: 142.** Type species: *Lamia carinata* Fabricius, 1781, by original designation.

Subgenus *Eodorcadion* Breuning, 1947

***Eodorcadion* Breuning, 1947: 142.** Type species: *Lamia carinata* Fabricius, 1781, by original designation.

***Eodorcadion* (*Eodorcadion*): Gressitt, 1951: 340.**

学名	***Eodorcadion* (*Eodorcadion*) *minicarinatum* Danilevsky & Lin, 2012**					中文名	细脊草天牛
原始学名	***Eodorcadion* (s. str.) *minicarinatum* Danilevsky & Lin, 2012**					曾用名	
重要引证	***Eodorcadion* (s. str.) *minicarinatum*** Danilevsky & Lin, 2012: 22, figs. 2–3						
模式标本相关信息	正模	IOZ(E)1905779	性别	♂	采集时间		体长	15.3 mm
	采集人		产地	安徽阜南			海拔	
	副模	IOZ(E)1905785	性别	♀	采集时间	1980. VI .18	体长	17.0 mm
	采集人		产地	江西（?）合阳			海拔	
已知分布	安徽、江西?（可能陕西）							
备注	在江西未能找到合阳，有可能是陕西的合阳误写在江西的标签上							

Kirgizia 3-4.5.1997
Ala-Archa 1700m
42°40'N, 74°29'E
M.Danilevsky leg.
PARATYPUS
Dorcadion optatum
TOROPYGINAE ssp. n.
M.Danilevsky det. 1997
IOZ(E)1859373
Kirgizia 3-4.5.1997
Ala-Archa 1700m
42°40'N, 74°29'E
M.Danilevsky leg.
PARATYPUS
Dorcadion optatum
TOROPYGINAE ssp. n.
M.Danilevsky det. 1997
IOZ(E)1859374
安徽阜南
中国科学院
IOZ(E)1905779
Anhui, Funan
HOLOTYPUS
Eodorcadion (s. str.)
MINICARINATUM sp. n.
Danilevsky & Lin det. 2012
江西
中国科学院
IOZ(E)1905785
Jiangxi, Heyang
18.6.1980
PARATYPUS
Eodorcadion (s. str.)
MINICARINATUM sp. n.
Danilevsky & Lin det. 2012

学名	*Eodorcadion* (*Eodorcadion*) *virgatum taihangense* Danilevsky & Lin, 2012					中文名	太行密条草天牛	
原始学名	*Eodorcadion* (s. str.) *virgatum taihangense* Danilevsky & Lin, 2012					曾用名		
重要引证	*Eodorcadion* (s. str.) *virgatum taihangense* Danilevsky & Lin, 2012: 21, fig. 1							
模式标本相关信息	正模	IOZ(E)1905769	性别	♂	采集时间	1996. Ⅶ .17	体长	12.5 mm
	采集人	李文柱	产地	山西五台山			海拔	2 200 m
	副模	IOZ(E)1905766	性别	♂	采集时间	1996. Ⅶ .17	体长	13.5 mm
	采集人	李文柱	产地	山西五台山			海拔	2 000 m
	副模	IOZ(E)1905768	性别	♂	采集时间	1996. Ⅶ .17	体长	13.8 mm
	采集人	李文柱	产地	山西五台山			海拔	2 200 m
	副模	IOZ(E)1905767	性别	♂	采集信息	同副模 1905766	体长	13.8 mm
已知分布	山西							

山西 五台山
2000m
中国科学院
1996-VII-17
采集者:李文柱
IOZ(E)1905766
Shanxi, Wutaishan
2200m 17.7.1996
Li Wenzhu leg.
PARATYPUS
Eodorcadion (s. str.)
virgatum
TAIHANGENSE ssp.n.
Danilevsky & Lin det. 2012
♂

1996-VII-17
采集者:李文柱
山西 五台山
2200m
中国科学院
IOZ(E)1905768
Shanxi, Wutaishan
2200m 17.7.1996
Li Wenzhu leg.
PARATYPUS
Eodorcadion (s. str.)
virgatum
TAIHANGENSE ssp.n.
Danilevsky & Lin det. 2012

Subgenus *Ornatodorcadion* Breuning, 1947

***Eodorcadion* (*Ornatodorcadion*) Breuning, 1947: 142.** Type species: *Dorcadion ornatum* Faldermann, 1833, by original designation.

<table>
<tr><td>学名</td><td colspan="6">Eodorcadion (Ornatodorcadion) jakovlevi fangzhoui Lin & Danilevsky, 2011</td><td>中文名</td><td>方舟黄角草天牛</td></tr>
<tr><td>原始学名</td><td colspan="6">Eodorcadion (Ornatodorcadion) jakovlevi fangzhoui Lin & Danilevsky, 2011</td><td>曾用名</td><td></td></tr>
<tr><td>重要引证</td><td colspan="8">Eodorcadion (Ornatodorcadion) jakovlevi fangzhoui Lin & Danilevsky, 2011: 381, Pl. Ⅷ : 1-2</td></tr>
<tr><td rowspan="5">模式标本相关信息</td><td>正模</td><td>IOZ(E)1899805</td><td>性别</td><td>♂</td><td>采集时间</td><td>2010. Ⅷ .12</td><td>体长</td><td>16.5 mm</td></tr>
<tr><td>采集人</td><td>马方舟</td><td>产地</td><td colspan="3">内蒙古阿拉善左旗贺兰山红窑沟（沟谷）N 38.48218°；E 105.81303°</td><td>海拔</td><td>1 772 m</td></tr>
<tr><td>副模</td><td>IOZ(E)1899803</td><td>性别</td><td>♀</td><td>采集时间</td><td>2010. Ⅷ .12</td><td>体长</td><td>18.5 mm</td></tr>
<tr><td>采集人</td><td>陈志林</td><td>产地</td><td colspan="3">内蒙古阿拉善左旗贺兰山红窑沟（山坡）N 38.47523°；E 105.81687°</td><td>海拔</td><td>1 880 m</td></tr>
<tr><td>副模</td><td>IOZ(E)1899804，1899806，1864919</td><td>性别</td><td>♂♀</td><td>采集信息</td><td>1899806 同正模，1899804 与 1864919 同 1899803，采集人为林美英</td><td>体长</td><td>17.0 ～ 21.0 mm</td></tr>
<tr><td>已知分布</td><td colspan="8">内蒙古</td></tr>
<tr><td>备注</td><td colspan="8">原始文献的采集信息存在部分错误，以上信息严格对照中文标签校对。部分标本照片由 Mikhail L. Danilevsky 拍摄。IOZ(E)1864919 一雌与 1899804 一雄存放在 Mikhail L. Danilevsky 处</td></tr>
</table>

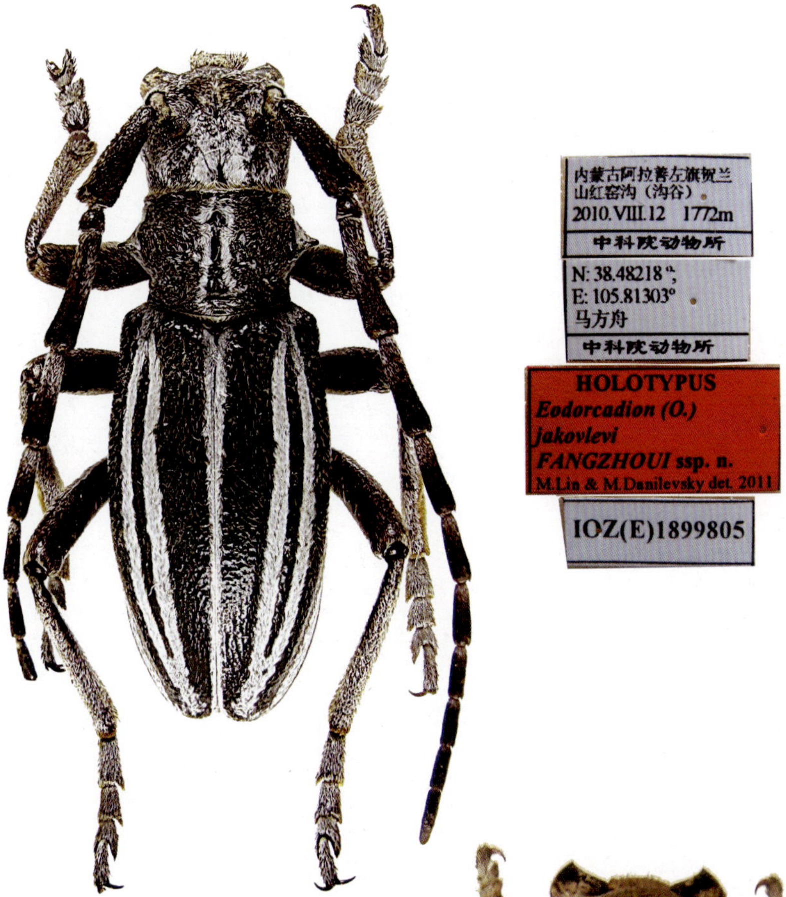
内蒙古阿拉善左旗贺兰
山红窑沟（沟谷）
2010.VIII.12 1772m
中科院动物所
N: 38.48218°;
E: 105.81303°
马方舟
中科院动物所
HOLOTYPUS
Eodorcadion (O.)
jakovlevi
FANGZHOUI ssp. n.
M.Lin & M.Danilevsky det. 2011
IOZ(E)1899805

内蒙古阿拉善左旗贺兰
山红窑沟（山坡）
2010.VIII.12 1880m
中科院动物所
N: 38.47523°;
E: 105.81687°
陈志林
中科院动物所
PARATYPUS
Eodorcadion (O.)
jakovlevi
FANGZHOUI ssp. n.
M.Lin & M.Danilevsky det. 2011
IOZ(E)1899803

学名	***Eodorcadion* (*Ornatodorcadion*) *kaznakovi zhilini* Lin & Danilevsky, 2011**					中文名	志林齿肩草天牛	
原始学名	***Eodorcadion* (*Ornatodorcadion*) *kaznakovi zhilini* Lin & Danilevsky, 2011**					曾用名		
重要引证	***Eodorcadion* (*Ornatodorcadion*) *kaznakovi zhilini*** Lin & Danilevsky, 2011: 382, Pl. Ⅶ : 3-5							
模式标本相关信息	正模	IOZ(E)1899802	性别	♂	采集时间	2010. Ⅷ .13	体长	14.0 mm
	采集人	陈志林	产地	内蒙古阿拉善左旗贺兰山水磨沟管理站 N 38.96351°; E 105.84725°			海拔	1 807 m
	副模	IOZ(E)1899800	性别	♂	采集时间	2010. Ⅷ .15	体长	14.5 mm
	采集人	陈志林	产地	同正模			海拔	同正模
	副模	IOZ(E)1899799	性别	♂	采集时间	2010. Ⅷ .15	体长	15.5 mm
	采集人	林美英	产地	同正模			海拔	同正模
	副模	IOZ(E)1899801, 1864920	性别	♂	采集信息	同正模，采集人为林美英	体长	14.0 ～ 15.5 mm
已知分布	内蒙古							
备注	原始文献写错副模标本的采集日期。标本照片由 Mikhail L.Danilevsky 拍摄。IOZ(E)1864920 一雄存放在 Mikhail L. Danilevsky 处							

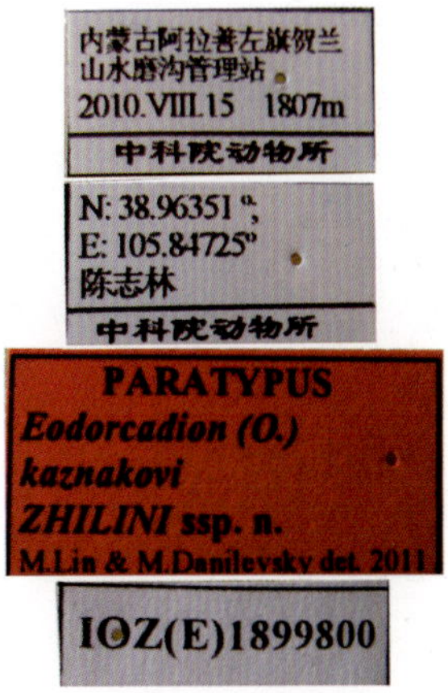
内蒙古阿拉善左旗贺兰
山水磨沟管理站
2010.VIII.15 1807m
中科院动物所
N: 38.96351 °,
E: 105.84725°
陈志林
中科院动物所
PARATYPUS
Eodorcadion (O.)
kaznakovi
ZHILINI ssp. n.
M.Lin & M.Danilevsky det. 2011
IOZ(E)1899800

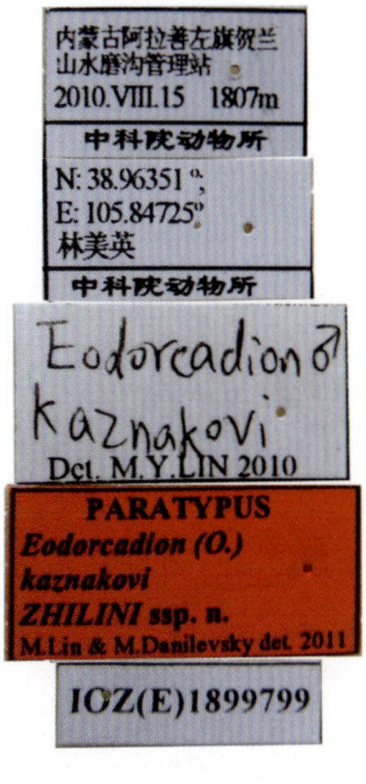
内蒙古阿拉善左旗贺兰
山水磨沟管理站
2010.VIII.15 1807m
中科院动物所
N: 38.96351 °,
E: 105.84725°
林美英
中科院动物所
Eodorcadion ♂
kaznakovi
Det. M.Y.LIN 2010
PARATYPUS
Eodorcadion (O.)
kaznakovi
ZHILINI ssp. n.
M.Lin & M.Danilevsky det. 2011
IOZ(E)1899799

<table>
<tr><td>学名</td><td colspan="5">Eodorcadion (Ornatodorcadion) potaninellum Danilevsky & Lin, 2012</td><td colspan="2">中文名</td><td colspan="2">长波草天牛</td></tr>
<tr><td>原始学名</td><td colspan="5">Eodorcadion (Ornatodorcadion) potaninellum Danilevsky & Lin, 2012</td><td colspan="2">曾用名</td><td colspan="2"></td></tr>
<tr><td>重要引证</td><td colspan="9">Eodorcadion (Ornatodorcadion) potaninellum Danilevsky & Lin, 2012: 23, figs. 4-5</td></tr>
<tr><td rowspan="4">模式标本相关信息</td><td>正模</td><td>IOZ(E)1905760</td><td>性别</td><td>♂</td><td>采集时间</td><td>1980. Ⅷ. 24</td><td>体长</td><td colspan="2">15.5 mm</td></tr>
<tr><td>采集人</td><td></td><td>产地</td><td colspan="3">陕西黄龙山</td><td>海拔</td><td colspan="2"></td></tr>
<tr><td>副模</td><td>IOZ(E)1905787</td><td>性别</td><td>♀</td><td>采集时间</td><td>1980. Ⅷ. 24</td><td>体长</td><td colspan="2">24.5 mm</td></tr>
<tr><td>采集人</td><td></td><td>产地</td><td colspan="3">陕西黄龙山</td><td>海拔</td><td colspan="2"></td></tr>
<tr><td>已知分布</td><td colspan="9">陕西</td></tr>
</table>

<table>
<tr><td>学名</td><td colspan="5">Eodorcadion (Ornatodorcadion) pseudornatum Danilevsky & Lin, 2012</td><td colspan="2">中文名</td><td colspan="2">拟密点草天牛</td></tr>
<tr><td>原始学名</td><td colspan="5">Eodorcadion (Ornatodorcadion) pseudornatum Danilevsky & Lin, 2012</td><td colspan="2">曾用名</td><td colspan="2"></td></tr>
<tr><td>重要引证</td><td colspan="9">Eodorcadion (Ornatodorcadion) pseudornatum Danilevsky & Lin, 2012: 24, fig. 6</td></tr>
<tr><td rowspan="2">模式标本相关信息</td><td>正模</td><td>IOZ(E)1905786</td><td>性别</td><td>♂</td><td>采集时间</td><td>1980. Ⅷ. 24</td><td>体长</td><td colspan="2">20.0 mm</td></tr>
<tr><td>采集人</td><td></td><td>产地</td><td colspan="3">陕西黄龙山</td><td>海拔</td><td colspan="2"></td></tr>
<tr><td>已知分布</td><td colspan="9">陕西</td></tr>
</table>

陕西
中国科学院
IOZ(E)1905760
Shaanxi,Huanglongshan
24.8.1980
HOLOTYPUS
Eodorcadion
(Ornatodorcadion)
POTANINELLUM sp. n.
Danilevsky & Lin det. 2012
陕西
中国科学院
IOZ(E)1905787
Shaanxi,Huanglongshan
24.8.1980
PARATYPUS
♀
Eodorcadion
(Ornatodorcadion)
POTANINELLUM sp. n.
Danilevsky & Lin det. 2012
陕西
中国科学院
IOZ(E)1905786
Shaanxi,Huanglongshan
24.8.1980
HOLOTYPUS
Eodorcadion
(Ornatodorcadion)
PSEUDORNATUM sp. n.
Danilevsky & Lin det. 2012

学名	***Eodorcadion* (*Ornatodorcadion*) *wenhsini* Yang & Danilevsky, 2013**					中文名	文信草天牛	
原始学名	***Eodorcadion* (*Ornatodorcadion*) *wenhsini* Yang & Danilevsky, 2013**					曾用名		
重要引证	***Eodorcadion* (*Ornatodorcadion*) *wenhsini*** Yang & Danilevsky, 2013: 93, figs.1–2							
模式标本相关信息	正模	IOZ(E)1905792	性别	♂	采集时间	1937. Ⅶ .19	体长	14.3 mm
	采集人	Licent	产地	Oulan Cheula			海拔	
	副模	IOZ(E)1905793	性别	♀	采集时间	1937. Ⅶ .19	体长	20.0 mm
	采集人	Licent	产地	Oulan Cheula			海拔	
已知分布	内蒙古							
备注	Oulan Cheula 应该位于内蒙古的陕坝镇。另有 3 号副模存放于天津自然博物馆							

Tribe Dorcaschematini Thomson, 1860 粉天牛族

本族模式属 *Dorcaschema* Haldeman, 1847 在中国没有分布，尚未有中文名。虽然中文族名跟模式属不对应，但为了使用习惯和方便保留沿用。

Microlenecamptus Pic, 1925 小粉天牛属

***Cylindropomus* (*Microlenecamptus*) Pic, 1925: 22.** Type species: *Cylindrepomus albonotatus* Pic, 1925, by monotypy.

***Microlenecamptus*: Dillon & Dillon, 1948: 281.**

学名	***Microlenecamptus biocellatus* (Schwarzer, 1925)**					中文名	双环小粉天牛	
原始学名	***Olenecamptus virescens* Savio, 1929**					曾用名		
重要引证	***Olenecamptus biocellatus*** Schwarzer, 1925: 63 ***Microlenecamptus biocellatus***: Dillon & Dillon, 1948: 281, pl. 14, fig. 7 ***Olenecamptus virescens*** Savio, 1929: 8. Synonymized by Breuning, 1940: 558							
模式标本相关信息	正模	IOZ(E)217629	性别	♀	采集时间	1920. Ⅶ .12	体长	9.0 mm
	采集人	不详	产地	Anhwei, Ningkwo, Yue-wan-kiai（安徽宁国）			海拔	
已知分布	安徽、湖南、台湾、广东							
寄主	*Morus alba* Linnaeus (MORACEAE), *Morus* sp.(MORACEAE)							

Oulan Cheula
19.7.37
MUSÉE H.H.P.H.
IOZ(E)1905792
Inner Mongolia, Ordos
Oulan Cheula 19.7.1937
HOLOTYPUS
Eodorcadion
(Ornatodorcadion)
WENHSINI, sp. nov.
Oulan Cheula
19.7.37
MUSÉE H.H.P.H.
IOZ(E)1905793
Inner Mongolia, Ordos
Oulan Cheula 19.7.1937
PARATYPUS
Eodorcadion
(Ornatodorcadion)
WENHSINI, sp. nov.

CHINE
Prov. ANHWEI
Ningkwo
MUSÉE HEUDE
Olenecamptus
virescens
Holotype
HOLOTYPE
IOZ(E) 217629

Tribe Exocentrini Pascoe, 1864 勾天牛族

Exocentrus Dejean, 1835 勾天牛属

***Exocentrus* Dejean, 1835: 339.** Type species: *Callidium lusitanicum* Olivier, 1790 (= *Cerambyx lusitanus* Linnaeus, 1767), designated by Sama, 1993.

***Exocentrus* (*Bicolorihirtus*) Kusama & Tahira, 1978: 9.** Type species: *Exocentrus* (*Bicolorihirtus*) *venatoides* Kusama & Tahira, 1978, by original designation.

***Exocentrus* (*Formosexocentrus*) Breuning, 1958: 322.** Type species: *Exocentrus variepennis* Schwarzer, 1925, by original designation.

<table>
<tr><td>学名</td><td colspan="6">Exocentrus diminutus Holzschuh, 2007</td><td>中文名</td><td>缩小勾天牛</td></tr>
<tr><td>原始学名</td><td colspan="6">Exocentrus diminutus Holzschuh, 2007</td><td>曾用名</td><td></td></tr>
<tr><td>重要引证</td><td colspan="8">Exocentrus diminutus Holzschuh, 2007: 280, Abb. 77</td></tr>
<tr><td rowspan="2">模式标本相关信息</td><td>副模</td><td>IOZ(E)1859355</td><td>性别</td><td>♀</td><td>采集时间</td><td>1997. V .29 ～ VI .2</td><td>体长</td><td>5.0 mm</td></tr>
<tr><td>采集人</td><td>Bolm</td><td>产地</td><td colspan="3">W Guizhou prov. Leigongshan, Xijiang (贵州雷公山)</td><td>海拔</td><td>1 200 ～ 1 900 m</td></tr>
<tr><td>已知分布</td><td colspan="8">贵州</td></tr>
<tr><td>备注</td><td colspan="8">Carolus Holzschuh 赠送 1 号副模标本，2011. IX. 1 收到。标本照片由毕文烜拍摄</td></tr>
</table>

<table>
<tr><td>学名</td><td colspan="6">Exocentrus fastigatus Holzschuh, 2007</td><td>中文名</td><td>高举勾天牛</td></tr>
<tr><td>原始学名</td><td colspan="6">Exocentrus fastigatus Holzschuh, 2007</td><td>曾用名</td><td></td></tr>
<tr><td>重要引证</td><td colspan="8">Exocentrus fastigatus Holzschuh, 2007: 275, Abb. 73</td></tr>
<tr><td rowspan="2">模式标本相关信息</td><td>副模</td><td>IOZ(E)1859354</td><td>性别</td><td>♂</td><td>采集时间</td><td>1999. IV .24 ～ V .16</td><td>体长</td><td>4.3 mm</td></tr>
<tr><td>采集人</td><td>C. Holzschuh</td><td>产地</td><td colspan="3">N-Laos, Louang Phrabang prov., Ban Song Cha (5km W) N 20° 33.4′; E 102° 14′</td><td>海拔</td><td>1 200 m</td></tr>
<tr><td>已知分布</td><td colspan="8">云南；老挝</td></tr>
<tr><td>备注</td><td colspan="8">Carolus Holzschuh 赠送 1 号副模标本，2011. IX. 1 收到。标本照片由毕文烜拍摄</td></tr>
</table>

CHINA, W GUIZHOU prov.
LEIGONGSHAN, Xijiang
29 May - 2 Jun 1997
1200-1900 m, Bolm lgt..
PARATYPUS
Exocentrus
diminutus n. sp.
det. C. Holzschuh 2007
IOZ(E)1859355

N-LAOS, 24.IV.-16.V.1999,
Louang Phrabang prov.,
Ban Song Cha (5km W),
20°33.4'N 102°14'E, 1200 m,
leg. C. Holzschuh
PARATYPUS
Exocentrus
fastigatus n. sp.
det. C. Holzschuh 2007
IOZ(E)1859354

学名	***Exocentrus imitor* Holzschuh, 2007**					中文名	模仿勾天牛	
原始学名	***Exocentrus imitor* Holzschuh, 2007**					曾用名		
重要引证	***Exocentrus imitor*** Holzschuh, 2007: 271, Abb. 70							
模式标本相关信息	副模	IOZ(E)1859357	性别	♀	采集时间	1993. Ⅴ.11～15	体长	6.1 mm
	采集人	Pacholatko & Dembicky	产地	Thailand, Nan-Pha Khab			海拔	
已知分布	泰国							
备注	Carolus Holzschuh 赠送 1 号副模标本，2011.IX.1 收到。标本照片由毕文烜拍摄							

学名	***Exocentrus ocelliger* Holzschuh, 2010**					中文名	小眼勾天牛	
原始学名	***Exocentrus ocelliger* Holzschuh, 2010**					曾用名		
重要引证	***Exocentrus ocelliger*** Holzschuh, 2010: 201, Abb. 48							
模式标本相关信息	副模	IOZ(E)1859345	性别	♀	采集时间	2010. Ⅴ.1～15	体长	3.9 mm
	采集人	C. Holzschuh	产地	NE-Laos, Hua Phan prov. Ban Saleui, Phou Pan (Mt.) N 20° 12′; E 104° 01′			海拔	1 300～1 900 m
已知分布	老挝							
备注	Carolus Holzschuh 赠送 1 号副模标本，2011.IX.1 收到。标本照片由毕文烜拍摄							

学名	***Exocentrus roridus* Holzschuh, 2010**					中文名	雾斑勾天牛	
原始学名	***Exocentrus roridus* Holzschuh, 2010**					曾用名		
重要引证	***Exocentrus roridus*** Holzschuh, 2010: 202, Abb. 49							
模式标本相关信息	副模	IOZ(E)1859363	性别	♀	采集时间	2009. Ⅵ.1～16	体长	6.0 mm
	采集人	C. Holzschuh	产地	NE-Laos, Hua Phan prov. Ban Saleui, Phou Pan (Mt.) N -20° 12′; E 104° 01′			海拔	1 300～1 900 m
已知分布	越南，老挝							
备注	Carolus Holzschuh 赠送 1 号副模标本，2011.IX.1 收到。标本照片由毕文烜拍摄							

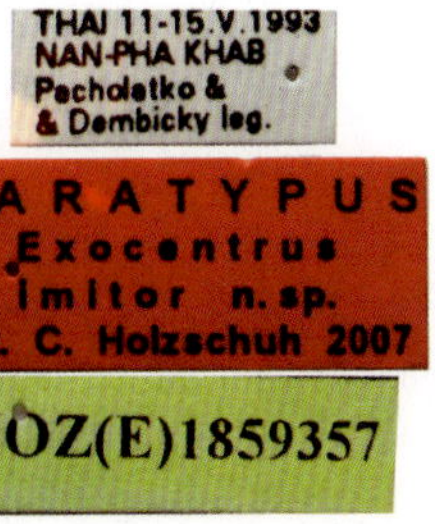
THAI 11-15.V.1993
NAN-PHA KHAB
Pacholatko &
& Dembicky leg.
PARATYPUS
Exocentrus
imitor n.sp.
det. C. Holzschuh 2007
IOZ(E)1859357

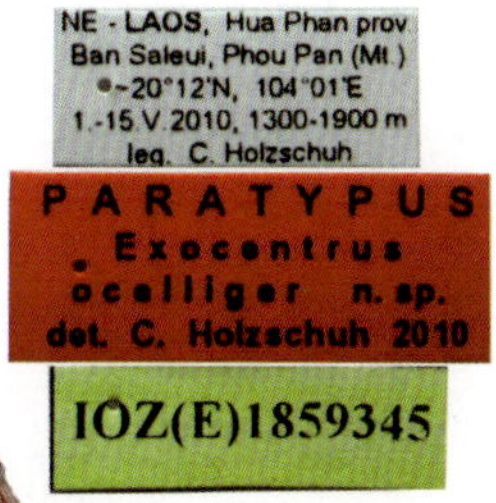
NE - LAOS, Hua Phan prov.
Ban Saleui, Phou Pan (Mt.)
~20°12'N, 104°01'E
1.-15.V.2010, 1300-1900 m
leg. C. Holzschuh
PARATYPUS
Exocentrus
ocelliger n.sp.
det. C. Holzschuh 2010
IOZ(E)1859345

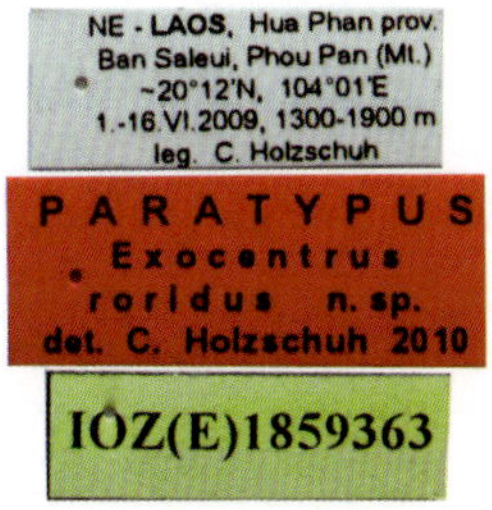
NE - LAOS, Hua Phan prov.
Ban Saleui, Phou Pan (Mt.)
~20°12'N, 104°01'E
1.-16.VI.2009, 1300-1900 m
leg. C. Holzschuh
PARATYPUS
Exocentrus
roridus n.sp.
det. C. Holzschuh 2010
IOZ(E)1859363

<table>
<tr><td>学名</td><td colspan="5">Exocentrus spineus Holzschuh, 2007</td><td colspan="2">中文名</td><td colspan="2">刺勾天牛</td></tr>
<tr><td>原始学名</td><td colspan="5">Exocentrus spineus Holzschuh, 2007</td><td colspan="2">曾用名</td><td colspan="2"></td></tr>
<tr><td>重要引证</td><td colspan="9">Exocentrus spineus Holzschuh, 2007: 283, Abb. 79</td></tr>
<tr><td rowspan="2">模式标本相关信息</td><td>副模</td><td>IOZ(E)1859353</td><td>性别</td><td>♂</td><td>采集时间</td><td>2001. Ⅵ.14～24</td><td>体长</td><td colspan="2">5.4 mm</td></tr>
<tr><td>采集人</td><td>C. Holzschuh</td><td>产地</td><td colspan="3">Guizhou SE Kaili Leishan Co LeigongShan, pass Leishan-Fangxiang(贵州雷公山)N 26° 22.7′; E 108° 12.99′</td><td>海拔</td><td colspan="2">1 700 m</td></tr>
<tr><td>已知分布</td><td colspan="9">贵州</td></tr>
<tr><td>备注</td><td colspan="9">Carolus Holzschuh 赠送 1 号副模标本，2011.IX.1 收到。标本照片由毕文烜拍摄</td></tr>
</table>

<table>
<tr><td>学名</td><td colspan="5">Exocentrus validus Holzschuh, 1999</td><td colspan="2">中文名</td><td colspan="2">强壮勾天牛</td></tr>
<tr><td>原始学名</td><td colspan="5">Exocentrus validus Holzschuh, 1999</td><td colspan="2">曾用名</td><td colspan="2"></td></tr>
<tr><td>重要引证</td><td colspan="9">Exocentrus validus Holzschuh, 1999: 49, Abb. 68</td></tr>
<tr><td rowspan="2">模式标本相关信息</td><td>副模</td><td>IOZ(E)1859356</td><td>性别</td><td>♀</td><td>采集时间</td><td>1999. Ⅳ.24～Ⅴ.16</td><td>体长</td><td colspan="2">4.3 mm</td></tr>
<tr><td>采集人</td><td>C. Holzschuh</td><td>产地</td><td colspan="3">N-Laos, Louang Phrabang prov., Ban Song Cha (5km W) N 20° 33.4′; E 102° 14′</td><td>海拔</td><td colspan="2">1 200 m</td></tr>
<tr><td>已知分布</td><td colspan="9">老挝，泰国</td></tr>
<tr><td>备注</td><td colspan="9">Carolus Holzschuh 赠送 1 号副模标本，2011.IX.1 收到。标本照片由毕文烜拍摄</td></tr>
</table>

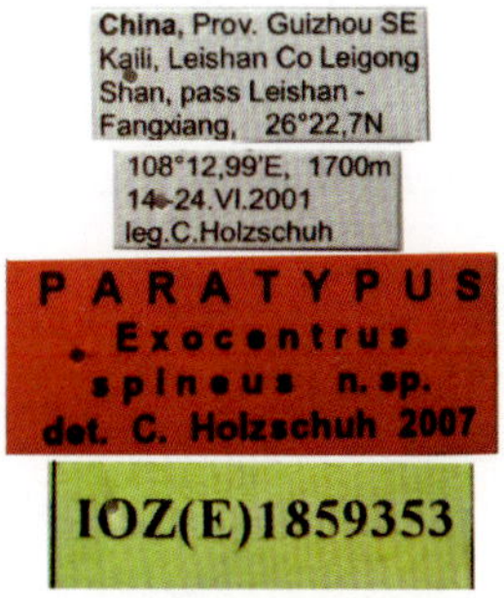
China, Prov. Guizhou SE
Kaili, Leishan Co Leigong
Shan, pass Leishan -
Fangxiang, 26°22,7N
108°12,99'E, 1700m
14-24.VI.2001
leg.C.Holzschuh
PARATYPUS
Exocentrus
spineus n. sp.
det. C. Holzschuh 2007
IOZ(E)1859353

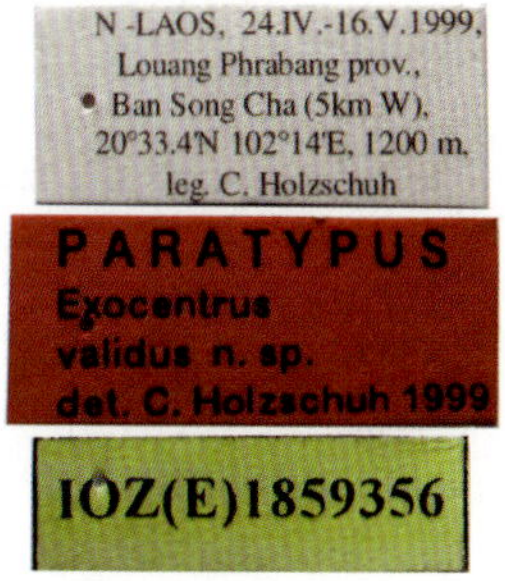
N-LAOS, 24.IV.-16.V.1999,
Louang Phrabang prov.,
Ban Song Cha (5km W),
20°33.4'N 102°14'E, 1200 m.
leg. C. Holzschuh
PARATYPUS
Exocentrus
validus n. sp.
det. C. Holzschuh 1999
IOZ(E)1859356

<table>
<tr><td>学名</td><td colspan="5">Exocentrus zikaweiensis Savio, 1929</td><td colspan="2">中文名</td><td colspan="2">上海勾天牛</td></tr>
<tr><td>原始学名</td><td colspan="5">Exocentrus zikaweiensis Savio, 1929</td><td colspan="2">曾用名</td><td colspan="2"></td></tr>
<tr><td>重要引证</td><td colspan="9">Exocentrus zikaweiensis Savio, 1929: 3
Exocentrus saitoi Matsushita, 1935: 313, fig. Synonymized by Hayashi, 1963:135
Exocentrus (Pseudocentrus) zikaweiensis; Hayashi, 1963: 135</td></tr>
<tr><td rowspan="7">模式标本相关信息</td><td>正选模</td><td>IOZ(E)217588</td><td>性别</td><td>♂</td><td>采集时间</td><td>1925. Ⅵ .13</td><td>体长</td><td colspan="2">6.0 mm</td></tr>
<tr><td>采集人</td><td>不详</td><td>产地</td><td colspan="3">Shanghai, Zi-ka-wei（上海徐家汇）</td><td>海拔</td><td colspan="2"></td></tr>
<tr><td>副选模</td><td>IOZ(E)217587</td><td>性别</td><td>♀</td><td>采集时间</td><td>1925. Ⅵ .9</td><td>体长</td><td colspan="2">7.4 mm</td></tr>
<tr><td>采集人</td><td>不详</td><td>产地</td><td colspan="3">Shanghai, Zi-ka-wei（上海徐家汇）</td><td>海拔</td><td colspan="2"></td></tr>
<tr><td>副选模</td><td>IOZ(E)217583</td><td>性别</td><td>♂</td><td>采集时间</td><td>1925. Ⅵ .11</td><td>体长</td><td colspan="2">6.8 mm</td></tr>
<tr><td>采集人</td><td>不详</td><td>产地</td><td colspan="3">Shanghai, Zi-ka-wei（上海徐家汇）</td><td>海拔</td><td colspan="2"></td></tr>
<tr><td>副选模</td><td>IOZ(E)217584—86，89</td><td>性别</td><td>♂
♀</td><td>采集信息</td><td>同副选模 217583</td><td>体长</td><td colspan="2">6.0 ～ 8.0 mm</td></tr>
<tr><td>已知分布</td><td colspan="9">江苏、上海、湖北、福建；韩国</td></tr>
<tr><td>备注 1</td><td colspan="9">原来未指定正模，在此从群模里面选择最完整的 IOZ(E)217588 号标本作为正选模，其余 6 号标本作为副选模</td></tr>
<tr><td>备注 2</td><td colspan="9">In order to fix the species concept and ensure universal and consistent interpretation of this species, we designate the IOZ(E)217588 as lectotype, IOZ(E)217583 to IOZ(E)217587 and IOZ(E)217589 as paralectotypes of Exocentrus zikaweiensis Savio, 1929</td></tr>
</table>

CHINE
Prov. KIANGSU
Shanghai
MUSÉE HEUDE
Zi-ka-wei
9.6.25
in copula
Type
IOZ(E) 217587
PARALECTOTYPE

CHINE
Prov. KIANGSU
Shanghai
MUSÉE HEUDE
Zi-ka-wei
11.6.25
Exocentrus
Zikaweiensis
Savio
Type
IOZ(E) 217583
PARALECTOTYPE

Tribe Lamiini Latreille, 1825 沟胫天牛族

Arctolamia Gestro, 1888 长毛天牛属

***Arctolamia* Gestro, 1888: 129.** Type species: *Arctolamia villosa* Gestro, 1888, by monotypy.

学名	***Arctolamia luteomaculata* Pu, 1981**					中文名	黄斑长毛天牛	
原始学名	***Arctolamia luteomaculata* Pu, 1981**					曾用名		
重要引证	***Arctolamia luteomaculata*** Pu, 1981: 434, 436, figs.1–2 ***Arctolamia alcinoides*** Wang, 2014: 604, 1123, fig.3150. **Syn. nov**							
模式标本相关信息	正模	IOZ(E)217550	性别	♂	采集时间	1958. Ⅶ.6	体长	26.0 mm
	采集人	王书永	产地	云南西双版纳勐遮			海拔	870 m
	配模	IOZ(E)217551	性别	♀	采集时间	1958. Ⅷ.7	体长	32.5 mm
	采集人	蒲富基	产地	云南西双版纳勐啊			海拔	1 050～1 080 m
	副模	IOZ(E)217552	性别	♂	信息同配模但时间为1958. Ⅷ.10		体长	22.5 mm
	副模	IOZ(E)217553	性别	♂	采集时间	1958. Ⅸ.2	体长	23.0 mm
	采集人	蒲富基	产地	云南西双版纳勐遮			海拔	870 m
	副模	IOZ(E)217554	性别	♀	采集时间	1958. Ⅴ.29	体长	28.5 mm
	采集人	不详	产地	云南锰混到勐板中途			海拔	750～1 200 m
	副模	IOZ(E)217555	性别	♀	采集时间	1958. Ⅸ.6	体长	26.0 mm
	采集人	蒲富基	产地	云南西双版纳勐遮			海拔	870 m
已知分布	云南							
备注	四斑长毛天牛 *Arctolamia alcinoides* Wang, 2014 非常明显跟黄斑长毛天牛是同一种，其两号正模的斑纹非常一致，因此在此提出新异名							
Remarks	*Arctolamia alcinoides* Wang, 2014 is herein synonymized with *Arctolamia luteomaculata* Pu, 1981 based on their holotypes with maculae matching very well							

云南西双版纳勐遮
公尺
中國科学院
1958.VII.6
采集者 王書永
♂
Arctolamia luteomaculata Pic
鉴定者：蒲富基
HOLOTYPE
IOZ(E) 217550
云南西双版纳勐啊
1050—1080 公尺
中國科学院
1958.VIII.7
采集者 蒲富基
♀
ALLOTYPE
IOZ(E) 217551
云南西双版纳勐遮
公尺
中國科学院
1958.IX.2
采集者 蒲富基
PARATYPE
IOZ(E) 217553

Morimospasma Ganglbauer, 1889 巨瘤天牛属

***Morimospasma* Ganglbauer, 1889: 78.** Type species: *Morimospasma paradoxum* Ganglbauer, 1889, by monotypy.

<table>
<tr><td>学名</td><td colspan="5">Morimospasma tuberculatum Breuning, 1939</td><td colspan="2">中文名</td><td>粗粒巨瘤天牛</td></tr>
<tr><td>原始学名</td><td colspan="5">Morimospasma tuberculatum Breuning, 1939</td><td colspan="2">曾用名</td><td></td></tr>
<tr><td>重要引证</td><td colspan="8">Morimospasma tuberculatum Breuning, 1939a: 147
Morimospasma bimaculatum Breuning, 1947: 1. Synonymized by Gressitt, 1951: 348</td></tr>
<tr><td rowspan="2">模式标本相关信息</td><td>正模</td><td>IOZ(E)217610</td><td>性别</td><td>♀</td><td>采集时间</td><td>1936. Ⅶ .20</td><td>体长</td><td>14.0 mm</td></tr>
<tr><td>采集人</td><td></td><td>产地</td><td colspan="3">T' ien-mu Shan（浙江天目山）</td><td>海拔</td><td></td></tr>
<tr><td>已知分布</td><td colspan="8">浙江、湖北、四川</td></tr>
<tr><td>备注</td><td colspan="8">标本照片由 Nobuo Ohbayashi 和 Laurence Livermore 拍摄</td></tr>
</table>

Neotrachystola Breuning, 1942 尼糙天牛属

***Neotrachystola* Breuning, 1942: 133.** Type species: *Trachystola maculipennis* Fairmaire, 1900, by original designation.

<table>
<tr><td>学名</td><td colspan="5">Neotrachystola superciliata Pu, 1997</td><td colspan="2">中文名</td><td>眉斑尼糙天牛</td></tr>
<tr><td>原始学名</td><td colspan="5">Neotrachystola superciliata Pu, 1997</td><td colspan="2">曾用名</td><td></td></tr>
<tr><td>重要引证</td><td colspan="8">Neotrachystola superciliata Pu, 1997: 821, 834, fig. 24</td></tr>
<tr><td rowspan="6">模式标本相关信息</td><td>正模</td><td>IOZ(E)217751</td><td>性别</td><td>♂</td><td>采集时间</td><td>1993. Ⅷ .4</td><td>体长</td><td>14.0 mm</td></tr>
<tr><td>采集人</td><td>孙宝文</td><td>产地</td><td colspan="3">四川巫山梨子坪</td><td>海拔</td><td>1 850 m</td></tr>
<tr><td>配模</td><td>IOZ(E)1859297</td><td>性别</td><td>♂</td><td>采集时间</td><td>1993. Ⅶ .4</td><td>体长</td><td>16.0 mm</td></tr>
<tr><td>采集人</td><td>李文柱</td><td>产地</td><td colspan="3">四川巫山梨子坪</td><td>海拔</td><td>1 870 m</td></tr>
<tr><td>地模</td><td>IOZ(E)1859296</td><td>性别</td><td>♀</td><td>采集时间</td><td>1994. Ⅴ .19</td><td>体长</td><td>17.0 mm</td></tr>
<tr><td>采集人</td><td>李文柱</td><td>产地</td><td colspan="3">四川巫山梨子坪</td><td>海拔</td><td>1 850 m</td></tr>
<tr><td>已知分布</td><td colspan="8">四川</td></tr>
<tr><td>备注</td><td colspan="8">IOZ(E)1859296 号标本虽然插有副模标签，但在原始描述文献并未记录，只能算是地模。IOZ(E)1859297 配模标本在原始文献鉴定为雌虫，但实际上是雄虫。IOZ(E)217751 和 IOZ(E)1859296 标本照片由毕文烜拍摄</td></tr>
</table>

IOZ(E) 217610
HOLOTYPE
S.S.I
det. Breuning
Morimospasma tuberculatum
Breuning
四川巫山梨子坪
1850m
中国科学院
1993.Ⅷ.4
采集人 孙宝文
1256
Inst. Zool.
Acad. Sin.
HOLOTYPE
IOZ(E) 217751
Neotrachystola superciliata
Pu
四川巫山梨子坪
1870m
中国科学院
1993.Ⅶ.4
采集人 李文柱
4000
Inst. Zool.
Acad. Sin.
ALLOTYPE
Neotrachystola superciliata
Sp. nov.
IOZ(E)1859297
四川巫山梨子坪
1850m
中国科学院
1994.V.19
采集人 李文柱
32003
Inst. Zool.
Acad. Sin.
PARATYPE
Neotrachystola superciliata
Pu
IOZ(E)1859296

Tribe Mesosini Mulsant, 1839 象天牛族

Agelasta Newman, 1842 拟象天牛属

***Agelasta* Newman, 1842: 288.** Type species: *Agelasta transversa* Newman, 1842, designated by Thomson, 1864: 61.

Subgenus *Mesolophus* Gahan, 1894

***Mesolophus* Gahan, 1894: 56.** Type species: *Mesolophus humeralis* Gahan, 1894, by monotypy.

***Samiomimus* Pic, 1927: 36.** Type species: *Samiomimus marmoratus* Pic, 1927, by monotypy.

***Agelasta* (*Mesolophus*): Breuning, 1939b: 489.**

学名	***Agelasta* (*Mesolophus*) *yunnana* Chiang, 1963**						中文名	黑带拟象天牛
原始学名	***Agelasta* (*Mesolophus*) *yunnana* Chiang, 1963**						曾用名	
重要引证	***Agelasta* (*Mesolophus*) *yunnana*** Chiang, 1963: 69, 76, fig. 9							
模式标本相关信息	正模	IOZ(E)217544	性别	♀	采集时间	1955. Ⅴ.28	体长	18.0 mm
	采集人	布希克	产地	云南保山东澜沧江河谷			海拔	1 200 m
	副模	IOZ(E)217545	性别	♀	采集时间	1955. Ⅴ.28	体长	16.0 mm
	采集人	吴乐	产地	云南保山至永平			海拔	
已知分布	云南							

Cacia Newman, 1842 缨象天牛属

***Cacia* Newman, 1842: 290.** Type species: *Cacia spinigera* Newman, 1842, designated by Thomson, 1864: 59.

Subgenus *Ipocregyes* Pascoe, 1864

***Ipocregyes* Pascoe, 1864: 96.** Type species: *Ipocregyes newmani* Pascoe, 1857, by monotypy.

***Falsoereis* Pic, 1925: 25.** Type species: *Falsoereis cephalotes* Pic, 1925, by monotypy.

***Cacia* (*Ipocregyes*): Breuning, 1937: 448.**

学名	***Cacia* (*Ipocregyes*) *lepesmei* Gressitt, 1951**						中文名	波纹缨象天牛
原始学名	***Cacia* (*Ipocregyes*) *lepesmei* Gressitt, 1951**						曾用名	
重要引证	***Cacia* (*Ipocregyes*) *lepesmei*** Gressitt, 1951: 423, pl. 18, fig. 1							
模式标本相关信息	正模	IOZ(E)217565	性别	♂	采集时间	1928. Ⅸ.6	体长	14.5 mm
	采集人	不详	产地	广西三防			海拔	
已知分布	广西							
寄主	*Populus* sp. (SALICACEAE), *Salix* sp. (SALICACEAE)							
备注	标签中的 *Ipocrecyes* 为拼写错误							

雲南保山東瀾滄江河谷
1200公尺1955.V.28.
布希克
HOLOTYPE
Дол. Меконга, 0 Баошаня, 1200 м. Юньнань
28 У 1955 Бущик
IOZ(E) 217544
30
Agelasta (Mesolophus) yunnana sp. n.
鑑定者：蔣書楠 1961
雲南保山至永平
1955.V.28.
吳樂
Баошань-Юнпин
Юньнань 28 У 1955
У Ло
Agelasta (Mesolophus) yunnana sp. n.
鑑定者：蔣書楠 1961
PARATYPE
IOZ(E) 217545
1928
廣西
三防
9.6
L-38
HOLOTYPE
CACIA
(IPOCREGYES
LEPESMEI
J.L.Gressitt
CACIA
(IPOCRECYES)
LEPESMEI
GRESS.
J.L.Gressitt-Det.1950
Acad.
Sinica.
IOZ(E) 217565

Coptops Audinet-Serville, 1835 瘤象天牛属

***Lachnia* (*Coptops*) Audinet-Serville, 1835: 64.** Type species: *Coptops parallela* Audinet-Serville, 1835 (= *Lamia aedificator* Fabricius, 1792), by monotypy.

***Coptops*: Castelnqu, 1840: 466.**

<table>
<tr><td>学名</td><td colspan="6">Coptops curvatosignata Pu, 1992</td><td>中文名</td><td>曲纹瘤象天牛</td></tr>
<tr><td>原始学名</td><td colspan="6">Coptops curvatosignata Pu, 1992</td><td>曾用名</td><td></td></tr>
<tr><td>重要引证</td><td colspan="8">Coptops curvatosignata Pu, 1992: 606, 620, pl. Ⅱ, fig.12</td></tr>
<tr><td rowspan="2">模式标本相关信息</td><td>正模</td><td>IOZ(E)1859436</td><td>性别</td><td>♂</td><td>采集时间</td><td>1984. Ⅵ.30</td><td>体长</td><td>20.0 mm</td></tr>
<tr><td>采集人</td><td>刘大军</td><td>产地</td><td colspan="3">四川盐源金河</td><td>海拔</td><td>1 200 m</td></tr>
<tr><td>已知分布</td><td colspan="8">四川</td></tr>
</table>

<table>
<tr><td>学名</td><td colspan="6">Coptops leucostictica rustica Gressitt, 1940</td><td>中文名</td><td>橡胶麻点瘤象天牛</td></tr>
<tr><td>原始学名</td><td colspan="6">Coptops leucostictica rustica Gressitt, 1940</td><td>曾用名</td><td>橡胶瘤象天牛</td></tr>
<tr><td>重要引证</td><td colspan="8">Coptops leucostictica rustica Gressitt, 1940a: 124, pl. 3, fig. 3</td></tr>
<tr><td rowspan="2">模式标本相关信息</td><td>副模</td><td>IOZ(E)1859435</td><td>性别</td><td>♀</td><td>采集时间</td><td>1935. Ⅶ.22</td><td>体长</td><td>19.5 mm</td></tr>
<tr><td>采集人</td><td>L. Gressitt</td><td>产地</td><td colspan="3">Hainan, Tai-pin-ts'uen (Dwa Bi), near Loi Mother Mountain</td><td>海拔</td><td>380 m</td></tr>
<tr><td>已知分布</td><td colspan="8">海南、广西</td></tr>
<tr><td>寄主</td><td colspan="8">Hevea brasiliensis (A. Jussieu) Müller-Argoviensis (EUPHORBIACEAE)</td></tr>
<tr><td>备注</td><td colspan="8">正模保存于美国的National Museum of Natural History (Smithsonian)</td></tr>
</table>

四川盐源金河
1200米
中国科学院
1984.VI.30
采集者：刘大军
Coptops
curvatosignata
sp. nov.
照像标本
HOLOTYPE
IOZ(E)1859436

Dwa Bi,
Hainan Id
VII-22-35
L.Gressitt
Collector
PARATYPE
COPTOPS
LEUCOSTICTICA
RUSTICA
J.L.Gressitt
COPTOPS
LEUCOSTICTICA
RUSTICA
GRESSITT
IOZ(E)1859435

Mesosa Latreille, 1829 象天牛属

***Mesosa* Latreille, 1829: 124.** Type species: *Cerambyx curculionoides* Linnaeus, 1760, designated by Thomson, 1864

Subgenus *Aplocnemia* Stephens, 1831

***Aplocnemia* Stephens, 1831: 236.** Type species: *Cerambyx* (*Lamia*) *nubila* Gmelin, 1790 (= *Lamia nebulosa* Fabricius, 1781), by monotypy.

***Aphelocnemia* Stephens, 1832: 414 [emendation, not in usage]**

***Haplocnemia* Agassiz, 1846: 172 [unjustified emendation]**

***Helixoea* Pascoe, 1865: 124.** Type species: *Agelasta rupta* Pascoe, 1862, by original designation. Synonymized with *Aphelocnemia* by Gressitt, 1951: 413.

***Mesosa (Aphelocnemia)*: Gressitt, 1951: 417.**

***Mesosa (Aplocnemia)*: Makihara, 2007: 522.**

学名	***Mesosa* (*Aplocnemia*) *cheni* Gressitt, 1951**					中文名	白带象天牛	
原始学名	***Mesosa* (*Aphelocnemia*) *cheni* Gressitt, 1951**					曾用名		
重要引证	***Mesosa* (*Aphelocnemia*) *cheni*** Gressitt, 1951: 418, pl. 16, fig. 9 ***Mesosa* (*Aplocnemia*) *cheni***; Löbl & Smetana, 2010: 272							
模式标本相关信息	正模	IOZ(E)217605	性别	♂	采集时间	1934. Ⅴ.30	体长	17.7 mm
	采集人	National Hainan Expedition	产地	海南岛			海拔	
已知分布	湖北、海南							

Subgenus *Metamesosa* Breuning, 1939

***Mesosa* (*Metamesosa*) Breuning, 1939b: 411.** Type species: *Mesosa basinodosa* Pic, 1925, by original designation.

学名	***Mesosa* (*Metamesosa*) *sinica* (Gressitt, 1939)**					中文名	中华象天牛	
原始学名	***Aesopida sinica* Gressitt, 1939**					曾用名		
重要引证	***Aesopida sinica*** Gressitt, 1939: 113, pl. I, fig. 7 ***Mesosa* (*Metamesosa*) *sinica***: Gressitt, 1951: 421, pl. 16, fig. 8							
模式标本相关信息	正模	IOZ(E)217543	性别	♀	采集时间	1936. Ⅶ.24	体长	12.5 mm
	采集人	Père Octave Piel	产地	浙江天目山（T' ien-mu Shan）			海拔	
已知分布	浙江、湖南、福建、广西							
寄主	*Ailanthus altissima* (Miller) Swingle (SIMAROUBACEAE), *Populus* sp. (SALICACEAE), *Quercus* sp. (FAGACEAE), *Ulmus* sp. (ULMACEAE)							

Hainan Exp.
V-30 1934
L-35
Acad. Sinica
HOLOTYPE MESOSA (APHELOCN.) CHENI J.L.Gressitt
MESOSA CHENI GRESS.
J.L.Gressitt-Det.1950
IOZ(E) 217605

T'ienmu Shan
Musée Heude
24.VII.36
O. PIEL, coll.
AESOPIDA SINICA GRESSITT
IOZ(E) 217543
HOLOTYPE AESOPIDA SINICA J.L.Gressitt
G. 66
unique

Subgenus *Perimesosa* Breuning, 1939

***Mesosa* (*Perimesosa*) Breuning, 1939b: 409.** Type species: *Mesosa hirsuta* Bates, 1884, by original designation.

<table>
<tr><td>学名</td><td colspan="5">Mesosa (Perimesosa) atrostigma Gressitt, 1942</td><td>中文名</td><td colspan="2">黑点象天牛</td></tr>
<tr><td>原始学名</td><td colspan="5">Mesosa atrostigma Gressitt, 1942</td><td>曾用名</td><td colspan="2"></td></tr>
<tr><td>重要引证</td><td colspan="8">Mesosa atrostigma Gressitt, 1942: 84, pl. Ⅰ, fig. 4
Mesosa (Perimesosa) atrostigma; Gressitt, 1951: 420</td></tr>
<tr><td rowspan="2">模式标本相关信息</td><td>正模</td><td>IOZ(E)217606</td><td>性别</td><td>♀</td><td>采集时间</td><td>1934. Ⅵ .6</td><td>体长</td><td>16.6 mm</td></tr>
<tr><td>采集人</td><td>Shanghai Science Institute 6</td><td>产地</td><td colspan="3">Hangchow（浙江杭州）</td><td>海拔</td><td></td></tr>
<tr><td>已知分布</td><td colspan="8">安徽、浙江、福建、台湾、广西</td></tr>
</table>

<table>
<tr><td>学名</td><td colspan="5">Mesosa (Perimesosa) irrorata Gressitt, 1939</td><td>中文名</td><td colspan="2">峦纹象天牛</td></tr>
<tr><td>原始学名</td><td colspan="5">Mesosa irrorata Gressitt, 1939</td><td>曾用名</td><td colspan="2"></td></tr>
<tr><td>重要引证</td><td colspan="8">Mesosa irrorata Gressitt, 1939: 111, pl. Ⅰ, fig. 6
Mesosa (Perimesosa) irrorata; Gressitt, 1951: 420</td></tr>
<tr><td rowspan="2">模式标本相关信息</td><td>正模</td><td>IOZ(E)217607</td><td>性别</td><td>♀</td><td>采集时间</td><td>1936. Ⅶ .22</td><td>体长</td><td>16.5 mm</td></tr>
<tr><td>采集人</td><td>Père Octave Piel</td><td>产地</td><td colspan="3">T' ien-mu Shan（浙江天目山）</td><td>海拔</td><td></td></tr>
<tr><td>已知分布</td><td colspan="8">河南、陕西、浙江、湖北、江西、湖南、福建、四川</td></tr>
<tr><td>备注</td><td colspan="8">另有 1 号副模存于别处</td></tr>
</table>

6
S.S.I
IOZ(E) 217606
HOLOTYPE
MESOSA
ATROSTIGMA
MESOSA
ATROSTIGMA
GRESS.
J.L.Gressitt-Det.1950

T'ienmo Shan
Musée Heude
HOLOTYPE
MESOSA
IRRORATA
J.L.Gressitt
O. PIEL, coll
IOZ(E) 217607

Tribe Monochamini Gistel, 1848 墨天牛族

Acalolepta Pascoe, 1858 锦天牛属

***Acalolepta* Pascoe, 1858: 247.** Type species: *Acalolepta pusio* Pascoe, 1858, by monotypy.

***Cypriola* Thomson, 1864: 16.** Type species: *Cypriola acanthocinoides* Thomson, 1864, by original designation. Synonymized with *Acalolepta* by Breuning, 1958: 4.

***Dihammus* Thomson, 1864: 80.** Type species: *Monochamus longicornis* Thomson, 1857 (= *Monochamus australis* Boisduval, 1835), by original designation. Synonymized with *Cypriola* by Breuning, 1948: 5.

***Haplohammus* Bates, 1884: 239.** Type species: *Monohammus luxuriosus* Bates, 1873, designated by Löbl & Smetana, 2010: 274.

***Neanthes* Pascoe, 1878: 372.** Type species: *Monohammus curialis* Pascoe, 1858 (= *Monochamus subluscus* Thomson, 1857), by original designation.

***Niphohammus* Matsushita, 1932: 170.** Type species: *Niphohammus korolensis* Matsushita, 1932, by original designation.

学名	***Acalolepta ningshanensis* Danilevsky, 2013**					中文名	宁陕锦天牛	
原始学名	***Acalolepta ningshanensis* Danilevsky, 2013**					曾用名		
重要引证	***Acalolepta ningshanensis*** Danilevsky, 2013: 34, figs.14–18							
模式标本相关信息	正模	IOZ(E)1905126	性别	♂	采集时间	1980. Ⅸ.1	体长	34.0 mm
	采集人	胡忠明	产地	陕西宁陕火地塘			海拔	
	副模	IOZ(E)1905127	性别	♀	采集时间	2008. Ⅵ.8	体长	27.0 mm
	采集人	李文柱（灯诱）	产地	陕西秦岭宁陕火地塘			海拔	1 550 m
	副模	IOZ(E)1905128	性别	♂	采集时间	1981. Ⅷ.26	体长	37.0 mm
	采集人	黄祥云	产地	四川崇庆（属于崇州）			海拔	
	副模	IOZ(E)1905123	性别	♂	采集时间	1975. Ⅲ.28	体长	36.0 mm
	采集人		产地	云南呈贡			海拔	
	副模	IOZ(E)1905124	性别	♀	采集时间	1981. Ⅸ.1	体长	38.0 mm
	采集人	韩寅恒（诱集）	产地	湖北神农架桑洛			海拔	920 m
	副模	IOZ(E)1905129	性别	♀	采集时间	1980. Ⅶ.26	体长	39.0 mm
	采集人	罗冉举	产地	四川灌县两河			海拔	
已知分布	陕西、湖北、四川、贵州、云南							
备注	本种长期被鉴定为奢锦天牛 *Acalolepta luxuriosa* (Bates, 1873)。1905128 的采集时间被误为 1981. VII.26，但从标签看应该是 8 月。1905129 的信息在原始描述文献中被错误地归为与 1905128 一致，但其实只有省份一致，其他具体信息完全不一样							

陕西秦岭宁陕火地
塘 1550m 2008.VI.8
李文柱 灯诱
中国科学院动物所
IOZ(E)1905127
Shaanxi 8.6.2008
Ningshan, Huoditang
Wenzhu Li lg.1550m
PARATYPUS
Acalolepta
NINGSHANENSIS sp.n.
M. Danilevsky det. 2013
陕西宁陕火地塘
中国科学院
80.IX.1
采集者:胡忠明
IOZ(E)1905126
Shaanxi 1.9.1980
Ningshan, Huoditang
Zhongming Hu leg.
HOLOTYPUS
Acalolepta
NINGSHANENSIS sp.n.
M. Danilevsky det. 2013
云南呈贡
1975.3.28
IOZ(E)1905123
Yunnan 28.3.1975
Chenggong
PARATYPUS
Acalolepta
NINGSHANENSIS sp.n.
M. Danilevsky det. 2013
湖北神农架桑
洛 920m
中国科学院
1981.IX.1.
诱
采集者:韩寅恒
Acalolepta
luxuriosus
(Bates)
IOZ(E)1905124
Hubei 1.9.1981
Shennongjia
Sangluo 920m
Yinheng Hang leg.
PARATYPUS
Acalolepta
NINGSHANENSIS sp.n.
M. Danilevsky det. 2013
四川崇庆
中国科学院
81.VII.26
采集者:黄祥云
IOZ(E)1905128
Sichuan 26.7.1981
Chongzhou city
Chongqing County
Xiangyun Huang leg.
PARATYPUS
Acalolepta
NINGSHANENSIS sp.n.
M. Danilevsky det. 2013

学名	***Acalolepta seunghwani* Danilevsky, 2013**					中文名	升焕锦天牛	
原始学名	***Acalolepta seunghwani* Danilevsky, 2013**					曾用名		
重要引证	***Acalolepta seunghwani*** Danilevsky, 2013: 32, figs. 6-8							
模式标本相关信息	副模	IOZ(E)1905264	性别	♂	采集时间	2010. Ⅷ.8	体长	26.5 mm
	采集人	S. H. Oh	产地	Republic of Korea,Munhye-ri,Cheorwon-gan N 38.17°; E 127.37°			海拔	
已知分布	朝鲜半岛，中国北部和俄罗斯远东（Korean Peninsula, North China and Far East Russia）							
备注	正模保存于俄罗斯的 Mikhail Danilevsky 个人收藏							

Anoplophora Hope, 1839 星天牛属

***Anoplophora* Hope, 1839: 43.** Type species: *Anoplophora stanleyana* Hope, 1839, by monotypy.

***Calloplophora* Thomson, 1864: 76 [unnecessary replacement name, new name for *Oplophora* Hope, 1839].** Type species: *Oplophora sollii* Hope, 1839, by automatic. Synonymized by Lingafelter & Hoebeke, 2002: 28.

***Cyriocrates* Thomson, 1868: 181.** Type species: *Oplophora horsfieldii* Hope, 1842, by monotypy. Considered as subgenus *of Anoplophora* by Rondon & Breuning, 1970: 440.

***Falsocyriocrates* Pic, 1953: 2.** Type species: *Cyriocrates elegans* Gahan, 1888, by original designation. Synonymized by Lingafelter & Hoebeke, 2002: 28.

***Melanauster* Thomson, 1868: 181.** Type species: *Cerambyx chinensis* Forster, 1771, designated by Lingafelter & Hoebeke, 2002: 28. Synonymized with *Anoplophora* (*Anoplophora*) by Breuning, 1944: 284.

***Melanauster* (*Micromelanauster*) Pic, 1931: 49.** Type species: *Monochamus bowringii* White, 1858, by original designation. Synonymized with *Anoplophora* (*Anoplophora*) by Breuning, 1944: 284.

***Oplophora* Hope, 1839: 42 [precoocupied by *Oplophorus* Milne-Edwards, 1837 for Crustacea: Decapoda].** Type species: *Oplophora sollii* Hope, 1839, designated by Thomson, 1864: 76.

学名	***Anoplophora decemmaculata* Pu, 1999**					中文名	十星星天牛	
原始学名	***Anoplophora decemmaculata* Pu, 1999**					曾用名		
重要引证	***Anoplophora decemmaculata*** Pu, 1999: 78, 82, fig. 1							
模式标本相关信息	正模	IOZ(E)217675	性别	♂	采集时间	1997. Ⅵ.7	体长	25.0 mm
	采集人	湖北植物病虫害普查队	产地	湖北广济 （N 29° 8′; E 115° 5′）			海拔	
	副模	IOZ(E)1859303	性别	♂	采集时间	1962. Ⅵ.15	体长	29.0 mm
	采集人		产地	湖南衡山南岳 （N 27° 2′; E 112° 7′）			海拔	
已知分布	湖北、湖南、四川							

Munhye-ri
Cheorwon-gun [GW] KOR.
38.17, 127.37
8. viii. 2010
Coll. S. H. Oh
PARATYPUS
Acalolepta
SEUNGHWANI sp. n.
M. Danilevsky det. 2013
IOZ(E)1905264

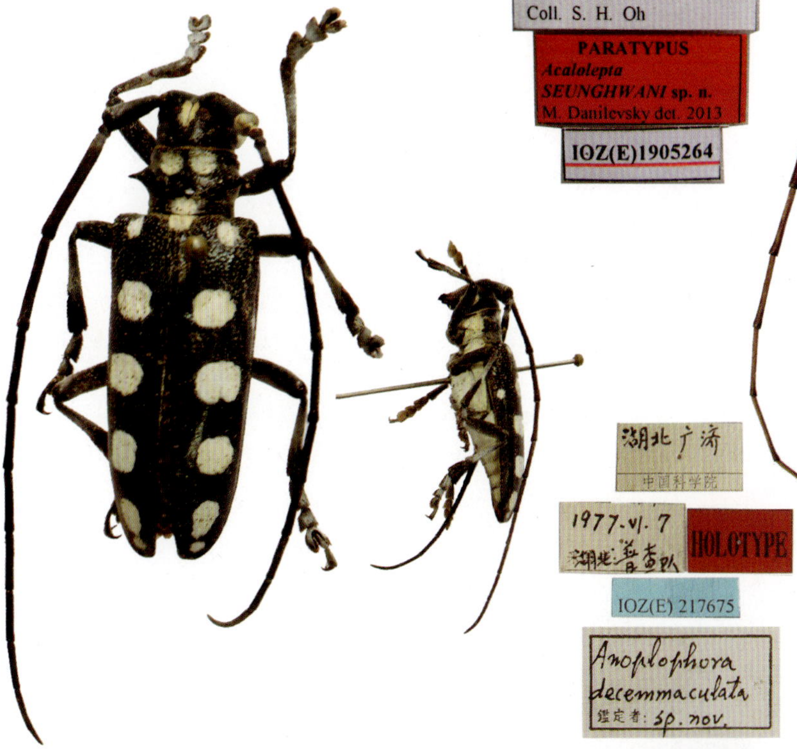
湖北广济
中国科学院
1977-VI-7
湖北普查队
HOLOTYPE
IOZ(E) 217675
Anoplophora
decemmaculata
鉴定者: sp. nov.

湖南:南岳
中國科學院
15号
PARATYPE
anoplophora
decemmaculata
Pu
Det. N. Ohbayashi '10
IOZ(E)1859303
1962.VI.15

Blepephaeus Pascoe, 1866 灰天牛属

***Blepephaeus* Pascoe, 1866: 249.** Type species: *Monohammus succintor* Chevrolat, 1852, by original designation.

***Parablepephaeus* Breuning, 1980: 171.** Type species: *Parablepephaeus lumawigi* Breuning, 1980 (= *Pharsalia mindanaonis* Schultze, 1920), by original designation. Synonymized by Hüdepohl & Heffern, 2004, 247.

***Perihammus* Aurivilius, 1924: 457.** Type species: *Perihammus bifasciatus* Aurivilius, 1924 (= *Monohammus infelix* Pascoe, 1856), by monotypy. Synonymized by Hüdepohl & Heffern, 2004, 247.

<table>
<tr><td>学名</td><td colspan="6">Blepephaeus nigrofasciatus Pu, 1999</td><td>中文名</td><td colspan="2">黑带灰天牛</td></tr>
<tr><td>原始学名</td><td colspan="6">Blepephaeus nigrofasciatus Pu, 1999</td><td>曾用名</td><td colspan="2"></td></tr>
<tr><td>重要引证</td><td colspan="9">Blepephaeus nigrofasciatus Pu, 1999: 80, 84, fig. 4</td></tr>
<tr><td rowspan="2">模式标本相关信息</td><td>正模</td><td>IOZ(E)217676</td><td>性别</td><td>♀</td><td>采集时间</td><td>1983. Ⅷ .8</td><td>体长</td><td colspan="2">22.0 mm</td></tr>
<tr><td>采集人</td><td>顾茂彬</td><td>产地</td><td colspan="3">海南乐东尖峰岭 (N 18° 7′; E 108° 8′)</td><td>海拔</td><td colspan="2"></td></tr>
<tr><td>已知分布</td><td colspan="9">海南</td></tr>
</table>

<table>
<tr><td>学名</td><td colspan="6">Blepephaeus puae Lin, 2011</td><td>中文名</td><td colspan="2">蒲氏灰天牛</td></tr>
<tr><td>原始学名</td><td colspan="6">Perihammus undulatus Pu, 1999</td><td>曾用名</td><td colspan="2">波纹肖锦天牛、波纹灰天牛</td></tr>
<tr><td>重要引证</td><td colspan="9">Perihammus undulatus Pu, 1999: 79, 83, fig. 3. [nec Blepephaeus undulatus (Pic, 1930)=Psaromaia undulatus Pic, 1930]
Blepephaeus undulates: Löbl & Smetana, 2010: 279
Blepephaeus puae Lin, 2011, In: Löbl & Smetana, 2011: 44（new name for Perihammus undulatus Pu, 1999）</td></tr>
<tr><td rowspan="2">模式标本相关信息</td><td>正模</td><td>IOZ(E)217755</td><td>性别</td><td>♀</td><td>采集时间</td><td>1959. Ⅴ .7</td><td>体长</td><td colspan="2">18.0 mm</td></tr>
<tr><td>采集人</td><td>张发财</td><td>产地</td><td colspan="3">云南西双版纳勐腊 (N 21° 4′; E 101° 5′)</td><td>海拔</td><td colspan="2">620 ～ 650 m</td></tr>
<tr><td>已知分布</td><td colspan="9">云南</td></tr>
</table>

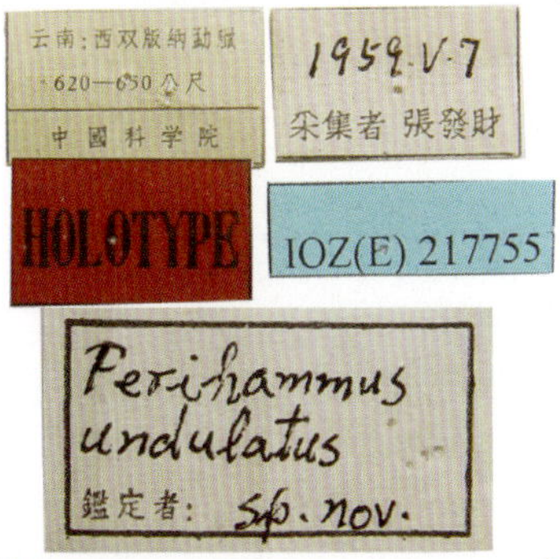

蒲氏灰天牛 *Blepephaeus puae* Lin, 2011
Det.M.Y.Lin 2011

Coscinesthes Bates, 1890 豹天牛属

***Coscinesthes* Bates, 1890: 246.** Type species: *Coscinesthes porosus* Bates, 1890, by monotypy.

<table>
<tr><td>学名</td><td colspan="5">Coscinesthes minuta Pu, 1985</td><td>中文名</td><td colspan="2">小灰豹天牛</td></tr>
<tr><td>原始学名</td><td colspan="5">Coscinesthes minuta Pu, 1985</td><td>曾用名</td><td colspan="2"></td></tr>
<tr><td>重要引证</td><td colspan="8">Coscinesthes minuta Pu, 1985: 271, fig. 1
Coscinethes minuta Pu, 1985: 272 [misspelling]</td></tr>
<tr><td rowspan="4">模式标本相关信息</td><td>正模</td><td>IOZ(E)217571</td><td>性别</td><td>♂</td><td>采集时间</td><td>1981. Ⅷ.28</td><td>体长</td><td>14.0 mm</td></tr>
<tr><td>采集人</td><td>王书永</td><td>产地</td><td colspan="3">云南德钦白芒雪山</td><td>海拔</td><td>3 300 m</td></tr>
<tr><td>副模</td><td>IOZ(E)217572</td><td>性别</td><td>♂</td><td>采集时间</td><td>1981. Ⅷ.31</td><td>体长</td><td>13.5 mm</td></tr>
<tr><td>采集人</td><td>廖素柏</td><td>产地</td><td colspan="3">云南德钦</td><td>海拔</td><td>3 300 m</td></tr>
<tr><td>已知分布</td><td colspan="8">云南</td></tr>
<tr><td>备注</td><td colspan="8">部分标本照片由毕文烜拍摄</td></tr>
</table>

Mimothestus Pic, 1935 密缨天牛属

***Mimothestus* Pic, 1935: 15.** Type species: *Mimothestus annulicornis* Pic, 1935, by monotypy.

<table>
<tr><td>学名</td><td colspan="5">Mimothestus atricornis Pu, 1999</td><td>中文名</td><td colspan="2">黑角密缨天牛</td></tr>
<tr><td>原始学名</td><td colspan="5">Mimothestus atricornis Pu, 1999</td><td>曾用名</td><td colspan="2"></td></tr>
<tr><td>重要引证</td><td colspan="8">Mimothestus atricornis Pu, 1999: 81, 84, fig. 5</td></tr>
<tr><td rowspan="2">模式标本相关信息</td><td>正模</td><td>IOZ(E)217739</td><td>性别</td><td>♀</td><td>采集时间</td><td>1980. Ⅳ.14</td><td>体长</td><td>15.5 mm</td></tr>
<tr><td>采集人</td><td>蒲富基</td><td>产地</td><td colspan="3">海南（乐东）尖峰（岭）
（N 18° 7′；E 108° 8′）天池</td><td>海拔</td><td>760 m</td></tr>
<tr><td>已知分布</td><td colspan="8">海南</td></tr>
<tr><td>备注</td><td colspan="8">本种应该不是密缨天牛属的种类，但目前不清楚更合理的归属，所以暂时保留不变</td></tr>
</table>

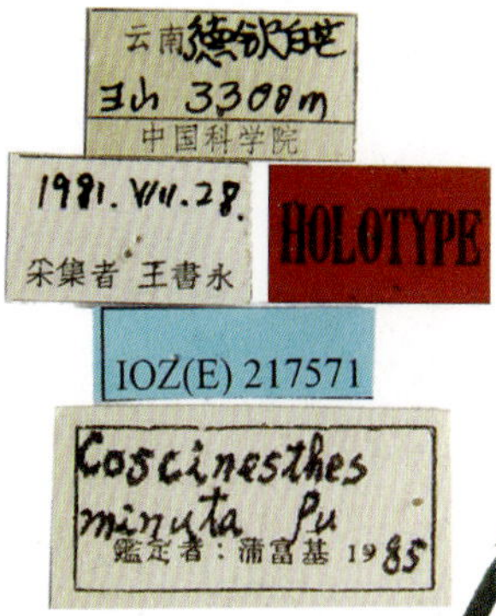
中国科学院
1981.VII.28.
采集者 王書永
HOLOTYPE
IOZ(E) 217571
Coscinesthes minuta Pu
鑑定者：蒲富基 1985

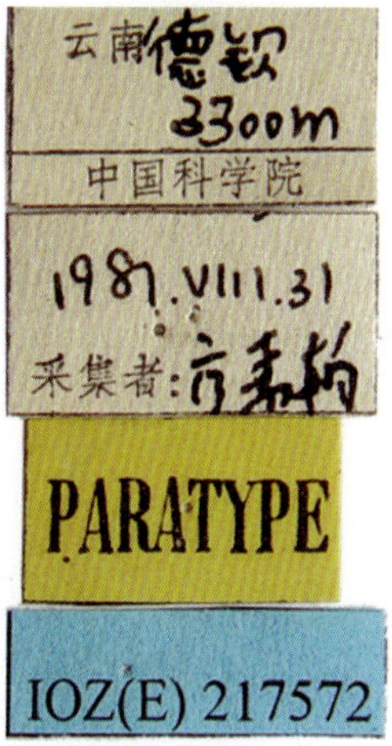
云南德钦
3300m
中国科学院
1981.VIII.31
采集者:
PARATYPE
IOZ(E) 217572

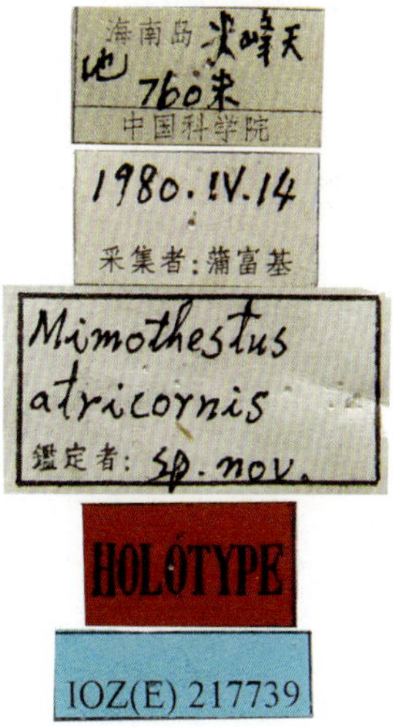
海南岛尖峰岭天池
760米
中国科学院
1980.IV.14
采集者：蒲富基
Mimothestus atricornis
鑑定者: sp. nov.
HOLOTYPE
IOZ(E) 217739

Monochamus Dejean, 1821 墨天牛属

Monochamus **Dejean, 1821: 106.** Type species: *Cerambyx sutor* Linnaeus, 1758, designated by Curtis, 1828: 219.

Subgenus *Monochamus* Dejean, 1821

Monochamus **Dejean, 1821: 106.** Type species: *Cerambyx sutor* Linnaeus, 1758, designated by Curtis, 1828: 219.

Ceratades **Gistel, 1834: 29 [unnecessary substitute name].**

Herpetophygas **Fåhraeus, 1872: 194 [RN]**

Meges **Pascoe, 1866: 272.** Type species: *Monohammus gravidus* Pascoe, 1858, designated by Bílý & Mehl, 1989: 136.

Monohammus **Dejean, 1835: 340 [unjustified emendation]**

Noserocera **Bates, 1884: 17.** Type species: *Noserocera tuberosa* Bates, 1884 (= *Homelix buquetii* Thomson, 1858), by monotypy.

Penhammus **Kolbe, 1894: 259.** Type species: *Penhammus pauper* Kolbe, 1894, by monotypy.

Tibetobia **Frivaldszky, 1892: 118.** Type species:*Tibetobia szechenyiana* Frivaldszky, 1892 (=*Monohammus millegranus* Bates, 1891), by monotypy.

Monochamus **(*Tibetobia*): Pic, 1930: 14**

<table>
<tr><td>学名</td><td colspan="5">Monochamus (Monochamus) convexicollis Gressitt, 1942</td><td>中文名</td><td colspan="2">天目墨天牛</td></tr>
<tr><td>原始学名</td><td colspan="5">Monochamus convexicollis Gressitt, 1942</td><td>曾用名</td><td colspan="2"></td></tr>
<tr><td>重要引证</td><td colspan="8">Monochamus convexicollis Gressitt, 1942b: 83, pl. Ⅰ, fig. 3</td></tr>
<tr><td rowspan="2">模式标本相关信息</td><td>正模</td><td>IOZ(E)217609</td><td>性别</td><td>♀</td><td>采集时间</td><td>1936. Ⅶ.20</td><td>体长</td><td>13.0 mm</td></tr>
<tr><td>采集人</td><td></td><td>产地</td><td colspan="3">浙江天目山</td><td>海拔</td><td></td></tr>
<tr><td>已知分布</td><td colspan="8">浙江、台湾</td></tr>
<tr><td>备注</td><td colspan="8">标本图片由 Laurence Livermore 和毕文烜拍摄</td></tr>
</table>

Paraleprodera Breuning, 1935 齿胫天牛属

Paraleprodera **Breuning, 1935: 253.** Type species: *Lamia crucifera* Fabricius, 1793, by original designation.

<table>
<tr><td>学名</td><td colspan="5">Paraleprodera mesophthalma Bi & Lin, 2012</td><td>中文名</td><td colspan="2">中斑齿胫天牛</td></tr>
<tr><td>原始学名</td><td colspan="5">Paraleprodera mesophthalma Bi & Lin, 2012</td><td>曾用名</td><td colspan="2"></td></tr>
<tr><td>重要引证</td><td colspan="8">Paraleprodera mesophthalma Bi & Lin, 2012: 6, figs. 1–7</td></tr>
<tr><td rowspan="4">模式标本相关信息</td><td>正模</td><td>IOZ(E)1859056</td><td>性别</td><td>♂</td><td>采集时间</td><td>2011. Ⅷ.1～4</td><td>体长</td><td>19.5 mm</td></tr>
<tr><td>采集人</td><td>毕文烜</td><td>产地</td><td colspan="3">西藏墨脱汗密</td><td>海拔</td><td>2 100 m</td></tr>
<tr><td>副模</td><td>IOZ(E)1859274</td><td>性别</td><td>♀</td><td>采集时间</td><td>2006. Ⅷ.13</td><td>体长</td><td>25.5 mm</td></tr>
<tr><td>采集人</td><td>白明</td><td>产地</td><td colspan="3">西藏林芝墨脱阿尼桥
N 29.328 74°; E 95.148 66°</td><td>海拔</td><td>1 080 m</td></tr>
<tr><td>已知分布</td><td colspan="8">西藏</td></tr>
<tr><td>备注</td><td colspan="8">正模由毕文烜赠送。另有若干副模保存于上海的毕文烜个人收藏、上海的金明个人收藏，天津的陈常卿个人收藏和奥地利的 Carolus Holzschuh 个人收藏。正模照片由毕文烜拍摄</td></tr>
</table>

Tienmushan
14
S.S.I
MONOCHAMUS CONVEXICOLLIS GRESS.
J.L.Gressitt-Det.1950
HOLOTYPE MONOCHAMUS CONVEXICOLLIS J.L.Gressitt
IOZ(E) 217609

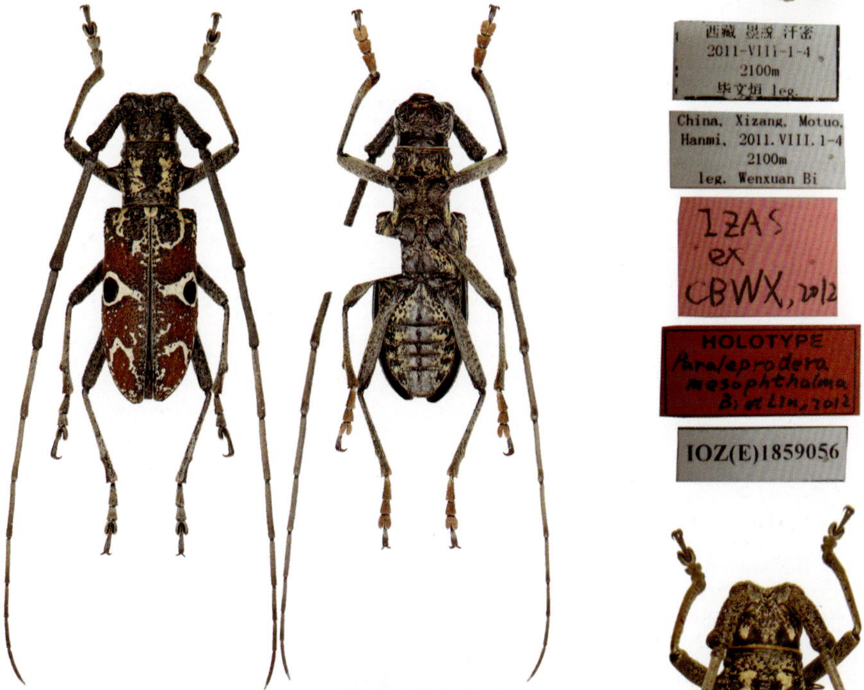
西藏 墨脱 汗密 2011-VIII-1-4 2100m 毕文烜 leg.
China, Xizang, Motuo, Hanmi, 2011.VIII.1-4 2100m leg. Wenxuan Bi
IZAS ex CBWX, 2012
HOLOTYPE Paraleprodera mesophthalma Bi et Lin, 2012
IOZ(E)1859056

西藏林芝墨脱阿尼桥 2006.VIII.13 N29.32874 1080m E95.14866 白明
中国科学院动物所
PARATYPE Paraleprodera mesophthalma Bi et Lin, 2012
IOZ(E)1859274

Pseudotrachystola Breuning, 1943 伪糙天牛属

***Pseudotrachystola* Breuning, 1943: 187.** Type species: *Trachystola rugiscapus* Fairmaire, 1900, by original designation.

<table>
<tr><td>学名</td><td colspan="5">Pseudotrachystola rugiscapus (Fairmaire, 1900)</td><td>中文名</td><td colspan="2">伪糙天牛</td></tr>
<tr><td>原始学名</td><td colspan="5">Leprodera strix Gressitt, 1939</td><td>曾用名</td><td colspan="2"></td></tr>
<tr><td>重要引证</td><td colspan="8">Trachystola rugiscapus Fairmaire, 1900: 640
Pseudotrachystola rugiscapus: Breuning, 1943: 187
Leprodera strix Gressitt, 1939: 109, pl. I, fig. 3. Synonymized by Gressitt, 1951: 355</td></tr>
<tr><td rowspan="2">模式标本相关信息</td><td>正模</td><td>IOZ(E)217597</td><td>性别</td><td>♂</td><td>采集时间</td><td>1936. Ⅶ.21</td><td>体长</td><td>16.0 mm</td></tr>
<tr><td>采集人</td><td>O. Piel</td><td>产地</td><td colspan="3">T' ien-mu Shan (浙江天目山)</td><td>海拔</td><td></td></tr>
<tr><td>已知分布</td><td colspan="8">浙江、福建、四川</td></tr>
</table>

Rufohammus Breuning, 1939 红毛天牛属

***Rufohammus* Breuning, 1939a: 147.** Type species: *Rufohammus rufescens* Breuning, 1939, by original designation.

<table>
<tr><td>学名</td><td colspan="5">Rufohammus rufescens Breuning, 1939</td><td>中文名</td><td colspan="2">红毛天牛</td></tr>
<tr><td>原始学名</td><td colspan="5">Rufohammus rufescens Breuning, 1939</td><td>曾用名</td><td colspan="2"></td></tr>
<tr><td>重要引证</td><td colspan="8">Rufohammus rufescens Breuning, 1939a: 148</td></tr>
<tr><td rowspan="2">模式标本相关信息</td><td>正模</td><td>IOZ(E)217656</td><td>性别</td><td>♂</td><td>采集时间</td><td>不详</td><td>体长</td><td>23.0 mm</td></tr>
<tr><td>采集人</td><td>不详</td><td>产地</td><td colspan="3">Chine 中国</td><td>海拔</td><td></td></tr>
<tr><td>已知分布</td><td colspan="8">中国(可能分布于广西)(Gressitt, 1951)</td></tr>
<tr><td>备注</td><td colspan="8">标签上有不明意义的代号：B116, SYT59。其中 SYT 应该表示 Sunyatsen，以此可以更加明确此号标本为 Breuning (1939) 依据的正模标本</td></tr>
</table>

T'ienmu Shan
Musée Heude
21. VIII. 36
O. PIEL coll.
IOZ(E) 217597
G. 39
unique
LEPRODERA
STRIX
GRESSITT
HOLOTYPE
LEPRODERA
STRIX
J.L.Gressitt
B116
SYT
59
IOZ(E) 217656
det. Breuning
Rufohammus
Breuning
Genotype

Xenohammus Schwarzer, 1931 肖墨天牛属

***Xenohammus* Schwarzer, 1931: 204.** Type species: *Xenohammus bimaculatus* Schwarzer, 1931, by original designation.

学名	*Xenohammus flavoguttatus* Pu, 1999					中文名	黄斑肖墨天牛	
原始学名	*Xenohammus flavoguttatus* Pu, 1999					曾用名		
重要引证	*Xenohammus flavoguttatus* Pu, 1999: 79, 83, fig. 2							
模式标本相关信息	正模	IOZ(E)217779	性别	♂	采集时间	1983. Ⅳ.14	体长	13.5 mm
	采集人	顾茂彬	产地	海南乐东尖峰岭（顶） N 18° 7′; E 108° 8′			海拔	760 m
	副模	IOZ(E)1905300	性别	♀	采集时间	1983. Ⅳ.25	体长	15.5 mm
	采集人	顾茂彬	产地	海南尖峰岭（顶）			海拔	760 m
已知分布	海南							
备注	原始文献记载有 1 号副模标本，保存于中国林业科学研究院热带林业研究所，但目前保存在本馆							

Tribe Morimopsini Lacordaire, 1869 魔天牛族

曾用中文名拉倈天牛族，但由于拉倈天牛属 *Lamidorcadion* Pic, 1934 并不是本族的模式属，所以根据模式属魔天牛属 *Morimopsis* Thomson, 1857 新拟定中文名为魔天牛族。“魔”字一者来自“Mo”的发音，二者表示该类昆虫的特殊性令人着魔。

Sinodorcadion Gressitt, 1939 华草天牛属

***Sinodorcadion* Gressitt, 1939: 107.** Type species: *Sinodorcadion punctulatum* Gressitt, 1939, by original designation, by monotypy.

学名	*Sinodorcadion punctulatum* Gressitt, 1939					中文名	华草天牛	
原始学名	*Sinodorcadion punctulatum* Gressitt, 1939					曾用名		
重要引证	*Sinodorcadion punctulatum* Gressitt, 1939: 108, pl. Ⅰ, fig. 5							
模式标本相关信息	正模	IOZ(E)217657	性别	♂	采集时间	1936. Ⅶ.24	体长	8.2 mm
	采集人	Père Octave Piel	产地	T' ien-mu Shan（浙江天目山）			海拔	
已知分布	浙江							
备注	标本照片由毕文烜拍摄							

海南：尖峰岭(顶)
1983. 4.14
中国林科院
寄主：
采集者 顾茂彬
Xenohammus
flavoguttatus
鉴定者: sp. nov.
HOLOTYPE
A-3360
IOZ(E) 217779

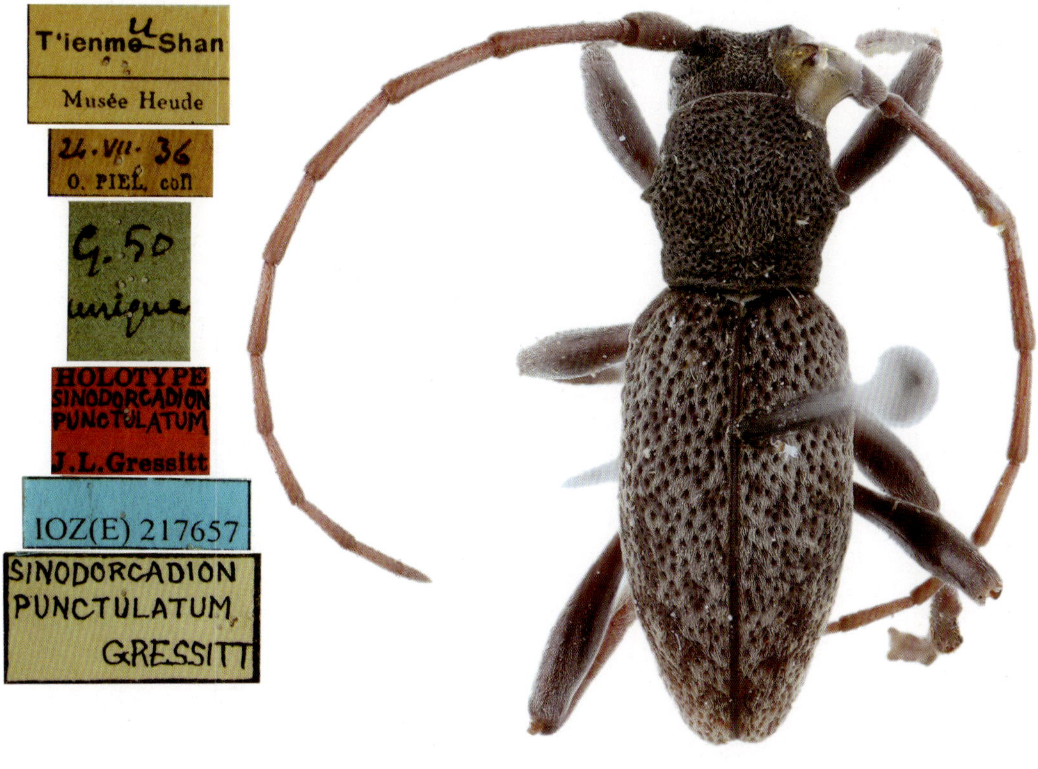
T'ienmu Shan
Musée Heude
24.VII.36
O. PIEL coll
G. 50
unique
HOLOTYPE
SINODORCADION
PUNCTULATUM
J.L.Gressitt
IOZ(E) 217657
SINODORCADION
PUNCTULATUM
GRESSITT

Sinomimovelleda Chiang, 1963 华天牛属

***Sinomimovelleda* Chiang, 1963: 66, 74.** Type species: *Sinomimovelleda dentihumeralis* Chiang, 1963, by original designation.

学名	***Sinomimovelleda dentihumeralis* Chiang, 1963**					中文名	华天牛	
原始学名	***Sinomimovelleda dentihumeralis* Chiang, 1963**					曾用名	齿肩华天牛	
重要引证	***Sinomimovelleda dentihumeralis*** Chiang, 1963: 67, 74, fig. 5							
模式标本相关信息	正模	IOZ(E)217671	性别	♀	采集时间	1955. Ⅵ .23	体长	8.5 mm
	采集人	杨星池	产地	四川峨眉山			海拔	1 100 ~ 1 800 m
已知分布	四川							
备注	在原始文献中，蒋先生记录正模为 1 号雄性标本。经过 Carolus Holzschuh 的提醒和编者的观察，最后确认该正模实际上是 1 号雌性标本，从其下颚须末端不膨大和腹部末节腹板的形状可以确认。标本照片由毕文烜拍摄。标签上的 *Mimovelledoides* 未被发表过							

Tribe Petrognathini Blanchard, 1845 岩颚天牛族

曾用中文名短柄天牛族，但由于短柄天牛属 *Ithocritus* Lacordaire, 1872 并不是本族的模式属，所以根据模式属岩颚天牛属 *Petrognatha* Leach, 1819 新拟定中文名为岩颚天牛族。“岩颚”来源于“petro”（岩石）和“gnath”（颌，颚）。

Ioesse Thomson, 1864 浑天牛属

***Ioësse* Thomson, 1864: 68.** Type species: *Ioësse sanguinolenta* Thomson, 1864, by original designation.

***Joesse (sic)*: Breuning, 1956d: 357.**

***Macrocelosterna* Pic, 1925: 4.** Type species: *Macrocelosterna rubra* Pic, 1925, by monotypy. Synonymized by Breuning, 1956d: 357.

学名	***Ioesse putaoensis* N. Ohbayashi & Lin, 2012**					中文名	葡萄县浑天牛	
原始学名	***Ioesse putaoensis* N. Ohbayashi & Lin, 2012**					曾用名		
重要引证	***Ioesse putaoensis*** N. Ohbayashi & Lin, 2012b: 246, figs 46–49							
模式标本相关信息	副模	IOZ(E)1905115	性别	♀	采集时间	1998. Ⅵ .15 ~ 21	体长	48.5 mm
	采集人	N. Kobayashi	产地	Mt. Nwe Zin, Putao, Kachin State, Myanmar			海拔	750 m
已知分布	缅甸							
备注	正模保存于日本爱媛大学。雄虫未知							

四川峨眉山1100—1800公尺
1955.VI.23.
楊星池
Омэйшань, 1100-1800 м.
Сычуань 23.VI 1955
Ян Син-чи
72
Mimovelledoides dentihumeralis Gen. nov. sp. nov.
鑑定者：蔣書楠 1961
Genotype
HOLOTYPE
IOZ(E) 217671
Sinomimovelleda dentihumeralis Chiang, 1963 华天牛
Det.M.Y. Lin 2014
Mt. Nwe Zin
750m in alt.
Putao, Kachin Sta.
MYANMAR(BURMA)
15 - 21. June, 1998
N. Kobayashi leg.
PARATYPE
Ioesse putaoensis
N. OHBAYASHI et LIN, 2012
Y. Kusakabe Collection
PARATYPE
Ioesse putaoensis
N. OHBAYASHI et LIN, 2012
IOZ(E)1905115

Pseudapriona Breuning, 1936 伪粒肩天牛属

***Pseudapriona* Breuning, 1936: 304.** Type species: *Pseudapriona flavoantennata* Breuning, 1936, by original designation.

***Parajoesse* Breuning, 1982: 21.** Type species: *Parajoesse nagaensis* Breuning, 1982, by original designation. Synonymized by N. Ohbayashi & Lin, 2012b: 240.

<table>
<tr><td>学名</td><td colspan="5">Pseudapriona flavoantennata Breuning, 1936</td><td>中文名</td><td>伪粒肩天牛</td></tr>
<tr><td>原始学名</td><td colspan="5">Ithocritus niger Pu, 1988</td><td>曾用名</td><td>黑短柄天牛、墨脱浑天牛</td></tr>
<tr><td>重要引证</td><td colspan="7">Pseudapriona flavoantennata Breuning, 1936: 304
Parajoesse nagaensis Breuning, 1982: 21. Synonymized by N. Ohbayashi & Lin, 2012b: 240
Ithocritus niger Pu, 1988: 300, 303, fig. 3. Synonymized by Lin & Jiroux, 2011: 106
Ioesse medogensis Chiang & Chen, 1992: 69, 70, fig. 1. Synonymized by Lin & Jiroux, 2011: 106</td></tr>
<tr><td rowspan="2">模式标本相关信息</td><td>正模</td><td>IOZ(E)217539</td><td>性别</td><td>♀</td><td>采集时间</td><td>1983. Ⅵ .12</td><td>体长 34.0 mm</td></tr>
<tr><td>采集人</td><td>韩寅恒</td><td>产地</td><td colspan="2">西藏墨脱背崩</td><td>海拔</td><td>850 m</td></tr>
<tr><td>已知分布</td><td colspan="7">西藏；印度，缅甸</td></tr>
<tr><td>备注</td><td colspan="7">本种被描述了四次，并且在四个不同的属里</td></tr>
</table>

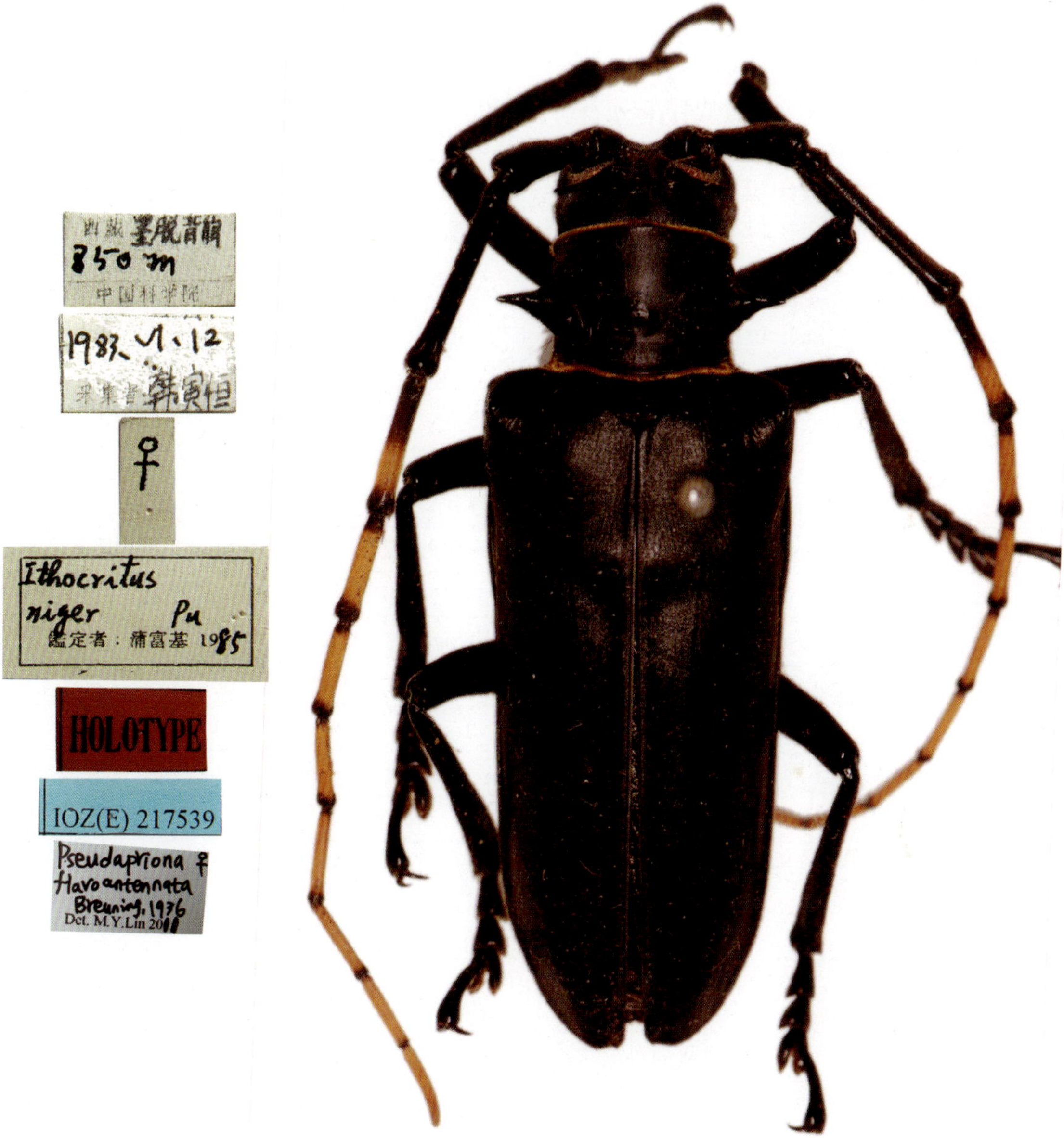
850 m
1983.VI.12
♀
Ithocritus niger Pu
鉴定者：蒲富基 1985
HOLOTYPE
IOZ(E) 217539
Pseudapriona ♀ flavoantennata Breuning, 1936
Det. M.Y.Lin

Tribe Phytoeciini Mulsant,1839 小筒天牛族

Linda Thomson, 1864 瘤筒天牛属

***Linda* Thomson, 1864: 122.** Type species: *Amphionycha femorata* Chevrolat, 1852, by original designation.

Subgenus *Linda* Thomson, 1864

***Linda* Thomson, 1864: 122.** Type species: *Amphionycha femorata* Chevrolat, 1852, by original designation.

***Miocris* Fairmaire, 1902: 245.** Type species: *Miocris nigroscutata* Fairmaire, 1902, by monotypy. Synonymized by Gressitt, 1947: 546.

学名	***Linda* (*Linda*) *nigroscutata ampliata* Pu, 1993**					中文名	广斑黑盾瘤筒天牛	
原始学名	***Linda nigroscutata ampliata* Pu, 1993**					曾用名		
重要引证	***Linda nigroscutata ampliata*** Pu, 1993: 357, 361, fig. 1 E							
模式标本相关信息	正模	IOZ(E)217727	性别	♀	采集时间	1988. Ⅴ. 上旬	体长	19.5 mm
	采集人	罗禄怡	产地	贵州都匀			海拔	
	配模	IOZ(E)217728	性别	♂	采集时间	1988. Ⅴ. 上旬	体长	16.5 mm
	采集人	罗禄怡	产地	贵州都匀			海拔	
	副模	IOZ(E)217729—33	性别	♀	采集时间	1988. Ⅴ. 上旬、28	体长	17.8 ~ 19.5 mm
	采集人	罗禄怡	产地	贵州都匀			海拔	
	副模	IOZ(E)217734—35	性别	♂	采集时间	1979. Ⅴ. 19	体长	18.0 ~ 18.7 mm
	采集人	冯俊现	产地	贵州绥阳县青杠塘			海拔	
	副模	IOZ(E)217736	性别	♀	采集时间	1975. Ⅶ. 11	体长	19.0 mm
	采集人	杨绪刚	产地	贵州习水			海拔	
	副模	IOZ(E)217737	性别	♀	采集时间	1989. Ⅶ. 15	体长	16.0 mm
	采集人	买国庆	产地	四川酉阳			海拔	800 m
已知分布	四川、贵州							
寄主	*Eriobotrya* sp.(ROSACEAE), *Pyrus* sp.(ROSACEAE)							

贵州都匀
中国科学院
1988.V.上旬
采集者:
Linda nigroscutata ampliata Pu
鉴定者:
HOLOTYPE
IOZ(E) 217727
贵州都匀
中国科学院
采集者:
2
ALLOTYPE
IOZ(E) 217728
800m
中国科学院
采集者:
Linda nigroscutata ampliata Pu
鉴定者：蒲富基 1990
PARATYPE
IOZ(E) 217737

<table>
<tr><td>学名</td><td colspan="5">Linda (Linda) procera Holzschuh, 2013</td><td>中文名</td><td colspan="2">凹盾瘤筒天牛</td></tr>
<tr><td>原始学名</td><td colspan="5">Linda (s. str.) procera Holzschuh, 2013</td><td>曾用名</td><td colspan="2"></td></tr>
<tr><td>重要引证</td><td colspan="8">Linda (s. str.) procera Holzschuh, 2013: 19, figs.12, 13</td></tr>
<tr><td rowspan="4">模式标本相关信息</td><td>副模</td><td>IOZ(E)1905285</td><td>性别</td><td>♀</td><td>采集时间</td><td>2011. Ⅴ.29</td><td>体长</td><td>18.0 mm</td></tr>
<tr><td>采集人</td><td>C. Holzschuh</td><td>产地</td><td colspan="3">NE.Laos, Hua Phan prov.,Ban Saleui, Phou Pan (Mt.)-N 20° 12′; E 104° 01′</td><td>海拔</td><td>1 300～1 900 m</td></tr>
<tr><td>副模</td><td>IOZ(E)1905286</td><td>性别</td><td>♂</td><td>采集信息</td><td>同副模IOZ(E)1905285，但采集时间为2012. Ⅴ.1</td><td>体长</td><td>17.0 mm</td></tr>
<tr><td>副模</td><td>IOZ(E)1905287</td><td>性别</td><td>♀</td><td>采集信息</td><td>同副模IOZ(E)1905285，但采集时间为2010. Ⅴ.17</td><td>体长</td><td>17.8 mm</td></tr>
<tr><td>已知分布</td><td colspan="8">老挝</td></tr>
<tr><td>备注</td><td colspan="8">正模保存于奥地利 Carolus Holzschuh 个人收藏。副模由 Carolus Holzschuh 先生赠送。中文名是根据该种的小盾片末端凹形拟定的</td></tr>
</table>

NE - LAOS, Hua Phan prov.
Ban Saleui, Phou Pan (Mt.)
~20°12'N, 104°01'E
1.V.2012, 1300-1900 m
leg. C. Holzschuh
PARATYPUS
Linda
procera n.sp.
det. C. Holzschuh 2013
IOZ(E)1905286

NE - LAOS, Hua Phan prov.
Ban Saleui, Phou Pan (Mt.)
~20°12'N, 104°01'E
17.V.2010, 1300-1900 m
leg. C. Holzschuh
PARATYPUS
Linda
procera n.sp.
det. C. Holzschuh 2013
IOZ(E)1905287

<table>
<tr><td>学名</td><td colspan="5">Linda (Linda) pyritosa Holzschuh, 2013</td><td>中文名</td><td colspan="2">圆盾瘤筒天牛</td></tr>
<tr><td>原始学名</td><td colspan="5">Linda (s. str.) pyritosa Holzschuh, 2013</td><td>曾用名</td><td colspan="2"></td></tr>
<tr><td>重要引证</td><td colspan="8">Linda (s. str.) pyritosa Holzschuh, 2013: 20, fig. 14</td></tr>
<tr><td rowspan="3">模式标本相关信息</td><td>副模</td><td>IOZ(E)1905290</td><td>性别</td><td>♂</td><td>采集时间</td><td>2010. Ⅴ.7</td><td>体长</td><td>16.5 mm</td></tr>
<tr><td>采集人</td><td>C. Holzschuh</td><td>产地</td><td colspan="3">NE.Laos, Hua Phan prov.,Ban Saleui, Phou Pan (Mt.)-N 20° 12′; E 104° 01′</td><td>海拔</td><td>1 300～1 900m</td></tr>
<tr><td>副模</td><td>IOZ(E)1905291</td><td>性别</td><td>♀</td><td>采集信息</td><td>同副模IOZ(E)1905290，但采集时间为2010. Ⅴ.23</td><td>体长</td><td>16.0 mm</td></tr>
<tr><td>已知分布</td><td colspan="8">老挝</td></tr>
<tr><td>备注</td><td colspan="8">正模保存于奥地利Carolus Holzschuh个人收藏。副模由Carolus Holzschuh先生赠送。中文名是根据该种（同凹盾瘤筒天牛比较）的小盾片末端圆形拟定的</td></tr>
</table>

<table>
<tr><td>学名</td><td colspan="5">Linda (Linda) rubescens frontalis Pu, 1988</td><td>中文名</td><td colspan="2">粗额桔红瘤筒天牛</td></tr>
<tr><td>原始学名</td><td colspan="5">Linda rubescens frontalis Pu, 1988</td><td>曾用名</td><td colspan="2">桔红瘤筒天牛粗额亚种</td></tr>
<tr><td>重要引证</td><td colspan="8">Linda rubescens frontalis Pu, 1988: 301, 304</td></tr>
<tr><td rowspan="2">模式标本相关信息</td><td>正模</td><td>IOZ(E)217600</td><td>性别</td><td>♀</td><td>采集时间</td><td>1982. Ⅷ.23</td><td>体长</td><td>20.5 mm</td></tr>
<tr><td>采集人</td><td>韩寅恒</td><td>产地</td><td colspan="3">西藏墨脱</td><td>海拔</td><td>2 750 m</td></tr>
<tr><td>已知分布</td><td colspan="8">西藏</td></tr>
<tr><td>备注</td><td colspan="8">本亚种应该提升为种，但需要进一步详细研究，结果将另文论述</td></tr>
</table>

NE - LAOS, Hua Phan prov.
Ban Saleui, Phou Pan (Mt.)
~20°12'N, 104°01'E
7.V.2010, 1300-1900 m
leg. C. Holzschuh
PARATYPUS
Linda
pyritosa n.sp.
det. C. Holzschuh 2013
IOZ(E)1905290
NE - LAOS, Hua Phan prov.
Ban Saleui, Phou Pan (Mt.)
~20°12'N, 104°01'E
23.V.2010, 1300-1900 m
leg. C. Holzschuh
PARATYPUS
Linda
pyritosa n.sp.
det. C. Holzschuh 2013
IOZ(E)1905291

西藏 墨脱
2750m
中国科学院
1982.VIII.23
Linda rubescens frontalis Pu
鑑定者：蒲富基 1985
♀
HOLOTYPE
IOZ(E) 217600

学名	***Linda* (*Linda*) *subatricornis* Lin & Yang, 2012**						中文名	黑瘤瘤筒天牛
原始学名	***Linda* (*Linda*) *subatricornis* Lin & Yang, 2012**						曾用名	
重要引证	***Linda* (*Linda*) *subatricornis*** Lin & Yang, 2012: 3, figs. 3 & 4							
模式标本相关信息	正模	IOZ(E)1905001	性别	♂	采集时间	1983. Ⅵ .20	体长	13.8 mm
	采集人	柴怀成	产地	四川泸定磨西			海拔	1 600 m
	副模	IOZ(E)1905002	性别	♂	采集时间	1964. Ⅶ .20	体长	15.0 mm
	采集人	廖素柏	产地	北京三堡			海拔	
	副模	IOZ(E)1905003	性别	♀	采集时间	1983. Ⅵ .18	体长	15.8 mm
	采集人	王书永	产地	四川泸定磨西			海拔	1 600 m
	副模	IOZ(E)1905004	性别	♀	采集时间	1983. Ⅵ .13	体长	17.5 mm
	采集人	王书永	产地	四川泸定新兴			海拔	1 800 m
	副模	IOZ(E)1905085	性别	♂	采集时间		体长	17.0 mm
	采集人		产地	陕西			海拔	
	副模	IOZ(E)1905086	性别	♀	采集时间	1981. Ⅵ .8	体长	14.0 mm
	采集人		产地	宁夏泾源			海拔	
	副模	IOZ(E)1905005-091(除 085-086)	性别	♂♀	采集时间	详见数据库	体长	13.5 ~ 18.5 mm
	采集人	详见数据库	产地	与上述重复，详见数据库			海拔	
已知分布	北京、河北、陕西、宁夏、福建、重庆、四川							
备注	共有 90 号副模标本保存在本馆，另有多号副模标本保存在其他国内外单位或由个人收藏							

四川泸定磨西
1600 m
中国科学院
1983.VI.18
采集者 王書永
Paratype ♀
Linda (Linda)
subatricornis
sp. nov.
Det. M.Y.LIN 2012
IOZ(E)1905003

四川
1800m
中国科学院
1983.VI.13
采集者 王書永
Paratype ♀
Linda (Linda)
subatricornis
sp. nov.
Det. M.Y.LIN 2012
IOZ(E)1905004

陕西
中国科学院
Linda (Linda) ♂
subatricornis sp. nov.
Det .M.Y. LIN 2012
IOZ(E)1905085

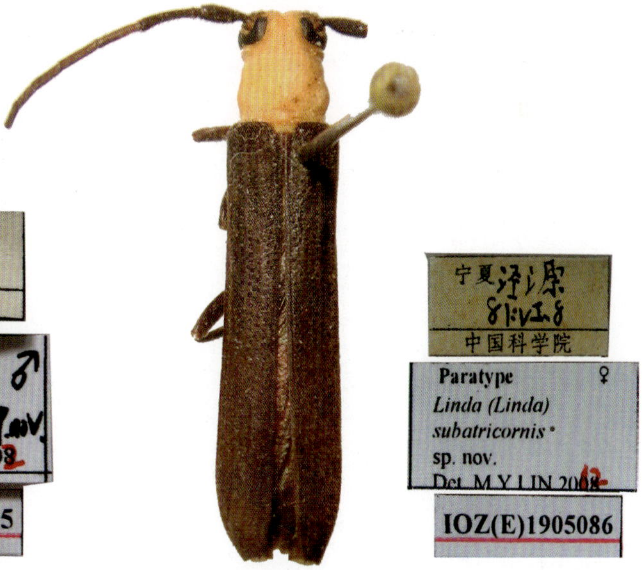
宁夏泾源
中国科学院
Paratype ♀
Linda (Linda)
subatricornis
sp. nov.
Det. M.Y.LIN 2012
IOZ(E)1905086

<table>
<tr><td>学名</td><td colspan="6">Linda (Linda) zayuensis Pu, 1981</td><td>中文名</td><td colspan="2">察隅瘤筒天牛</td></tr>
<tr><td>原始学名</td><td colspan="6">Linda (s.str.) zayuensis Pu, 1981</td><td>曾用名</td><td colspan="2"></td></tr>
<tr><td>重要引证</td><td colspan="9">Linda (s.str.) zayuensis Pu, 1981: 426, 428, pl. Ⅰ, fig. 4</td></tr>
<tr><td rowspan="4">模式标本相关信息</td><td>正模</td><td>IOZ(E)217598</td><td>性别</td><td>♂</td><td>采集时间</td><td>1973. Ⅵ .25</td><td>体长</td><td>16.0 mm</td></tr>
<tr><td>采集人</td><td>黄复生</td><td>产地</td><td colspan="3">西藏察隅桑久</td><td>海拔</td><td>3 000 m</td></tr>
<tr><td>副模</td><td>IOZ(E)217599</td><td>性别</td><td>♂</td><td>采集时间</td><td>1973. Ⅵ .25</td><td>体长</td><td>16.5 mm</td></tr>
<tr><td>采集人</td><td>黄复生</td><td>产地</td><td colspan="3">西藏察隅竹瓦根</td><td>海拔</td><td>2 700 m</td></tr>
<tr><td>已知分布</td><td colspan="9">西藏</td></tr>
<tr><td>备注</td><td colspan="9">原始定名标签写的是 Linda zayüana Pu，但正式发表时用的是 Linda zayuensis Pu</td></tr>
</table>

Nupserha Thomson, 1860 脊筒天牛属

***Nupserha* Thomson, 1860: 60.** Type species: *Stibara cosmopolita* Thomson, 1860 (= *Saperda ustulata* Erichson, 1834), designated by Thomson, 1864: 122.

***Sphenura* Dejean, 1835: 350 [preoccupied by Lichtenstein, 1820 for Aves].** Type species: *Saperda fricator* Dalman, 1817, designated by Desmarest, 1860: 326.

***Nupserha* Chevrolat, 1858: 358 (nomen nov. pro. *Sphenura* Dejean).**

<table>
<tr><td>学名</td><td colspan="6">Nupserha testaceipes Pic, 1926</td><td>中文名</td><td colspan="2">黄腹脊筒天牛</td></tr>
<tr><td>原始学名</td><td colspan="6">Nupserha batesi Gressitt, 1937</td><td>曾用名</td><td colspan="2">贝氏脊筒天牛</td></tr>
<tr><td>重要引证</td><td colspan="9">Nupserha testaceipes Pic, 1926: 18
Nupserha batesi Gressitt, 1937: 618. Synonymized by Breuning, 1960: 17</td></tr>
<tr><td rowspan="2">模式标本相关信息</td><td>副模</td><td>IOZ(E)1859315</td><td>性别</td><td>♀</td><td>采集时间</td><td>1936. Ⅵ .13</td><td>体长</td><td>9.5 mm</td></tr>
<tr><td>采集人</td><td>L. Gressitt</td><td>产地</td><td colspan="3">Yim Na San, E. Kwangtung（广东阴那山）</td><td>海拔</td><td></td></tr>
<tr><td>已知分布</td><td colspan="9">黑龙江、吉林、山东、陕西、甘肃、江苏、安徽、浙江、湖北、江西、湖南、福建、广东、海南、广西、四川、贵州</td></tr>
<tr><td>寄主</td><td colspan="9">Camellia oleifera Abel (THEACEAE)</td></tr>
<tr><td>备注</td><td colspan="9">Nupserha batesi Gressitt, 1937 的正模保存于美国 Smithonian 博物馆</td></tr>
</table>

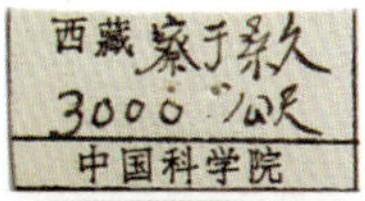
中国科学院

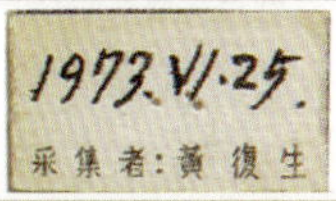
1973.VI.25.
采集者：黄復生

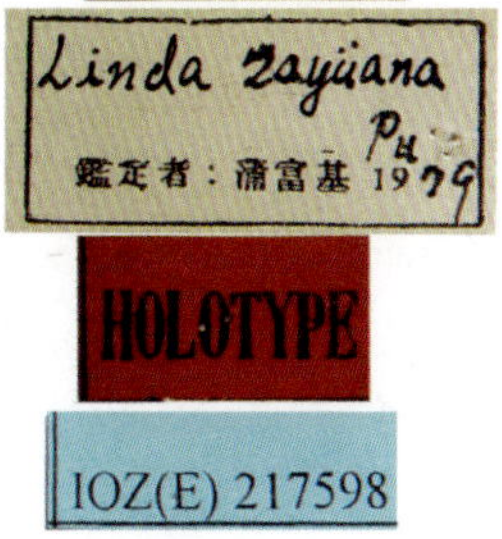
Linda zayüana
鑑定者：蒲富基 1979
HOLOTYPE
IOZ(E) 217598

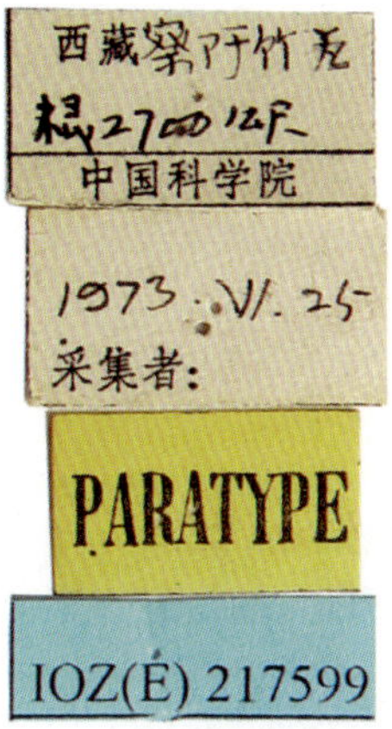
中国科学院
1973.VI.25
采集者:
PARATYPE
IOZ(E) 217599

Yim Na San, E. Kwantung, S. China VI-13-36
L.Gressitt Collector
PARATYPE NUPSERHA BATESI J.L.Gressitt
NUPSERHA BATESI GRESSITT
Nupserha ♀ testaceipes Pic
林美英, 2007
IOZ(E)1859315

Oberea Dejean, 1835 筒天牛属

***Oberea* Dejean, 1835: 351.** Type species: *Cerambyx linearis* Linnaeus, 1761, designated by Thomson, 1859: 153.

Subgenus *Oberea* Dejean, 1835

***Oberea* Dejean, 1835: 351.** Type species: *Cerambyx linearis* Linnaeus, 1761, designated by Thomson, 1859: 153.

***Oberea* Mulsant, 1839: 194.** Type species: *Cerambyx oculata* Linnaeus, 1758, designated by Thomson, 1864: 121.

***Isosceles* Newman, 1842: 318.** Type species: *Isosceles macilenta* Newman, 1842, designated by Thomson, 1864: 122. Synonymized by Pascoe, 1867: 420.

学名	***Oberea brevithorax inepta* Gressitt, 1939**					中文名	异样短胸筒天牛
原始学名	***Oberea brevithorax inepta* Gressitt, 1939**					曾用名	二斑筒天牛
重要引证	***Oberea brevithorax inepta*** Gressitt, 1939: 122, pl. Ⅲ, fig. 10 ***Oberea binotaticollis* v. *inepta***; Breuning, 1962: 193						
模式标本相关信息	副模	IOZ(E)1859316	性别	♂	采集时间	1937. Ⅴ.24	体长	18.0 mm
	采集人	O. Piel	产地	T'ien-mu Shan(浙江天目山)		海拔	
已知分布	浙江、福建						
备注	此单元的地位有待进一步研究确证。*O. brevithorax inepta* Gressitt, 1939 的正模保存于中山大学						

学名	***Oberea* (*Oberea*) *fuscipennis fuscipennis* (Chevrolat, 1852)**					中文名	暗翅筒天牛
原始学名	***Oberea rosi* Gressitt, 1940**					曾用名	
重要引证	***Isosceles fuscipennis*** Chevrolat, 1852: 419 ***Oberea fuscipennis***: Gahan, 1894: 95 ***Oberea rosi*** Gressitt, 1940a: 218, pl. 6, fig. 11. Synonymized by Breuning, 1962: 178						
模式标本相关信息	正模	IOZ(E)217611	性别	♀	采集时间	1936. Ⅳ.17	体长	17.5 mm
	采集人	G. Ros	产地	Hainan, Shuiman(海南五指山市水满乡)		海拔	
已知分布	河北、江苏、浙江、湖北、江西、湖南、福建、台湾、广东、海南、香港、广西、四川、贵州、西藏；朝鲜，韩国，日本，越南，老挝						
寄主	*Morus alba* Linnaeus (MORACEAE)						
备注	*Oberea rosi* Gressitt, 1940 的配模标本和部分副模标本保存在中山大学昆虫标本馆						

T'ienmu Shan
Musée Heude
O. PIEL, coll.
PARATYPE
OBEREA
BREVITHORAX
INEPTA
J.L.Gressitt
Oberea binotaticollis
Pic, 1915
鉴定者: T. Kurihara, 2006
IOZ(E)1859316

HAINAN
Shuiman
G. Ros leg.
OBEREA
ROSI
GRESSITT
HOLOTYPE
OBEREA
ROSI
GRESSITT
IOZ(E) 217611

学名	*Oberea* (*Oberea*) *simplex* Gressitt, 1942				中文名	简单筒天牛		
原始学名	*Oberea simplex* Gressitt, 1942				曾用名	黑点筒天牛		
重要引证	***Oberea simplex*** Gressitt, 1942b: 91, pl. Ⅱ, fig. 1							
模式标本相关信息	正模	IOZ(E)217612	性别	♂	采集时间	1938. Ⅶ.15	体长	16.8 mm
	采集人	Fr. Tang	产地	Anhwei, Kouy Tchow			海拔	
已知分布	安徽							
备注 1	Breuning（1962）认为它是黑点筒天牛 *O.* (*O.*) *atropunctata* Pic, 1916 的变型，被后来的多数作者承认							
备注 2	Anhwei, Kouy Tchow（原始文献记载为 Kweichow, Anhwei, Chine，暂时认为是安徽省的，也有可能是贵州省的，待考证）							

学名	*Oberea* (*Oberea*) *strigicollis* Gressitt, 1942				中文名	牯岭筒天牛		
原始学名	*Oberea strigicollis* Gressitt, 1942				曾用名			
重要引证	***Oberea strigicollis*** Gressitt, 1942b: 92							
模式标本相关信息	正模	IOZ(E)217613	性别	♂	采集时间	1935. Ⅸ.2	体长	18.0 mm
	采集人	Père Octave Piel	产地	Ku-ling = Guling（江西九江市庐山区牯岭）			海拔	
已知分布	江西							

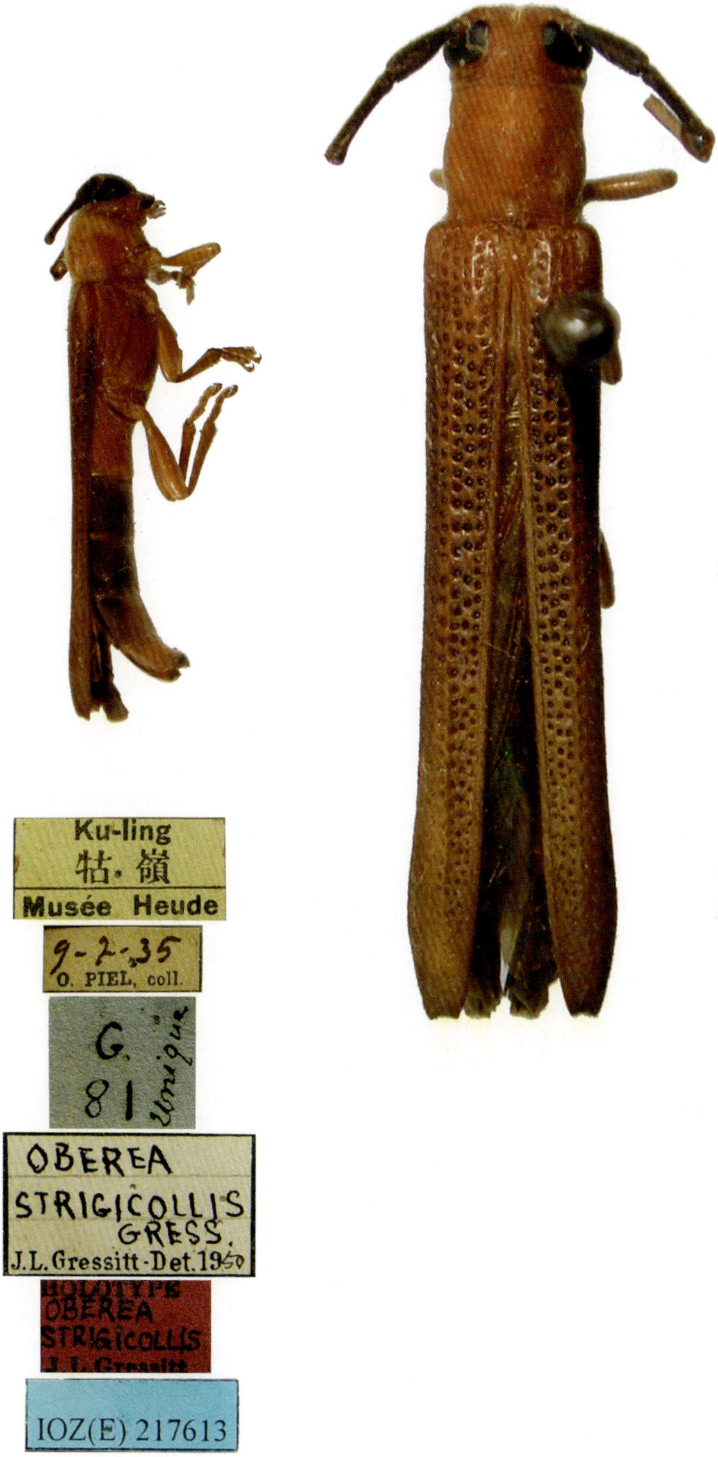
Ku-ling
牯·嶺
Musée Heude
9-2-35
O. PIEL, coll.
G.
81
unique
OBEREA
STRIGICOLLIS
GRESS.
J.L.Gressitt-Det.1950
HOLOTYPE
OBEREA
STRIGICOLLIS
IOZ(E) 217613

学名	***Oberea* (*Oberea*) *tienmuana* Gressitt, 1939**					中文名	天目筒天牛	
原始学名	***Oberea tienmuana* Gressitt, 1939**					曾用名	灰尾筒天牛	
重要引证	***Oberea tienmuana*** Gressitt, 1939: 124, pl. Ⅱ, fig. 15 ***Oberea griseopennis* v. *tienmuana***; Breuning, 1962: 219							
模式标本相关信息	正模	IOZ(E)217615	性别	♀	采集时间	1936. Ⅵ.6	体长	12.4 mm
	采集人	O. Piel	产地	T' ien-mu Shan(浙江天目山)			海拔	
	地模	IOZ(E)217614	性别	♀	采集时间	1936. Ⅵ.17	体长	12.0 mm
	采集人	O. Piel	产地	T' ien-mu Shan(浙江天目山)			海拔	
已知分布	浙江							
备注	IOZ(E)217614 号标本虽然插有正模标签，但在原始文献并未记录，只能算是地模。通常被看作灰尾筒天牛的变型或异名，编者认为有待进一步研究确证，天目山的种群可能独立出来							

12-6-36
O. PIEL coll.
T'ienmu-Shan
Musée Heude
HOLOTYPE OBEREA TIENMUANA J.L. Gressitt
G. 91
IOZ(E) 217614
OBEREA TIENMUANA GRESS.
J.L.Gressitt-Det.1950
经核查，此标本非正模，正模标签乃误插。
林美英 2006. 4.27
Oberea ♀ griseopennis Schwarzer
鉴定者:林美英 2007

<table>
<tr><td>学名</td><td colspan="6">Oberea (Oberea) uninotaticollis Pic, 1939</td><td>中文名</td><td>一斑筒天牛</td></tr>
<tr><td>原始学名</td><td colspan="6">Oberea unipunctata Gressitt, 1939</td><td>曾用名</td><td></td></tr>
<tr><td>重要引证</td><td colspan="8">Oberea (Oberea) uninotaticollis Pic, 1939: 16
Oberea unipunctata Gressitt, 1939: 125, pl. Ⅱ , fig. 16. Synonymized by Breuning, 1962: 193</td></tr>
<tr><td rowspan="2">模式标本相关信息</td><td>正模</td><td>IOZ(E)217616</td><td>性别</td><td>♀</td><td>采集时间</td><td>1936. Ⅶ .23</td><td>体长</td><td>14.7 mm</td></tr>
<tr><td>采集人</td><td>Père Octave Piel</td><td>产地</td><td colspan="3">浙江天目山(T' ien-mu Shan)</td><td>海拔</td><td></td></tr>
<tr><td>已知分布</td><td colspan="8">浙江、江西、福建、广西、云南；越南，老挝，泰国</td></tr>
</table>

<table>
<tr><td>学名</td><td colspan="6">Oberea (Oberea) yaoshana Gressitt, 1942</td><td>中文名</td><td>广西筒天牛</td></tr>
<tr><td>原始学名</td><td colspan="6">Oberea yaoshana Gressitt, 1942</td><td>曾用名</td><td></td></tr>
<tr><td>重要引证</td><td colspan="8">Oberea yaoshana Gressitt, 1942b: 93, pl. Ⅱ , fig. 2</td></tr>
<tr><td rowspan="2">模式标本相关信息</td><td>正模</td><td>IOZ(E)217617</td><td>性别</td><td>♀</td><td>采集时间</td><td>1934. Ⅶ .18</td><td>体长</td><td>21.5 mm</td></tr>
<tr><td>采集人</td><td></td><td>产地</td><td colspan="3">Kwangsi, Pingnan, Yao-san
(广西平南县瑶山)</td><td>海拔</td><td></td></tr>
<tr><td>已知分布</td><td colspan="8">广西、贵州</td></tr>
</table>

Kwangsi
Pingnan. yao san
18. 7. 34
Col. no. 2
G.
83
Unique
OBEREA
YAOSHANA
GRESS.
J.L. Gressitt-Det. 1950
HOLOTYPE
OBEREA
YAOSHANA
J.L. Gressitt
IOZ(E) 217617

Phytoecia Dejean, 1835 小筒天牛属

***Phytoecia* Dejean, 1835: 351.** Type species: *Saperda cylindrica* Fabricius, 1775 (= *Cerambyx cylindricus* Linnaeus, 1758), designated by Thomson, 1859: 153(and designated by Breuning, 1951: 2).

Notes: Type species: Thomson (1864) designated *Saperda vittigera* Fabricius, 1801 (Algeria)= *Saperda detrita* Fabricius, 1792 (Barbaria, North Africa), but Fairmaire (1864) designated *Saperda vittigera* as type species of *Conizonia* Fairmaire, 1864, then Breuning (1951) newly re-designated *Cerambyx cylindricus*.

Subgenus *Cinctophytoecia* Breuning, 1947

***Phytoecia* (*Cinctophytoecia*) Breuning, 1947: 143.** Type species: *Phytoecia cinctipennis* Mannerheim, 1849, by original designation.

学名	***Phytoecia* (*Cinctophytoecia*) *approximata* Pu, 1992**					中文名	肖小筒天牛	
原始学名	***Phytoecia* (*Cinctophytoecia*) *approximata* Pu, 1992**					曾用名		
重要引证	***Phytoecia* (*Cinctophytoecia*) *approximata*** Pu, 1992b: 613, 621, pl. Ⅱ, fig.15							
模式标本相关信息	正模	IOZ(E)217756	性别	♂	采集时间	1982. Ⅶ.22	体长	10.0 mm
	采集人	张学忠	产地	云南德钦梅里雪山			海拔	3 380 m
	配模	IOZ(E)217757	性别	♀	采集时间	1984. Ⅷ.7	体长	13.0 mm
	采集人	王书永	产地	云南小中甸			海拔	2 900 m
	副模	IOZ(E)217758	性别	♂	采集时间	1984. Ⅷ.2	体长	11.0 mm
	采集人	王瑞琪	产地	云南小中甸			海拔	3 200 m
	副模	IOZ(E)217759	性别	♂	采集时间	1984. Ⅷ.7	体长	11.5 mm
	采集人	李畅方	产地	云南中甸冲江河			海拔	2 600 m
	副模	IOZ(E)217760	性别	♀	采集时间	1984. Ⅷ.10	体长	9.5 mm
	采集人	王书永	产地	云南丽江鲁甸			海拔	2 800 m
已知分布	云南							

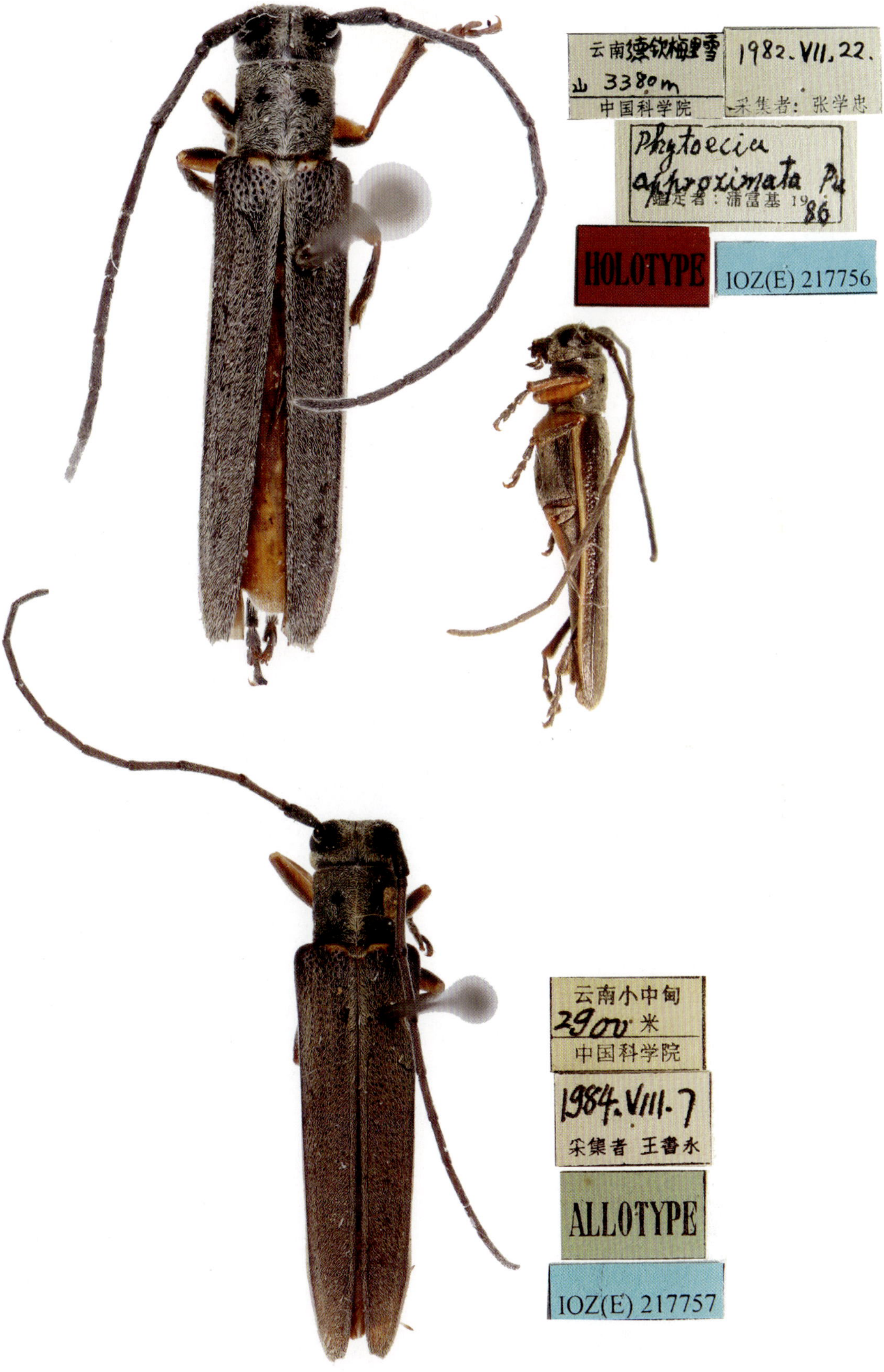
云南德钦梅里雪
山 3380m
中国科学院
1982.VII.22.
采集者：张学忠
Phytoecia
approximata Pu
鉴定者：蒲富基 1986
HOLOTYPE
IOZ(E) 217756
云南小中甸
2900米
中国科学院
1984.VIII.7
采集者 王書永
ALLOTYPE
IOZ(E) 217757

Subgenus *Phytoecia* Dejean, 1835

***Phytoecia* Dejean, 1835: 351.** Type species: *Saperda cylindrica* Fabricius, 1775 (= *Cerambyx cylindricus* Linnaeus, 1758), designated by Thomson, 1859: 153; and designated by Breuning, 1951: 2.

***Phytoecia* (*Hoplotoma*) Pérez Arcas, 1874: 151.** Type species: *Phytoecia bolivarii* Pérez Arcas, 1874 (= *Phytoecia malachitica* P. H. Lucas, 1849), by monotypy.

<table>
<tr><td>学名</td><td colspan="5">Phytoecia (Phytoecia) brunneicollis Pu, 1992</td><td>中文名</td><td colspan="2">肖小筒天牛</td></tr>
<tr><td>原始学名</td><td colspan="5">Phytoecia (s. str.) brunneicollis Pu, 1992</td><td>曾用名</td><td colspan="2"></td></tr>
<tr><td>重要引证</td><td colspan="8">Phytoecia (s. str.) brunneicollis Pu, 1992b: 613, pl. Ⅱ, fig.16
Phytoecia (s. str.) brunneicollis Pu, 1992b: 621 [misspelling]</td></tr>
<tr><td rowspan="3">模式标本相关信息</td><td>正模</td><td>IOZ(E)217761</td><td>性别</td><td>♂</td><td>采集时间</td><td>1983. Ⅵ. 22</td><td>体长</td><td>11.0 mm</td></tr>
<tr><td>采集人</td><td>王书永</td><td>产地</td><td colspan="3">四川康定</td><td>海拔</td><td>1 480 m</td></tr>
<tr><td>副模</td><td>IOZ(E)217762</td><td>性别</td><td>♂</td><td>采集信息</td><td>同正模 217761</td><td>体长</td><td>10.0 mm</td></tr>
<tr><td>已知分布</td><td colspan="8">四川</td></tr>
</table>

四川 康定 1480m
中国科学院
1983.VI.22
采集者 王書永
Phytoecia brunneicollis
鑑定者:
PARATYPE
IOZ(E) 217762

Tribe Pteropliini Thomson,1860 坡天牛族

Anaches Pascoe, 1865 白腰天牛属

***Anaches* Pascoe, 1865: 160.** Type species: *Sthenias dorsalis* Pascoe, 1858, by original designation.

<table>
<tr><td>学名</td><td colspan="5">Anaches wenhsini Holzschuh & Lin, 2013</td><td>中文名</td><td colspan="2">文信白腰天牛</td></tr>
<tr><td>原始学名</td><td colspan="5">Anaches wenhsini Holzschuh & Lin, 2013</td><td>曾用名</td><td colspan="2"></td></tr>
<tr><td>重要引证</td><td colspan="8">Anaches wenhsini Holzschuh & Lin, 2013: 152, figs. 8 & 9</td></tr>
<tr><td rowspan="2">模式标本相关信息</td><td>副模</td><td>IOZ(E)1905281</td><td>性别</td><td>♂</td><td>采集时间</td><td>2007. Ⅶ .28</td><td>体长</td><td>13.0 mm</td></tr>
<tr><td>采集人</td><td>林文信</td><td>产地</td><td colspan="3">Taiwan, Pingtung County, Mt. Dahan（台湾大汉山）</td><td>海拔</td><td></td></tr>
<tr><td>已知分布</td><td colspan="8">台湾</td></tr>
<tr><td>备注</td><td colspan="8">正模存放于台湾国立自然科学博物馆。另有副模标本保存于奥地利Carolus Holzschuh个人收藏、台湾林毓隆个人收藏和天津陈常卿个人收藏</td></tr>
</table>

<table>
<tr><td>学名</td><td colspan="5">Anaches yitingi Holzschuh & Lin, 2013</td><td>中文名</td><td colspan="2">奕霆白腰天牛</td></tr>
<tr><td>原始学名</td><td colspan="5">Anaches yitingi Holzschuh & Lin, 2013</td><td>曾用名</td><td colspan="2"></td></tr>
<tr><td>重要引证</td><td colspan="8">Anaches yitingi Holzschuh & Lin, 2013: 154, fig. 10</td></tr>
<tr><td rowspan="3">模式标本相关信息</td><td>副模</td><td>IOZ(E)1905283</td><td>性别</td><td>♂</td><td>采集时间</td><td>2007. Ⅴ .26</td><td>体长</td><td>11.0 mm</td></tr>
<tr><td>采集人</td><td>林文信</td><td>产地</td><td colspan="3">Taiwan, Pingtung County, Mt. Dahan(台湾大汉山)</td><td>海拔</td><td></td></tr>
<tr><td>副模</td><td>IOZ(E)1905284</td><td>性别</td><td>♀</td><td>采集信息</td><td>同副模1905283</td><td>体长</td><td>12.5 mm</td></tr>
<tr><td>已知分布</td><td colspan="8">台湾</td></tr>
<tr><td>备注</td><td colspan="8">本种在周文一(2008)的《台湾天牛图鉴》一书里误为天目突尾天牛(Sthenias cylindricus Gressitt,1939)，在台湾叫白纹长角锈天牛或白带粗筒天牛。正模存放于台湾国立自然科学博物馆。另有副模标本保存于奥地利Carolus Holzschuh个人收藏、台湾林毓隆个人收藏和天津陈常卿个人收藏</td></tr>
</table>

TAIWAN, Pingtung County
Mt. Dahan
28. VII. 2007
leg. Wen Sin Lin
PARATYPUS
Anaches
wenhsini n. sp.
det. C. Holzschuh 2013
IOZ(E)1905281
TAIWAN, Pingtung County
Mt. Dahan
26. V. 2007
leg. Wen Sin Lin
PARATYPUS
Anaches
yitingi n. sp.
det. C. Holzschuh 2013
IOZ(E)1905283
TAIWAN, Pingtung County
Mt. Dahan
26. V. 2007
leg. Wen Sin Lin
PARATYPUS
Anaches
yitingi n. sp.
det. C. Holzschuh 2013
IOZ(E)1905284

Egesina Pascoe, 1864 艾格天牛属

***Egesina* Pascoe, 1864a: 49** Type species: *Egesina rigida* Pascoe, 1864, by monotypy.

Subgenus *Egesina* Pascoe, 1864

***Egesina* Pascoe, 1864a: 49.** Type species: *Egesina rigida* Pascoe, 1864, by monotypy.

***Neoegesina* Fisher, 1925: 215.** Type species: *Neoegesina ornata* Fisher, 1925, by original designation.

***Platyzeargyra* Fisher, 1925: 213.** Type species: *Platyzeargyra bakeri* Fisher, 1925, by original designation.

<table>
<tr><td>学名</td><td colspan="5">Egesina amoenula Holzschuh & Lin, 2013</td><td colspan="2">中文名</td><td>美妙艾格天牛</td></tr>
<tr><td>原始学名</td><td colspan="5">Egesina amoenula Holzschuh & Lin, 2013</td><td colspan="2">曾用名</td><td></td></tr>
<tr><td>重要引证</td><td colspan="8">Egesina amoenula Holzschuh & Lin, 2013: 155, fig. 11</td></tr>
<tr><td rowspan="2">模式标本相关信息</td><td>副模</td><td>IOZ(E)1905282</td><td>性别</td><td>♀</td><td>采集时间</td><td>2007. V .4</td><td>体长</td><td>6.0 mm</td></tr>
<tr><td>采集人</td><td>林文信</td><td>产地</td><td colspan="3">Taiwan, Pingtung County, Mt. Dahan（台湾大汉山）</td><td>海拔</td><td></td></tr>
<tr><td>已知分布</td><td colspan="8">台湾</td></tr>
<tr><td>备注</td><td colspan="8">正模存放于台湾国立自然科学博物馆。另有副模标本保存于奥地利 Carolus Holzschuh 个人收藏、台湾林毓隆个人收藏和天津陈常卿个人收藏。
此号标本就是原始文献的图片标本，原文由于编辑错误（林美英的责任）误标注为雄性，实际上是雌性</td></tr>
</table>

Pterolophia Newman, 1842 坡天牛属

***Pterolophia* Newman, 1842: 370 [NP].** Type species: *Mesosa bigibbera* Newman, 1842, by original designation.

***Subgenus Ale* Pascoe, 1864**

***Ale* Pascoe, 1864: 96.** Type species: *Ale agraria* Pascoe, 1864, by monotypy.

***Achriotypa* Pascoe, 1875: 71.** Type species: *Achriotypa basalis* Pascoe, 1875, by monotypy. Synonymized by Breuning, 1961: 253.

***Pterolophia (Ale)*: Breuning, 1961: 253.**

<table>
<tr><td>学名</td><td colspan="5">Pterolophia (Ale) chekiangensis Gressitt, 1942</td><td colspan="2">中文名</td><td>四突坡天牛</td></tr>
<tr><td>原始学名</td><td colspan="5">Pterolophia chekiangensis Gressitt, 1942</td><td colspan="2">曾用名</td><td></td></tr>
<tr><td>重要引证</td><td colspan="8">Pterolophia chekiangensis Gressitt, 1942b: 87
Pterolophia (Ale) chekiangensis; Breuning, 1961: 253</td></tr>
<tr><td rowspan="2">模式标本相关信息</td><td>正模</td><td>IOZ(E)217672</td><td>性别</td><td>♀</td><td>采集时间</td><td>1937. V .3</td><td>体长</td><td>9.6 mm</td></tr>
<tr><td>采集人</td><td>Père Octave Piel</td><td>产地</td><td colspan="3">T' ien-mu Shan（浙江天目山）</td><td>海拔</td><td></td></tr>
<tr><td>已知分布</td><td colspan="8">浙江、福建、广东</td></tr>
<tr><td>备注</td><td colspan="8">经过比对文献和标本及标签的各项数据，推断出：原来 Gressitt 打算把本种命名为 Pterolophia tienmushanensis，但后来正式发表的时候用的是 P.chekiangensis。标签上所写的名字未曾发表过。标本照片由 Laurence Livermore 拍摄</td></tr>
</table>

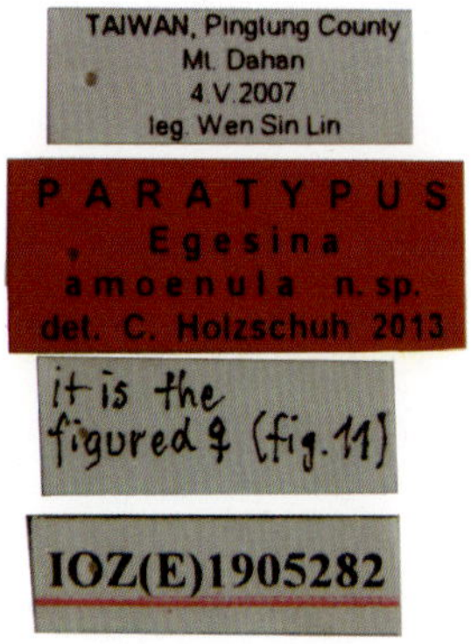
TAIWAN, Pinglung County
Mt. Dahan
4 V 2007
leg. Wen Sin Lin
PARATYPUS
, Egesina
amoenula n. sp.
det. C. Holzschuh 2013
it is the
figured ♀ (fig. 11)
IOZ(E)1905282

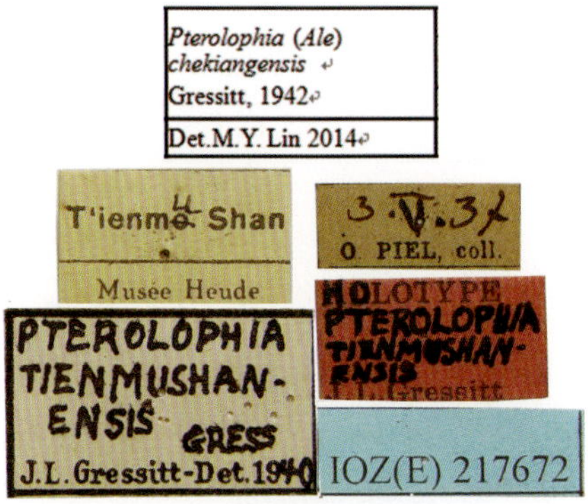
Pterolophia (Ale)
chekiangensis
Gressitt, 1942
Det.M.Y. Lin 2014
T'ienmu Shan
Musée Heude
3.V.37
O. PIEL, coll.
HOLOTYPE
PTEROLOPHIA
TIENMUSHAN-
ENSIS
PTEROLOPHIA
TIENMUSHAN-
ENSIS GRESS
J.L.Gressitt-Det.1940
IOZ(E) 217672

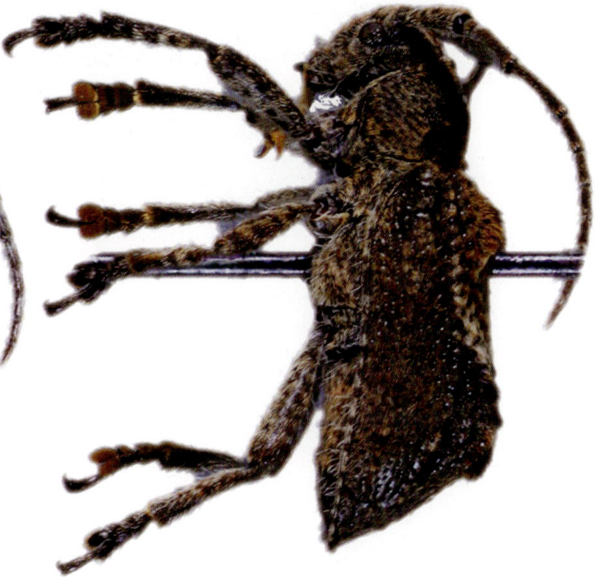

Subgenus *Hylobrotus* Lacordaire, 1872

***Hylobrotus* Lacordaire, 1872: 538.** Type species: *Hylobrotus ploemi* Lacordaire, 1872, by monotypy.
***Pterolophia* (*Hylobrotus*)**: Breuning, 1957: 294, 295, 297.

学名	***Pterolophia* (*Hylobrotus*) *albanina* Gressitt, 1942**					中文名	白带坡天牛
原始学名	***Pterolophia albanina* Gressitt, 1942**					曾用名	
重要引证	***Pterolophia albanina*** Gressitt, 1942b: 85, pl. Ⅰ, fig. 5 ***Pterolophia* (*Hylobrotus*) *albanina***; Breuning, 1961: 252						
模式标本相关信息	正模	IOZ(E)217646	性别	♀	采集时间	1937. Ⅴ.21	体长	9.0 mm
	采集人	Père Octave Piel	产地	T' ien-mu Shan(浙江天目山)		海拔	
已知分布	黑龙江、河北、河南、甘肃、江苏、安徽、浙江、湖北、江西、湖南、福建、广西、四川						
寄主	*Juglans regia* Linnaeus (JUGLANDACEAE), *Phyllostachys heteroclada* Oliver (POACEAE), *Pinus armandii* Franchet (PINACEAE)						

学名	***Pterolophia* (*Hylobrotus*) *discalis* Gressitt, 1951**					中文名	南方坡天牛
原始学名	***Pterolophia discalis* Gressitt, 1951**					曾用名	
重要引证	***Pterolophia discalis*** Gressitt, 1951: 468 ***Pterolophia* (*Hylobrotus*) *discalis***; Breuning, 1961: 252						
模式标本相关信息	正模	IOZ(E)217650	性别	♀	采集时间		体长	10.2 mm
	采集人	Père Albert de Cooman	产地	Vietnam, Tonkin, Mont Bavi		海拔	900～1 000 m
已知分布	广东、海南、广西；越南						
寄主	*Artocarpus* sp. (MORACEAE)						
备注	标本照片由 Laurence Livermore 拍摄						

G 181
T'ienme Shan
Musée Heude
21. V. 51
O. PIEL, coll.
HOLOTYPE PTEROLOPHIA ALBANINA J.L. Gressitt
IOZ(E) 217646

Tonkin
Mont Bavi
900 à 1000m
HOLOTYPE PTEROLOPHIA DISCALIS J.L. Gressitt
HOLOTYPE
IOZ(Ê) 217650
Pterolophia discalis
鑑定者: Gress.

<table>
<tr><td>学名</td><td colspan="5">Pterolophia (Hylobrotus) postfasciculata Pic, 1934</td><td>中文名</td><td colspan="2">弧纹坡天牛</td></tr>
<tr><td>原始学名</td><td colspan="5">Pterolophia arctofasciata Gressitt, 1940</td><td>曾用名</td><td colspan="2"></td></tr>
<tr><td>重要引证</td><td colspan="8">Pterolophia postfasciculata Pic, 1934: 11
Pterolophia arctofasciata Gressitt, 1940a: 147, pl. 4, fig. 6. Synonymized by Weigel, 2006: 505, 508
Pterolophia (Hylobrotus) postfasciata; Breuning, 1961: 251. Synonymized by Weigel, 2006: 505, 508
Pterolophia (Hylobrotus) arctofasciata; Breuning, 1961: 252. Synonymized by Weigel, 2006: 505, 508</td></tr>
<tr><td rowspan="2">模式标本相关信息</td><td>配模</td><td>IOZ(E)217647</td><td>性别</td><td>♂</td><td>采集时间</td><td>1936. Ⅲ.23</td><td>体长</td><td>10.0 mm</td></tr>
<tr><td>采集人</td><td>G.Ros</td><td>产地</td><td colspan="3">Hainan, Nodoa (海南那大)</td><td>海拔</td><td></td></tr>
<tr><td>已知分布</td><td colspan="8">广东、海南、香港、云南；印度，越南，尼泊尔</td></tr>
<tr><td>寄主</td><td colspan="8">Artocarpus sp. (MORACEAE), Girardinia palmata Gaudichaud-Beaupré (URTICACEAE)</td></tr>
<tr><td>备注</td><td colspan="8">P. arctofasciata Gressitt, 1940 的正模雌性，保存于 National Museum of Natural History (Smithsonian)。标本照片由 Nobuo Ohbayashi 拍摄。Weigel (2006) 同时认为 P. gerardiniae Breuning, 1938, P. subfasciculata Breuning, 1938 是 P. postfasciculata Pic, 1934 的次异名</td></tr>
</table>

<table>
<tr><td>学名</td><td colspan="5">Pterolophia (Hylobrotus) trilineicollis Gressitt, 1951</td><td>中文名</td><td colspan="2">嫩竹坡天牛</td></tr>
<tr><td>原始学名</td><td colspan="5">Pterolophia trilineicollis Gressitt, 1951</td><td>曾用名</td><td colspan="2"></td></tr>
<tr><td>重要引证</td><td colspan="8">Pterolophia trilineicollis Gressitt, 1951: 475, pl. 18, fig. 6
Pterolophia (Hylobrotus) trilineicollis; Breuning, 1961: 252</td></tr>
<tr><td rowspan="2">模式标本相关信息</td><td>副模</td><td>IOZ(E)217652</td><td>性别</td><td>♀</td><td>采集时间</td><td>1942. Ⅵ. 6</td><td>体长</td><td>12.3 mm</td></tr>
<tr><td>采集人</td><td>Maa Tsing-chao</td><td>产地</td><td colspan="3">Fukien, KienYang (福建建阳)</td><td>海拔</td><td></td></tr>
<tr><td>已知分布</td><td colspan="8">江西、湖南、福建、广东</td></tr>
<tr><td>寄主</td><td colspan="8">Bambusa sp. (POACEAE)</td></tr>
<tr><td>备注</td><td colspan="8">正模标本保存在中山大学；标本照片由 Laurence Livermore 拍摄</td></tr>
</table>

HAINAN
Nodoa 23·III·36
G. Ros leg.
IOZ(E) 217647
PTEROLOPHIA
ARCTOFASCIATA
GRESSITT

Fukien, S. China
PARATYPE
PTEROLOPHIA
TRILINEICOLLIS
J.L.Gressitt
PARATYPE
IOZ(E) 217652
Pterolophia
trilineicollis
鑑定者: Gress.

Subgenus *Lychrosis* Pascoe, 1866

***Lychrosis* Pascoe, 1866: 89.** Type species: *Mycerinus luctuosus* Pascoe, 1863, by original designation.
***Pterolophia* (*Lychrosis*): Breuning, 1961: 260.**

学名	***Pterolophia* (*Lychrosis*) *mimicus* (Gressitt, 1942)**					中文名	黑点坡天牛
原始学名	***Lychrosis mimicus* Gressitt, 1942**					曾用名	
重要引证	***Lychrosis mimicus*** Gressitt, 1942b: 88, pl. Ⅰ, fig. 6 ***Pterolophia* (*Lychrosis*) *mimica***: Breuning, 1961: 260						
模式标本相关信息	正模	IOZ(E)217601	性别	♂	采集时间	1936. Ⅵ. 20	体长 10.0 mm
	采集人	Père Octave Piel	产地	T' ien-mu Shan (浙江天目山)			海拔
已知分布	浙江、江西、福建、广东						

Subgenus *Mimoron* Pic, 1925

***Mimoron* Pic, 1925: 27.** Type species: *Mimoron phungi* Pic, 1925, designated by Löbl & Smetana, 2010: 318.
***Pterolophia* (*Mimoron*): Breuning, 1961: 257.**

学名	***Pterolophia* (*Mimoron*) *dalbergicola* Gressitt, 1951**					中文名	黄檀坡天牛
原始学名	***Pterolophia dalbergicola* Gressitt, 1951**					曾用名	
重要引证	***Pterolophia dalbergicola*** Gressitt, 1951: 467, pl. 18, fig. 4 ***Pterolophia* (*Mimoron*) *dalbergicolle***; Breuning, 1961: 258. [misspelling]						
模式标本相关信息	副模	IOZ(E)217649	性别	♀	采集时间	1948. Ⅶ. 29	体长 5.5 mm
	采集人	不详	产地	Hupeh, Lichuan Distr., Suisapa (湖北利川)			海拔 1 000 m
已知分布	湖北、福建						
寄主	*Dalbergia* sp. (FABACEAE)						
备注	正模雌性，存放于中山大学 (ex Lingnan National History Museum)						

T'ienmu Shan
Musée Heude
20-6-36
O. PIEL, coll.
HOLOTYPE
LYCHROSIS
MIMICUS
J.L.Gressitt
IOZ(E) 217601

Suisapa, 1000 M.
Lichuan Distr.
W. Hupeh, China
VII-29 -48
PARATYPE
PTEROLOPHIA
DALBERGICOLA
J.L.Gressitt
PARATYPE
IOZ(E) 217649
Pterolophia
dalbergicola
鉴定者: Gress.

Subgenus *Pterolophia* Newman, 1842

Pterolophia **Newman, 1842: 370 [NP].** Type species: *Mesosa bigibbera* Newman, 1842, by original designation, designated by Thomson, 1864: 47.

Acroptycha **Quedenfeldt, 1888: 209.** Type species: *Acroptycha spinifera* Quedenfeldt, 1888, by monotypy.

Alyattes **Thomson, 1864: 48.** Type species: *Alyattes guineensis* Thomson, 1864, by original designation.

Cormia **Pascoe, 1864: 281.** Type species: *Cormia ingrata* Pascoe, 1864, by monotypy.

Eurycotyle **Blessig, 1872: 210.** Type species: *Eurycotyle maacki* Blessig, 1872, by monotypy.

***Pterolophia* (*Incamelomorpha*) Pic, 1926: 4.** Type species: *Pterolophia depensis* Pic, 1926, by monotypy.

Praonetha **Dejean, 1835: 344 [NO].** Type species: *Lamia crassipes* Wiedemann, 1823, designated by Sama, 2002: 95.

Praonetha **Pascoe, 1862: 348 [HN, RN].** Type species: *Prioneta albosignata* Blanchard, 1853, by automatic. Synonymized by Breuning, 1957: 294.

Prioneta **Blanchard, 1853: 292 [RN].** Type species: *Prioneta albosignata* Blanchard, 1853, by monotypy. Synonymized by Breuning, 1957: 294.

Prionetopsis **Thomson, 1864: 49.** Type species: *Prionetopsis balteata* Thomson, 1864 (= *Lamia inaequalis* Fabricius, 1801), by original designation.

***Pterolophia* (*Pterolophia*):Breuning, 1957: 294.**

Theticus **Thomson, 1858: 190.** Type species: *Theticus biarcuatus* Thomson, 1858, designated by Thomson, 1864: 49.

<table>
<tr><td>学名</td><td colspan="5">Pterolophia (Pterolophia) fukiena Gressitt, 1940</td><td>中文名</td><td colspan="2">福建坡天牛</td></tr>
<tr><td>原始学名</td><td colspan="5">Pterolophia fukiena Gressitt, 1940</td><td>曾用名</td><td colspan="2"></td></tr>
<tr><td>重要引证</td><td colspan="8">Pterolophia fukiena Gressitt, 1940b: 189, pl. Ⅴ. fig.1</td></tr>
<tr><td rowspan="2">模式标本相关信息</td><td>正模</td><td>IOZ(E)217651</td><td>性别</td><td>♀</td><td>采集时间</td><td>1933. Ⅴ.20</td><td>体长</td><td>6.0 mm</td></tr>
<tr><td>采集人</td><td>不详</td><td>产地</td><td colspan="3">Kienow(福建建瓯)</td><td>海拔</td><td></td></tr>
<tr><td>已知分布</td><td colspan="8">福建</td></tr>
</table>

<table>
<tr><td>学名</td><td colspan="5">Pterolophia (Pterolophia) maacki (Blessig, 1872)</td><td>中文名</td><td colspan="2">点胸坡天牛</td></tr>
<tr><td>原始学名</td><td colspan="5">Pterolophia chahara Gressitt, 1940</td><td>曾用名</td><td colspan="2"></td></tr>
<tr><td>重要引证</td><td colspan="8">Eurycotyle maacki Blessig, 1872: 211, pl. Ⅷ, fig. 4
Pterolophia chahara Gressitt, 1940b: 188, pl. Ⅳ, fig. 3. Synonymized by Gressitt, 1951: 470</td></tr>
<tr><td rowspan="2">模式标本相关信息</td><td>正模</td><td>IOZ(E)217648</td><td>性别</td><td>♀</td><td>采集时间</td><td>1937. Ⅶ.21</td><td>体长</td><td>8.0 mm</td></tr>
<tr><td>采集人</td><td>Père Octave Piel</td><td>产地</td><td colspan="3">河北杨家坪 (Chahar, Yangkiaping)</td><td>海拔</td><td></td></tr>
<tr><td>已知分布</td><td colspan="8">中国东北、河北、山东、江西、上海、浙江；俄罗斯，蒙古，朝鲜，韩国</td></tr>
<tr><td>寄主</td><td colspan="8">Morus alba Linnaeus (MORACEAE)</td></tr>
</table>

FUKIEN
Musée Heude
HOLOTYPE
PTEROLOPHIA
FUKIENA
J.L.Gressitt
IOZ(E) 217651

CHAHAR
Yangkiaping
O. PIEL, coll.
IOZ(E) 217648
HOLOTYPE
PTEROLOPHIA
CHAHARA
J.L.Gressitt
Pterolophia ♀
maacki (Blessig)
Det. M.Y.LIN,2009

Sthenias Dejean, 1835 突尾天牛属

***Sthenias* Dejean, 1835: 344.** Type species: *Lamia grisator* Fabricius, 1787, by monotypy.

Subgenus *Sthenias* Dejean, 1835

***Sthenias* Dejean, 1835: 344.** Type species: *Lamia grisator* Fabricius, 1787, by monotypy.

***Sthenias* Castelnau, 1840: 466.** Type species: *Lamia grisator* Fabricius, 1787, designated by Thomson, 1864: 50.

***Sthenias* (*Sthenias*): Breuning, 1962: 430.**

***Anomamomus* Fåhraeus, 1872: 194 [RN].** Type species: *Sthenias leucaspis* Fåhraeus, 1872 (= *Lamia leucaspis* Fabricius, 1801), by automatic.

***Chalarus* Fåhraeus, 1873: 45 [HN].** Type species: *Sthenias leucaspis* Fåhraeus, 1873 (= *Lamia leucaspis* Fabricius, 1801), by monotypy.

***Stenias* Guérin-Méneville, 1840: 109.** Type species: *Stenias mionii* Guérin-Méneville, 1840 (= *Lamia cylindrator* Fabricius, 1801), by monotypy.

***Thysanodes* Newman, 1842: 292.** Type species: *Thysanodes jucunda* Newman, 1842, by monotypy. Synonymized by Thomson, 1864: 50.

<table>
<tr><td>学名</td><td colspan="6">Sthenias (Sthenias) cylindricus Gressitt, 1939</td><td>中文名</td><td>天目突尾天牛</td></tr>
<tr><td>原始学名</td><td colspan="6">Sthenias cylindricus Gressitt, 1939</td><td>曾用名</td><td></td></tr>
<tr><td>重要引证</td><td colspan="8">Sthenias cylindricus Gressitt, 1939: 114, pl. Ⅲ, fig. 7</td></tr>
<tr><td rowspan="2">模式标本相关信息</td><td>正模</td><td>IOZ(E)217659</td><td>性别</td><td>♂</td><td>采集时间</td><td>1937. V .31</td><td>体长</td><td>11.0 mm</td></tr>
<tr><td>采集人</td><td>Père Octave Piel</td><td>产地</td><td colspan="3">T' ien-mu Shan（浙江天目山）</td><td>海拔</td><td></td></tr>
<tr><td>已知分布</td><td colspan="8">浙江、湖南、福建</td></tr>
<tr><td>备注</td><td colspan="8">原来的台湾分布记录（Hayashi，1974；Hua，2002）为奕霆白腰天牛的错误鉴定。标本照片由 Laurence Livermore 拍摄</td></tr>
</table>

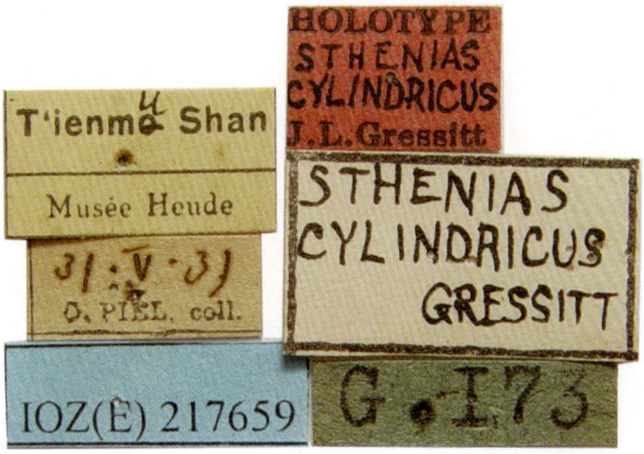
HOLOTYPE
STHENIAS
CYLINDRICUS
J.L. Gressitt
T'ienmu Shan
Musée Heude
31 · V · 31
O. PIEL. coll.
STHENIAS
CYLINDRICUS
GRESSITT
IOZ(E) 217659
G. I73

Tribe Saperdini Mulsant,1839 楔天牛族

Blamada Lin & Holzschuh, 2013 波楔天牛属

***Blamada* Lin & Holzschuh, 2013: 95.** Type species: *Blamada rubripronota* Lin & Holzschuh, 2013, by original designation.

<table>
<tr><td>学名</td><td colspan="6">Blamada rubripronota Lin & Holzschuh, 2013</td><td>中文名</td><td colspan="2">波楔天牛</td></tr>
<tr><td>原始学名</td><td colspan="6">Blamada rubripronota Lin & Holzschuh, 2013</td><td>曾用名</td><td colspan="2"></td></tr>
<tr><td>重要引证</td><td colspan="9">Blamada rubripronota Lin & Holzschuh, 2013: 97, figs. 1–27</td></tr>
<tr><td rowspan="6">模式标本相关信息</td><td>副模</td><td>IOZ(E)1859285</td><td>性别</td><td>♀</td><td>采集时间</td><td>2011. V .7</td><td>体长</td><td colspan="2">12.2 mm</td></tr>
<tr><td>采集人</td><td>Carolus Holzschuh</td><td>产地</td><td colspan="3">NE. Laos, Hua Phan Prov., Ban Saleui, Phou Pan (Mt.)-N 20° 12′; E 104° 01′</td><td>海拔</td><td colspan="2">1 300～1 900 m</td></tr>
<tr><td>副模</td><td>IOZ(E)1859286</td><td>性别</td><td>♂</td><td>采集信息</td><td>同副模1859285，但时间为 2011.V.12</td><td>体长</td><td colspan="2">12.0 mm</td></tr>
<tr><td>副模</td><td>IOZ(E)1859284</td><td>性别</td><td>♀</td><td>采集时间</td><td>2000. VI .28</td><td>体长</td><td colspan="2">12.0 mm</td></tr>
<tr><td>采集人</td><td>李文柱</td><td>产地</td><td colspan="3">广西金秀圣堂山</td><td>海拔</td><td colspan="2">900～1 900 m</td></tr>
<tr><td colspan="9"></td></tr>
<tr><td>已知分布</td><td colspan="9">广西；老挝，越南。其中模式标本产地是老挝</td></tr>
<tr><td>备注</td><td colspan="9">正模及 12 号副模标本保存于奥地利 Carolus Holzschuh 个人收藏，另有 1 号副模标本保存于捷克的 Lubos Dembický 个人收藏，1 号副模标本保存于捷克的 Petr Viktora 个人收藏</td></tr>
</table>

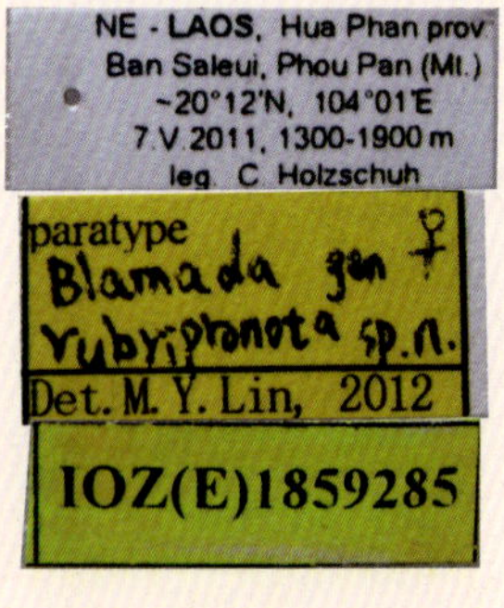

NE - LAOS, Hua Phan prov.
Ban Saleui, Phou Pan (Mt.)
~20°12'N, 104°01'E
12.V.2011, 1300-1900 m
leg. C. Holzschuh
paratype
Blamada gen ♂
rubripronota sp.n
Det. M. Y. Lin, 2012
IOZ(E)1859286
广西金秀圣堂山
900-1900m
2000.VI.28 李文柱
中科院动物所
paratype ♀
Blamada
rubripronota
Det. M. Y. Lin, 2012
IOZ(E)1859284

Dystomorphus Pic, 1926 刺脊天牛属

***Dystomorphus* Pic, 1926: 11.** Type species: *Dystomorphus notatus* Pic, 1926, by monotypy.

<table>
<tr><td>学名</td><td colspan="6">Dystomorphus nigrosignatus Pu, Wang & Li, 1998</td><td>中文名</td><td>黑纹刺脊天牛</td></tr>
<tr><td>原始学名</td><td colspan="6">Dystomorphus nigrosignatus Pu, Wang & Li, 1998</td><td>曾用名</td><td></td></tr>
<tr><td>重要引证</td><td colspan="8">Dystomorphus nigrosignatus Pu, Wang & Li, 1998: 82, 83, fig. 1</td></tr>
<tr><td rowspan="2">模式标本相关信息</td><td>正模</td><td>IOZ(E)1859484</td><td>性别</td><td>♀</td><td>采集时间</td><td>1992. Ⅶ</td><td>体长</td><td>11.5 mm</td></tr>
<tr><td>采集人</td><td>李晓明</td><td>产地</td><td colspan="3">甘肃祁连山寺大隆</td><td>海拔</td><td></td></tr>
<tr><td>已知分布</td><td colspan="8">甘肃</td></tr>
<tr><td>寄主</td><td colspan="8">青海云杉 Picea crassifolia Komar (PINACEAE)</td></tr>
<tr><td>备注</td><td colspan="8">原始标签上的采集人为祁普Ⅱ，表示的是祁连山自然保护区第二次普查或者普查第二队（组），根据原始文献，采集人为李晓明</td></tr>
</table>

Eutetrapha Bates, 1884 直脊天牛属

***Eutetrapha* Bates, 1884: 256.** Type species: *Saperda carinata* Blessig, 1873 (= *Saperda sedecimpunctata* Motschulsky, 1860), designated by Gressitt, 1951: 555.

***Saperda* (*Eutetrapha*): Felt & Joutel, 1904: 6.**

<table>
<tr><td>学名</td><td colspan="6">Eutetrapha chlorotica Pu & Jin, 1991</td><td>中文名</td><td>草绿直脊天牛</td></tr>
<tr><td>原始学名</td><td colspan="6">Eutetrapha chlorotica Pu & Jin, 1991</td><td>曾用名</td><td></td></tr>
<tr><td>重要引证</td><td colspan="8">Eutetrapha chlorotica Pu & Jin, 1991: 192, 197, pl. Ⅲ B: 5</td></tr>
<tr><td rowspan="2">模式标本相关信息</td><td>正模</td><td>IOZ(E)217692</td><td>性别</td><td>♂</td><td>采集时间</td><td>1986. Ⅵ .13</td><td>体长</td><td>15.5 mm</td></tr>
<tr><td>采集人</td><td>潘在全</td><td>产地</td><td colspan="3">云南丽江玉龙雪山</td><td>海拔</td><td></td></tr>
<tr><td>已知分布</td><td colspan="8">云南</td></tr>
</table>

寄主 青海云杉
采集地 寺大隆
采集期 1992.7
采集人 郭善正
中名
科名 天牛
鉴定人
编号 Q0224
Dystomorphus nigrosignatus sp. nov.
鉴定者：蒲富基 1995
IOZ(E)1859484

云南丽江玉龙雪山
中国科学院
1986. VI. 13.
采集者：潘在全
Eutetrapha chlorotica Pu
鉴定者：蒲富基 1990
HOLOTYPE
IOZ(E) 217692

学名	***Eutetrapha cinnabarina* Pu, 1986**					中文名	朱红直脊天牛	
原始学名	***Eutetrapha cinnabarina* Pu, 1986**					曾用名		
重要引证	***Eutetrapha cinnabarina*** Pu, 1986: 201, 202, fig. 1							
模式标本相关信息	正模	IOZ(E)217581	性别	♂	采集时间	1981. Ⅶ .19	体长	11.5 mm
	采集人	韩寅恒（灯诱）	产地	湖北神农架红坪林场			海拔	1 660 m
	配模	IOZ(E)217582	性别	♀	采集时间	1981. Ⅶ .8	体长	14.5 mm
	采集人	韩寅恒	产地	湖北神农架酒壶林场			海拔	1 640 m
已知分布	湖北							

学名	***Eutetrapha complexa* Pu & Jin, 1991**					中文名	复纹直脊天牛	
原始学名	***Eutetrapha complexa* Pu & Jin, 1991**					曾用名		
重要引证	***Eutetrapha complexa*** Pu & Jin, 1991: 192, 197, pl. Ⅲ B: 4							
模式标本相关信息	正模	IOZ(E)217691	性别	♀	采集时间	1981. Ⅶ .19	体长	17.0 mm
	采集人	王仲芳	产地	陕西周至县			海拔	
已知分布	陕西							

湖北神农架酒
壶林场 1640m
中国科学院
1981. VII. 8.
采集者：韩寅恒
♀
Eutetrapha
cinnabarina
鉴定者：蒲富基 1986
ALLOTYPE
IOZ(E) 217582

陕西周至县
中国科学院
1981. VII. 19.
采集者：王仲芳
HOLOTYPE
IOZ(E) 217691
Eutetrapha
complexa Pu
鉴定者：蒲富基 1990

学名	***Eutetrapha lini* Chou, Chung & Lin, 2010**						中文名	林氏直脊天牛
原始学名	***Eutetrapha lini* Chou, Chung & Lin, 2010**						曾用名	
重要引证	***Eutetrapha lini*** Chou, Chung & Lin, 2010: 313, figs.1-10, 14-16							
模式标本相关信息	副模	IOZ(E)1859432	性别	♂	采集时间	2009. V .16	体长	13.2 mm
	采集人	钟奕霆	产地	台湾台东县寿卡			海拔	
	副模	IOZ(E)1859433	性别	♀	采集信息	同副模 1859432	体长	15.0 mm
	副模	IOZ(E)1859434	性别	♀	采集信息	同副模 1859432	体长	16.0 mm
已知分布	台湾							
备注	正模存放于台湾国立自然科学博物馆							

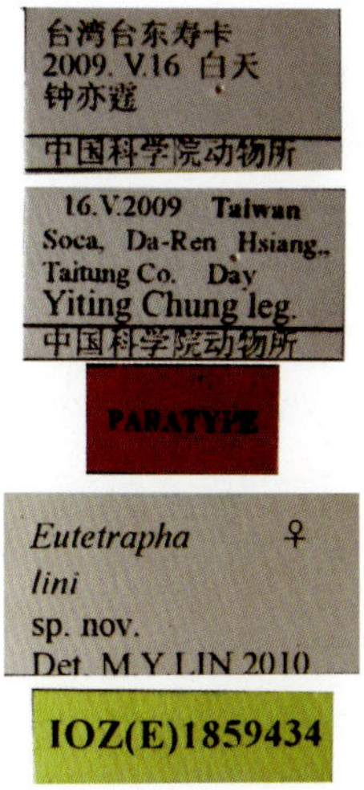
台湾台东寿卡
2009. V.16 白天
钟亦蓬
中国科学院动物所
16.V.2009 Taiwan
Soca, Da-Ren Hsiang.,
Taitung Co. Day
Yiting Chung leg.
中国科学院动物所
PARATYPE
Eutetrapha ♀
lini
sp. nov.
Det. M.Y.LIN 2010
IOZ(E)1859434

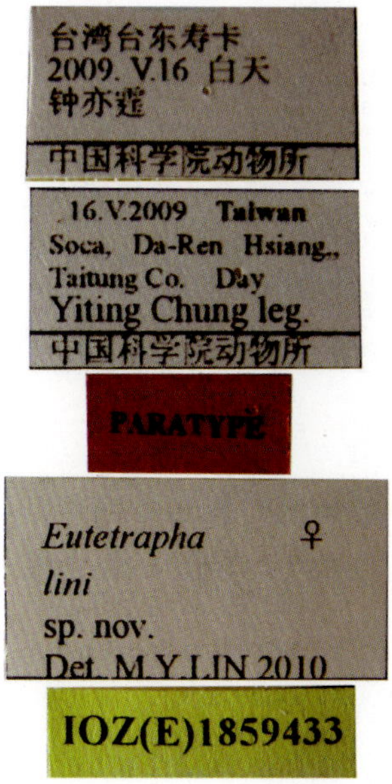
台湾台东寿卡
2009. V.16 白天
钟亦蓬
中国科学院动物所
16.V.2009 Taiwan
Soca, Da-Ren Hsiang.,
Taitung Co. Day
Yiting Chung leg.
中国科学院动物所
PARATYPE
Eutetrapha ♀
lini
sp. nov.
Det. M.Y.LIN 2010
IOZ(E)1859433

学名	***Eutetrapha shiqianensis* Pu & Jin, 1991**					中文名	石阡直脊天牛	
原始学名	***Eutetrapha shiqianensis* Pu & Jin, 1991**					曾用名		
重要引证	***Eutetrapha shiqianensis*** Pu & Jin, 1991: 192, 198, pl. Ⅲ B: 6							
模式标本相关信息	正模	IOZ(E)217693	性别	♀	采集时间	1988. Ⅶ .22	体长	15.5 mm
	采集人	王书永	产地	贵州石阡金星			海拔	650 ～ 800 m
	副模	IOZ(E)217694	性别	♀	采集信息	同正模	体长	16.0 mm
已知分布	贵州							

学名	***Eutetrapha stigmosa* Pu & Jin, 1991**					中文名	多点直脊天牛	
原始学名	***Eutetrapha stigmosa* Pu & Jin, 1991**					曾用名		
重要引证	***Eutetrapha stigmosa*** Pu & Jin, 1991: 191, 196, pl. IIIB: 3							
模式标本相关信息	正模	IOZ(E)217695	性别	♂	采集时间	1963. Ⅵ .6	体长	16.5 mm
	采集人	尤其儆	产地	广西天平山			海拔	
	错误鉴定	IOZ(E)217696	性别	♂	采集时间	1981. Ⅶ . 下旬	体长	14.5 mm
	采集人	虞佩玉	产地	湖北神农架			海拔	
已知分布	广西							
备注	雌性配模产自湖北神农架木鱼，保存于中国科学院上海昆虫博物馆。经编者研究，雌性配模和 217696 都是错误鉴定，乃是尚未发表的新种，因此湖北也非本种的分布地							

贵州 石阡金星
650~800m.
中国科学院
1988.VII.22.
采集者:王书永
PARATYPE
IOZ(E) 217694
广西 天平山
中国科学院
1963.VI.6
采集者:尤其儆
Eutetrapha stigmosa Pu et Jin
鉴定者 蒲富基 1990
HOLOTYPE
IOZ(E) 217695
湖北神农架
1981.VII.下
中国科学院
1981.VII.下旬
采集者: 虞佩玉
PARATYPE
IOZ(E) 217696
Eutetrapha ♂ parastigmosa sp. nov.
Det. M.Y. Lin 2015

<table>
<tr><td>学名</td><td colspan="5">Eutetrapha velutinofasciata Pic, 1939</td><td>中文名</td><td colspan="2">绒线直脊天牛</td></tr>
<tr><td>原始学名</td><td colspan="5">Paraglenea nigromaculata Wang & Jiang, 2002</td><td>曾用名</td><td colspan="2">黑斑双脊天牛</td></tr>
<tr><td>重要引证</td><td colspan="8">Eutetrapha velutinofasciata Pic, 1939: 2
Paraglenea nigromaculata Wang & Jiang, 2002: 145. figs 1-4. Synonymized by Lin, Li & Yang, 2006: 65</td></tr>
<tr><td rowspan="2">模式标本相关信息</td><td>副模</td><td>IOZ(E)1859437</td><td>性别</td><td>♀</td><td>采集时间</td><td>1964. Ⅵ .21</td><td>体长</td><td>18.0 mm</td></tr>
<tr><td>采集人</td><td>刘新华</td><td>产地</td><td colspan="3">内蒙古呼和浩特市</td><td>海拔</td><td></td></tr>
<tr><td>已知分布</td><td colspan="8">黑龙江、内蒙古、北京、河北、山西、陕西</td></tr>
<tr><td>寄主</td><td colspan="8">Populus sp. (salicacae)</td></tr>
<tr><td>备注</td><td colspan="8">此号副模标本是 2006 年用一号 Obrium longithoracicum Chiang, 1963 的副模标本与西南大学交换来的。Paraglenea nigromaculata Wang & Jiang, 2002 的正模标本存放于西南大学</td></tr>
</table>

<table>
<tr><td>学名</td><td colspan="5">Eutetrapha virides Pu & Jin, 1991</td><td>中文名</td><td colspan="2">翠绿直脊天牛</td></tr>
<tr><td>原始学名</td><td colspan="5">Eutetrapha virides Pu & Jin, 1991</td><td>曾用名</td><td colspan="2"></td></tr>
<tr><td>重要引证</td><td colspan="8">Eutetrapha virides Pu & Jin, 1991: 191, 196, pl. Ⅲ B: 2</td></tr>
<tr><td rowspan="2">模式标本相关信息</td><td>正模</td><td>IOZ(E)217697</td><td>性别</td><td>♂</td><td>采集时间</td><td>1980. Ⅶ .30</td><td>体长</td><td>13.5 mm</td></tr>
<tr><td>采集人</td><td>兰明礼</td><td>产地</td><td colspan="3">四川青川唐家河</td><td>海拔</td><td></td></tr>
<tr><td>已知分布</td><td colspan="8">四川</td></tr>
<tr><td>备注</td><td colspan="8">原始文献记载采集人有蓝明礼，但标签写的是兰明礼。此种的分类归属有误</td></tr>
<tr><td>寄主</td><td colspan="8">云杉</td></tr>
</table>

四川青川唐家河
中国科学院
寄主:云杉
1990.VII.30.
采集者:
HOLOTYPE
Eutetrapha virides Pu
鑑定者：蒲富基 1990
IOZ(E) 217697

Glenea Newman, 1842 并脊天牛属

***Glenea* Newman, 1842: 301.** Type species: *Saperda novemguttata* Guérin-Méneville, 1831, designated by Thomson, 1879: 1.

***Notes*:** Löbl & Smetana (2010) treated *Glenea lepida* Newman, 1842 as the type species.

学名	***Glenea changchini* Lin & Lin, 2011**					中文名	常卿并脊天牛
原始学名	***Glenea changchini* Lin & Lin, 2011**					曾用名	
重要引证	***Glenea changchini*** Lin & Lin, 2011: 13, figs. 1–8						
模式标本相关信息	正模	IOZ(E)1859451	性别	♂	采集时间	2010. V .13	体长	23.0 mm
	采集人	杨晓东	产地	云南金平马鞍底标水岩		海拔	1 350 m
	副模	IOZ(E)1859452	性别	♂	采集时间	2010. V .15	体长	21.8 mm
	采集人	林文信	产地	云南金平马鞍底标水岩		海拔	1 350 m
已知分布	云南；越南（Viktora & Lin, 2012）						
备注	陈常卿和林文信赠送标本。另有 1 号副模标本保存于陈常卿个人收藏。本种雌性仍然未知						

学名	***Glenea difficilis* Lin & Tavakilian, 2009**					中文名	难分并脊天牛
原始学名	***Glenea difficilis* Lin & Tavakilian, 2009**					曾用名	
重要引证	***Glenea difficilis*** Lin & Tavakilian, ***In***: Lin, Tavakilian, Montreuil & Yang, 2009b: 161, figs.16-20, 87						
模式标本相关信息	副模	IOZ(E)1859379	性别	♂	采集时间	1919	体长	11.0 mm
	采集人		产地	Tonkin occ. Rég. De Hoa Binh		海拔	
	副模	IOZ(E)1859380	性别	♀	采集时间	1919	体长	13.0 mm
	采集人	R.P.A.de Cooman	产地	Tonkin occ. Env. De Hoa-Binh		海拔	
已知分布	越南（Tonkin）						
备注	副模标本由巴黎自然历史博物馆赠送。（IZAS ex MNHN Museum Paris 2009, ex Coll. R. Oberthür 1952）。正模保存于巴黎自然历史博物馆						

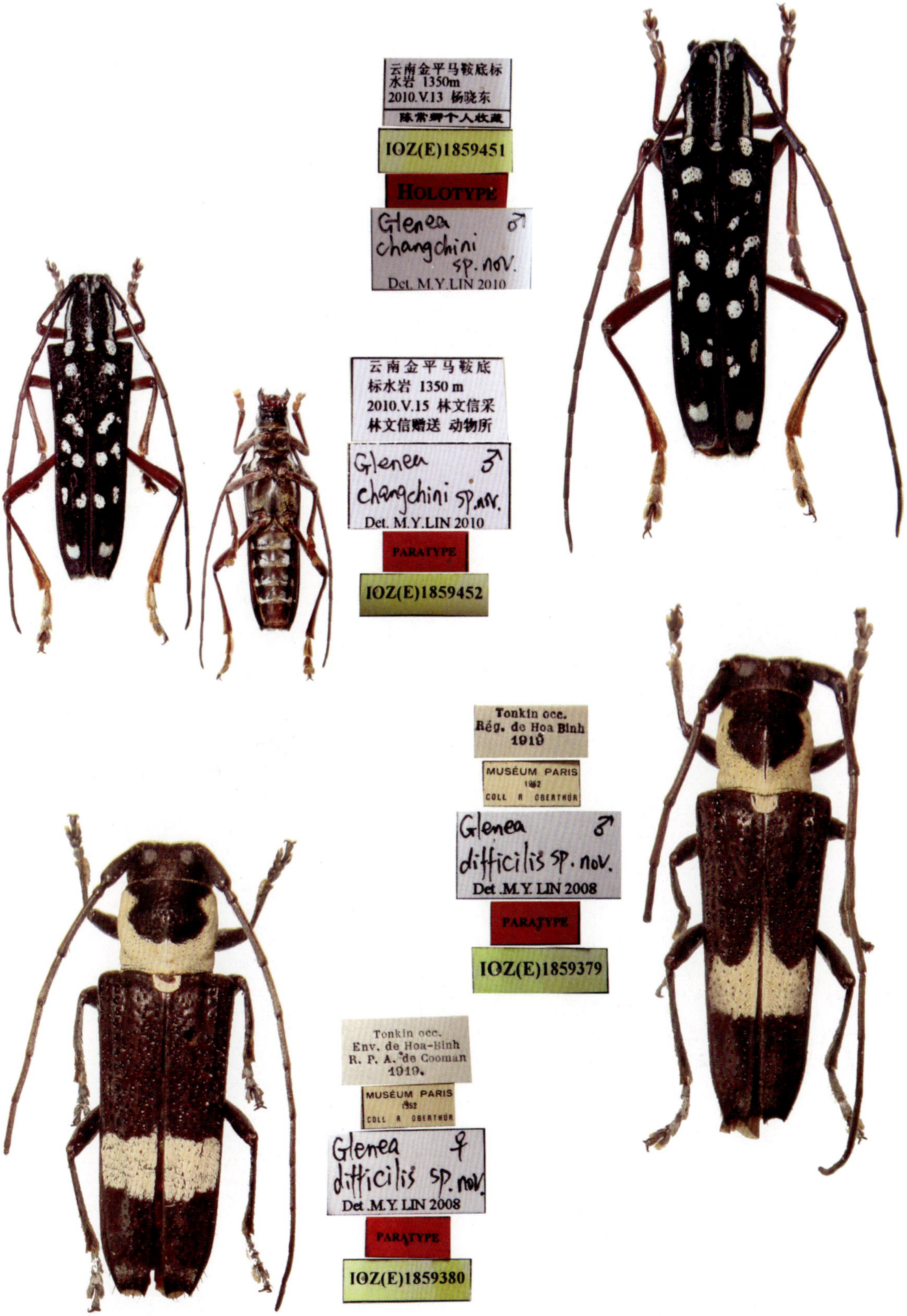
云南金平马鞍底标水岩 1350m 2010.V.13 杨晓东
陈常卿个人收藏
IOZ(E)1859451
HOLOTYPE
Glenea changchini ♂ sp. nov.
Det. M.Y.LIN 2010
云南金平马鞍底标水岩 1350 m 2010.V.15 林文信采 林文信赠送 动物所
Glenea changchini ♂ sp.nov.
Det. M.Y.LIN 2010
PARATYPE
IOZ(E)1859452
Tonkin occ. Rég. de Hoa Binh 1919
MUSÉUM PARIS 1952 COLL R OBERTHÜR
Glenea difficilis ♂ sp. nov.
Det .M.Y. LIN 2008
PARATYPE
IOZ(E)1859379
Tonkin occ. Env. de Hoa-Binh R. P. A. de Cooman 1919.
MUSÉUM PARIS 1952 COLL R OBERTHÜR
Glenea difficilis ♀ sp. nov.
Det .M.Y. LIN 2008
PARATYPE
IOZ(E)1859380

学名	***Glenea jini*** **Lin & Dai, 2012**					中文名	金氏并脊天牛	
原始学名	***Glenea jini*** **Lin & Dai, 2012**					曾用名		
重要引证	***Glenea jini*** Lin & Dai, 2012: 6, figs.1−8							
模式标本相关信息	正模	IOZ(E)1859443	性别	♂	采集时间		体长	14.0 mm
	采集人		产地	西藏墨脱汉密			海拔	1 100 ～ 2 100 m
	副模	IOZ(E)1859444	性别	♂	采集时间	1981. Ⅸ .25	体长	13.6 mm
	采集人	韩寅恒	产地	西藏墨脱西让			海拔	600 ～ 700m
已知分布	西藏							
备注	另有 4 号副模标本保存于上海昆虫博物馆，1 号副模标本保存于天津陈常卿个人收藏							

PARATYPE
IOZ(E)1859444
Glenea jini n. sp. ♂
Det.M.Y.Lin, 2011

学名	***Glenea linwenhsini* Lin, 2013**					中文名	林文信并脊天牛	
原始学名	***Glenea linwenhsini* Lin, 2013**					曾用名		
重要引证	***Glenea linwenhsini*** Lin, 2013: 109, figs. 8-15							
模式标本相关信息	正模	IOZ(E)1905106	性别	♂	采集时间	2009. Ⅶ .10	体长	13.3 mm
	采集人	林文信	产地	贵州梵净山 N 27° 53.976′; E 108° 42.505′			海拔	1 775 m
	副模	IOZ(E)1905112	性别	♀	采集时间	2008. Ⅵ .29	体长	12.5 mm
	采集人	周文一	产地	Guizhou, Jiangkou Xian, Mt. Fanjingshan（贵州江口县梵净山）			海拔	1 500 m
	副模	IOZ(E)1905107-10	性别	♂	采集信息同正模 1905106，09 为 2009. Ⅶ .17 灯诱，10 为 2009. Ⅵ .26 白天采集		体长	10.8 ～ 11.9 mm
	副模	IOZ(E)1905111	性别	♂	采集信息同 1905112，日期为 2001. Ⅵ .15		体长	12.5 mm
已知分布	贵州							
备注	模式标本由陈常卿先生和林文信先生赠送。另有多号副模标本保存于天津陈常卿个人收藏							

贵州梵净山
海拔: 1775m
2009.VII.10 白天
林文信
Coll.Chen Ch.Ch
paratype Glenea ♂
linwenhsini
sp.nov.
Det. M.Y.Lin, 2013
HOLOTYPE
IOZ(E)1905106

<table>
<tr><td>学名</td><td colspan="5">Glenea meiyingae Holzschuh, 2009</td><td>中文名</td><td colspan="2">美英并脊天牛</td></tr>
<tr><td>原始学名</td><td colspan="5">Glenea meiyingae Holzschuh, 2009</td><td>曾用名</td><td colspan="2"></td></tr>
<tr><td>重要引证</td><td colspan="8">Glenea meiyingae Holzschuh, 2009: 423, Tafel XVI, Abb. 24</td></tr>
<tr><td rowspan="5">模式标本相关信息</td><td>副模</td><td>IOZ(E)1859364</td><td>性别</td><td>♀</td><td>采集时间</td><td>1986. Ⅳ.26</td><td>体长</td><td>10.2 mm</td></tr>
<tr><td>采集人</td><td>Narayan Dangal</td><td>产地</td><td colspan="3">India, West Bengalen Distr. Darjeeling, Kurseong Chiple Forest</td><td>海拔</td><td>1 000 m</td></tr>
<tr><td>副模</td><td>IOZ(E)1859366</td><td>性别</td><td>♂</td><td>采集信息</td><td>同副模 1859364</td><td>体长</td><td>10.2 mm</td></tr>
<tr><td>副模</td><td>IOZ(E)1859365</td><td>性别</td><td>♂</td><td>采集时间</td><td>1987. Ⅲ.20</td><td>体长</td><td>8.9 mm</td></tr>
<tr><td>采集人</td><td>Narayan Dangal</td><td>产地</td><td colspan="3">India, West Bengalen Distr. Darjeeling, Kurseong Jhouly Busty</td><td>海拔</td><td>1 200m</td></tr>
<tr><td>已知分布</td><td colspan="8">印度，孟加拉国，尼泊尔</td></tr>
<tr><td>备注</td><td colspan="8">Carolus Holzschuh 赠送 3 号副模标本，2011.IX.1 收到。照片由毕文烜拍摄。正模保存于奥地利 Carolus Holzschuh 个人收藏</td></tr>
</table>

INDIA, West Bengalen
Distr. Darjeeling, Kurseong
Chiple Forest, 26.IV. 1986
leg. Narayan Dangal, 1000 m
PARATYPUS
Glenea
meiyingae n.sp.
det. C. Holzschuh 2009
IOZ(E)1859366

INDIA, West Bengalen
Distr. Darjeeling, Kurseong
Jhouly Busty, 20.III.1987
leg. N. Dangal, 1200 m
PARATYPUS
Glenea
meiyingae n.sp.
det. C. Holzschuh 2009
IOZ(E)1859365

<table>
<tr><td>学名</td><td colspan="5">Glenea neohumerosa Lin & Yang, 2011</td><td>中文名</td><td colspan="2">新宽肩并脊天牛</td></tr>
<tr><td>原始学名</td><td colspan="5">Glenea neohumerosa Lin & Yang, 2011</td><td>曾用名</td><td colspan="2"></td></tr>
<tr><td>重要引证</td><td colspan="8">Glenea neohumerosa Lin & Yang, 2011b: 62, figs. 12-23</td></tr>
<tr><td rowspan="11">模式标本相关信息</td><td>正模</td><td>IOZ(E)1859448</td><td>性别</td><td>♂</td><td>采集时间</td><td>1999. V .17</td><td>体长</td><td>10.2 mm</td></tr>
<tr><td>采集人</td><td>杨星科</td><td>产地</td><td colspan="3">广西金秀圣堂山</td><td>海拔</td><td>900 m</td></tr>
<tr><td>副模</td><td>IOZ(E)1859447, 449</td><td>性别</td><td>♂</td><td>采集时间</td><td>1999. V .15, 14</td><td>体长</td><td>10.5 ～ 10.8 mm</td></tr>
<tr><td>采集人</td><td>袁德成</td><td>产地</td><td colspan="3">广西金秀罗香</td><td>海拔</td><td>400 m</td></tr>
<tr><td>副模</td><td>IOZ(E)1859445</td><td>性别</td><td>♀</td><td>采集时间</td><td>1934. Ⅳ .18</td><td>体长</td><td>13.0 mm</td></tr>
<tr><td>采集人</td><td></td><td>产地</td><td colspan="3">海南（Hainan Exp.）</td><td>海拔</td><td></td></tr>
<tr><td>副模</td><td>IOZ(E)1859446</td><td>性别</td><td>♂</td><td colspan="2">采集信息同副模 IOZ(E)1859445，但时间为 1934. Ⅲ .26</td><td>体长</td><td>10.5 mm</td></tr>
<tr><td>副模</td><td>IOZ(E)1859450</td><td>性别</td><td>♀</td><td>采集时间</td><td>1907</td><td>体长</td><td>10.5 mm</td></tr>
<tr><td>采集人</td><td>Lemée</td><td>产地</td><td colspan="3">Vietnam, Tonkin, Backan</td><td>海拔</td><td></td></tr>
<tr><td>已知分布</td><td colspan="8">福建、海南、广西；越南</td></tr>
<tr><td>备注</td><td colspan="8">另有一些副模标本存放于中山大学、上海昆虫博物馆及一些昆虫爱好者的个人收藏处。
IOZ(E)1859450 ex MNHN, ex Coll. R. Oberthür 1952</td></tr>
</table>

Hainan Exp. 1934
IV-18.
Glenea humerosa Gress.
Glenea ♀ neohumerosa n.sp.
Det. M.Y.Lin, 2011
IOZ(E)1859445

Tonkin Backan Lemée 1907
MUSÉUM PARIS 1952 COLL R OBERTHÜR
Glenea ♀ neohumerosa sp. nov.
Det. M.Y.LIN 2011
PARATYPE
IOZ(E)1859450

学名	*Glenea nigrorubricollis* **Lin & Yang, 2009**					中文名	黑红并脊天牛	
原始学名	*Glenea nigrorubricollis* **Lin & Yang, 2009**					曾用名		
重要引证	***Glenea nigrorubricollis*** **Lin & Yang, *In***: Lin, Tavakilian, Montreuil & Yang, 2009a: 11, figs.25-30							
模式标本相关信息	副模	IOZ(E)1859309	性别	♂	采集时间	1962. Ⅵ.8	体长	17.5 mm
	采集人	方思明	产地	广东鼎湖山 Ce-002404			海拔	
	副模	IOZ(E)1859310	性别	♀	采集信息同副模 1859309，但产地为 Ce-002403		体长	20.0 mm
已知分布	广东							
备注	与中山大学生物博物馆交换得来。正模保存于中山大学							

学名	***Glenea obliqua*** **Gressitt, 1939**					中文名	斜斑并脊天牛	
原始学名	***Glenea obliqua*** **Gressitt, 1939**					曾用名		
重要引证	***Glenea obliqua*** Gressitt, 1939: 119, pl. Ⅱ, figs. 9-11 ***Glenea* (*Glenea*) *acutoides* ssp. *obliqua***; Breuning, 1956c: 788							
模式标本相关信息	正模	IOZ(E)217591	性别	♂	采集时间	1936. Ⅵ.10	体长	12.0 mm
	采集人	O. Piel	产地	T'ien-mu Shan（浙江天目山）			海拔	
	副模	IOZ(E)1859300	性别	♂	采集信息同正模 217591，但时间为 1936. Ⅶ.22		体长	11.3 mm
	副模	IOZ(E)1859301	性别	♂	采集信息同正模 217591，但时间为 1936. Ⅵ.16		体长	10.4 mm
已知分布	河南、陕西、安徽、浙江、湖北、福建；越南							
备注	曾经被认为是 *Glenea acutoides* 的亚种							

(3)
红并脊天牛
Glenea rubricollis
(Hope)
鉴定人:华立中 1979
Ce-002403
中山大学
生物博物馆
Glenea nigrorubricollis Lin et Yang sp. nov. ♀
Det. M.Y.LIN 2008 PT
Paratipo
IOZ(E)1859310

T'ienmo Shan
Musée Heude
10-6-36
O. PIEL coll.
HOLOTYPE
GLENEA
OBLIQUA
J.L.Gressitt
HOLOTYPE
IOZ(E) 217591

T'ienmo Shan
Musée Heude
22.VIII.36
O. PIEL coll.
PARATYPE
GLENEA
OBLIQUA
J.L.Gressitt
Glenea obliqua
IOZ(E)1859300

学名	***Glenea omeiensis* Chiang, 1963**					中文名	峨眉并脊天牛	
原始学名	***Glenea* (s. str.) *omeiensis* Chiang, 1963**					曾用名		
重要引证	***Glenea* (s. str.) *omeiensis*** Chiang, 1963: 68, 75, fig. 8							
模式标本相关信息	正模	IOZ(E)217590	性别	♀	采集时间	1955. Ⅵ.24	体长	8.2 mm
	采集人	布希克	产地	四川峨眉山			海拔	1 600～2 100 m
已知分布	四川							
备注	标本照片由毕文烜拍摄							

学名	***Glenea papiliomaculata* Pu, 1992**					中文名	蝶斑并脊天牛	
原始学名	***Glenea* (s.str.) *papiliomaculata* Pu, 1992**					曾用名		
重要引证	***Glenea* (s.str.) *papiliomaculata*** Pu, 1992b: 606, 620, pl. Ⅱ, fig.13							
模式标本相关信息	正模	IOZ(E)217726	性别	♂	采集时间	1981. Ⅴ.28	体长	9.5 mm
	采集人	王书永	产地	云南泸水片马			海拔	2 300 m
已知分布	云南							

学名	***Glenea paradiana* Lin & Montreuil, 2009**					中文名	远基并脊天牛	
原始学名	***Glenea paradiana* Lin & Montreuil, 2009**					曾用名		
重要引证	***Glenea paradiana* Lin & Montreuil, *In***: Lin, Tavakilian, Montreuil & Yang, 2009a: 2, figs. 1-5							
模式标本相关信息	副模	IOZ(E)1859377	性别	♂	采集时间	1964. Ⅳ	体长	18.5 mm
	采集人		产地	Laos, Phontiou			海拔	
	副模	IOZ(E)1859378	性别	♀	采集时间	1903	体长	22.0 mm
	采集人	R.P. Guerlach	产地	Annam Quinhone			海拔	
已知分布	越南，老挝							
备注	副模标本由林美英于 2008 年从巴黎自然历史博物馆带回北京（IZAS ex MNHN Museum Paris 2009, 1859377 ex Coll. J. Rondon, 1967; 1859378 ex Coll. R. Oberthür, 1952）。正模保存于巴黎自然历史博物馆							

四川峨眉山1600—2100公尺
1955.VI.24.
布希克
Омэйшань, 1600-2100 м.
Сычуань 24-У1 1955
Бущик
521
Glenea omeiensis sp. n.
鑑定者：蔣書楠1961
HOLOTYPE
IOZ(E) 217590
云南泸水片马
2300米
中国科学院
1981.V.28
采集者：王书永
HOLOTYPE
IOZ(E) 217726
PHONTIOU
IV-1964
Museum Paris
LAOS
Coll. J.Rondon 1967
Glenea ♂
paradiana sp.nov.
Det .M.Y. LIN 2007
PARATYPE
IOZ(E)1859377
Annam
Quinhone
R. P. Guerlach
1903
MUSÉUM PARIS
COLL R OBERTHUR
Glenea ♀
paradiana sp.nov.
Det .M.Y. LIN 2007
PARATYPE
IOZ(E)1859378

<table>
<tr><td>学名</td><td colspan="5">Glenea paraornata Lin, 2013</td><td>中文名</td><td colspan="2">拟蝶并脊天牛</td></tr>
<tr><td>原始学名</td><td colspan="5">Glenea paraornata Lin, 2013</td><td>曾用名</td><td colspan="2"></td></tr>
<tr><td>重要引证</td><td colspan="8">Glenea paraornata Lin, 2013: 113, figs.16-21</td></tr>
<tr><td rowspan="8">模式标本相关信息</td><td>正模</td><td>IOZ(E)1859272</td><td>性别</td><td>♂</td><td>采集时间</td><td>1957. Ⅳ.24</td><td>体长</td><td>13.0 mm</td></tr>
<tr><td>采集人</td><td>臧令超</td><td>产地</td><td colspan="3">云南孟海糯山</td><td>海拔</td><td>1 200 m</td></tr>
<tr><td>副模</td><td>IOZ(E)1859273</td><td>性别</td><td>♂</td><td>采集时间</td><td>1994. Ⅳ.3</td><td>体长</td><td>10.8 mm</td></tr>
<tr><td>采集人</td><td>徐环李</td><td>产地</td><td colspan="3">云南西双版纳勐仑雨林</td><td>海拔</td><td>650 m</td></tr>
<tr><td>副模</td><td>IOZ(E)1905102</td><td>性别</td><td>♀</td><td>采集时间</td><td>1984. Ⅴ.17</td><td>体长</td><td>15.8 mm</td></tr>
<tr><td>采集人</td><td>顾茂彬</td><td>产地</td><td colspan="3">海南尖峰岭</td><td>海拔</td><td>1 600 m</td></tr>
<tr><td>副模</td><td>IOZ(E)1905103</td><td>性别</td><td>♀</td><td>采集时间</td><td></td><td>体长</td><td>12.4 mm</td></tr>
<tr><td>采集人</td><td>A de Cooman</td><td>产地</td><td colspan="3">Vietnam, Tonkin, Hoa-Binh</td><td>海拔</td><td>1 800 m</td></tr>
<tr><td>已知分布</td><td colspan="8">海南、云南；老挝，越南，泰国</td></tr>
<tr><td>备注</td><td colspan="8">另有多号副模标本保存于其他国内外单位或个人收藏，详见原始文献</td></tr>
</table>

云南西双版纳勐仑
650米
中国科学院
1994.IV.3
雨林
采集者：徐环李
Glenea ♂
paraornata sp. nov.
Det. M.Y.LIN 2008
PARATYPE
IOZ(E)1859273

海南：尖峰岭
1984.5.17
中国林科院
寄主：
采集者
A-7452.
T-8
Glenea ♀
paraornata sp.nov
Det .M.Y. LIN 2007
PARATYPE
IOZ(E)1905102

TONKIN
Hoa-Binh
leg. A de cooman
Glenea ♀
paraornata sp.nov
Det .M.Y. LIN 2007
PARATYPE
IOZ(E)1905103

学名	***Glenea pieliana nigra* Gressitt, 1940**					中文名	黑色复纹并脊天牛	
原始学名	***Glenea pieliana nigra* Gressitt, 1940**					曾用名	黑色复纹并脊天牛	
重要引证	***Glenea pieliana nigra*** Gressitt, 1940: 194, pl. Ⅴ, fig. 3							
模式标本相关信息	正模	IOZ(E)217593	性别	♀	采集时间	1935.Ⅶ.10	体长	10.4 mm
	采集人	O. Piel	产地	Kuling(江西牯岭)			海拔	
已知分布	江西、福建、广东、海南、广西							

学名	***Glenea pieliana pieliana* Gressitt, 1939**					中文名	复纹并脊天牛	
原始学名	***Glenea pieliana* Gressitt, 1939**					曾用名	复纹并脊天牛	
重要引证	***Glenea pieliana*** Gressitt, 1939: 120, pl. Ⅱ, figs. 12, 13 ***Glenea tienmushana*** Heyrovsky, 1939:69. Synonymized by Gressitt, 1951: 577 ***Glenea pieliana pieliana***; Gressitt, 1951: 577							
模式标本相关信息	正模	IOZ(E)217592	性别	♀	采集时间	1936.Ⅵ.17	体长	10.7 mm
	采集人	O. Piel	产地	T'ien-mu Shan(浙江天目山)			海拔	
	副模	IOZ(E)1859298	性别	♂	采集时间	1936.Ⅵ.17	体长	9.4 mm
	采集人	O. Piel	产地	T'ien-mu Shan(浙江天目山)			海拔	
	副模	IOZ(E)1859299	性别	♂	采集时间	1936.Ⅵ.10	体长	9.8 mm
	采集人	O. Piel	产地	T'ien-mu Shan(浙江天目山)			海拔	
已知分布	浙江、湖北、江西、福建							

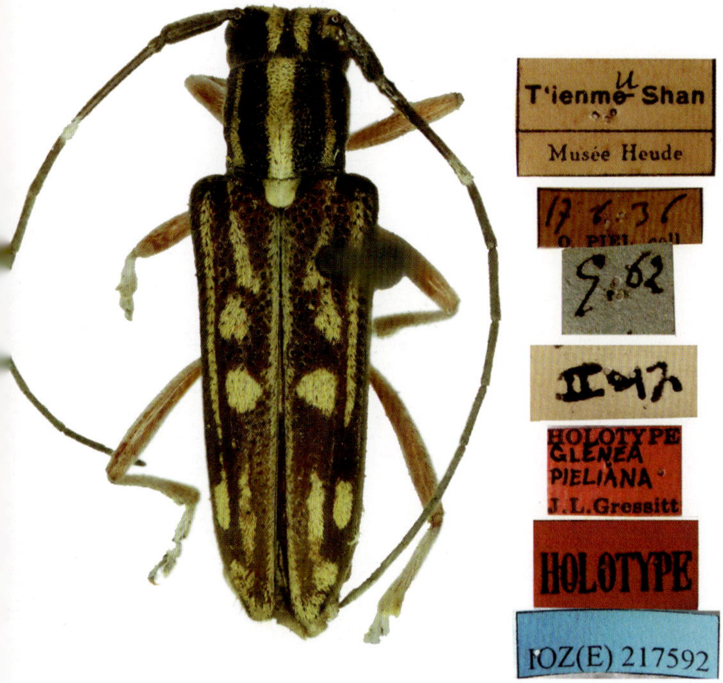
T'ienmu Shan
Musée Heude
17-6-36
O. PIEL, coll.
HOLOTYPE
GLENEA
PIELIANA
J.L.Gressitt
HOLOTYPE
IOZ(E) 217592

T'ienmu Shan
Musée Heude
17-6-36
O. PIEL, coll.
PARATYPE
GLENEA
PIELIANA
J.L.Gressitt
IOZ(E)1859298

T'ienmu Shan
Musée Heude
10-6-36
O. PIEL, coll.
PARATYPE
GLENEA
PIELIANA
J.L.Gressitt
IOZ(E)1859299

学名	***Glenea problematica*** **Lin & Yang, 2009**					中文名	拟莫氏并脊天牛	
原始学名	***Glenea problematica*** **Lin & Yang, 2009**					曾用名		
重要引证	***Glenea problematica*** **Lin & Yang, *In*:** Lin, Tavakilian, Montreuil & Yang, 2009b: 171, figs.70-83, 86							
模式标本相关信息	副模	IOZ(E)1859404	性别	♂	采集时间	1958. Ⅵ.13	体长	12.5 mm
	采集人	张毅然	产地	云南西双版纳勐混			海拔	1 200～1 400 m
	副模	IOZ(E)1859410	性别	♀	采集时间	1958. Ⅵ.11	体长	17.0 mm
	采集人	洪淳培	产地	云南西双版纳勐混			海拔	650 m
	副模	IOZ(E)1859423	性别	♂	采集时间	1992. Ⅴ.15～20	体长	12.0 mm
	采集人	P. Pacholatko	产地	NE Thai Nan Distr. Ban Pha Khap			海拔	
	副模	♂♂ IOZ(E)1859387-389;392-396;402-403;405;411-414;421;♀♀ IOZ(E)1859383-386; 390-391; 397-401; 407+409; 415-418;424	性别	♂♂♀♀	采集时间	主要为1957～1959年，具体信息见数据库或文献	体长	♂♂11.0～14.3 mm ♀♀12.6～17.0 mm
	采集人	张毅然、张学忠、王书永、孟绪武等	产地	云南西双版纳各个地区，具体信息见数据库或文献			海拔	650～1 500 m
	副模	IOZ(E)1859420;422	性别	♂♂	采集时间	1957. Ⅷ.9	体长	12.5～13.0 mm
	采集人	张毅然	产地	青海祁连			海拔	2 560 m
	副模	IOZ(E)1859419	性别	♀	采集时间	1957. Ⅸ.7	体长	16.5 mm
	采集人	张毅然	产地	甘肃兰州			海拔	1 500 m
已知分布	甘肃、青海、云南；老挝，缅甸，泰国							
备注	另有两号副模标本 IOZ(E)1859480-81 现存放于上海昆虫博物馆，用于交换其他种类的标本。IOZ(E)1859406 和 IOZ(E)1859408 现存放于美国 Smithonian 博物馆，交换来两号产自缅甸的同种标本。正模保存于巴黎自然历史博物馆							

云南西双版纳勐混
1200—1400 公尺
中國科学院
1958.VI.13
採集者:張毅然
PARATYPE
Glenea ♂
problematica
sp.nov.
Det .M.Y. LIN 2008
IOZ(E)1859404
云南西双版纳勐混
650
1200—1400 公尺
中國科学院
1958.VI.11
採集者:洪淳培
PARATYPE
Glenea ♀
problematica
sp.nov.
Det .M.Y. LIN 2008
IOZ(E)1859410
NE THAI NAN distr.
BAN PHA KHAP
15.-20.V.1992
leg.P Pacholatko
PARATYPE
Glenea ♂
problematica sp.nov.
Det .M.Y. LIN 2007
IOZ(E)1859423

<table>
<tr><td>学名</td><td colspan="4">Glenea pseudocaninia Lin & Montreuil, 2009</td><td>中文名</td><td colspan="3">拟白并脊天牛</td></tr>
<tr><td>原始学名</td><td colspan="4">Glenea pseudocaninia Lin & Montreuil, 2009</td><td>曾用名</td><td colspan="3"></td></tr>
<tr><td>重要引证</td><td colspan="8">Glenea pseudocaninia Lin & Montreuil, In: Lin, Tavakilian, Montreuil & Yang, 2009b: 166, figs.26−31, 88</td></tr>
<tr><td rowspan="6">模式标本相关信息</td><td>正模</td><td>IOZ(E)1859311</td><td>性别</td><td>♂</td><td>采集时间</td><td>1956. Ⅵ .23</td><td>体长</td><td>12.2 mm</td></tr>
<tr><td>采集人</td><td>周本寿</td><td>产地</td><td colspan="3">云南龙陵</td><td>海拔</td><td>1 000 m</td></tr>
<tr><td>副模</td><td>IOZ(E)1859312</td><td>性别</td><td>♀</td><td>采集信息</td><td>同正模</td><td>体长</td><td>16.5 mm</td></tr>
<tr><td>副模</td><td>IOZ(E)1859313</td><td>性别</td><td>♀</td><td>采集信息</td><td>同正模</td><td>体长</td><td>15.5 mm</td></tr>
<tr><td>副模</td><td>IOZ(E)1859314</td><td>性别</td><td>♂</td><td>采集时间</td><td>1890</td><td>体长</td><td>12.5 mm</td></tr>
<tr><td>采集人</td><td>Doherty</td><td>产地</td><td colspan="3">Hte Birmanie Etat de Momeit</td><td>海拔</td><td>600 m</td></tr>
<tr><td>已知分布</td><td colspan="8">云南；缅甸</td></tr>
<tr><td>备注</td><td colspan="8">用 1 号云南产的副模标本从巴黎自然历史博物馆换回 1 号缅甸产的副模标本</td></tr>
</table>

云南龍陵1000米
1956.VI.23.
周本寿
З. Юньнань. Окр. Лунлина, 1000м. 23. VI. 1956.
Чжоу Бэн-шоу
Glenea ♀
pseudocaninia sp.nov.
Det .M.Y. LIN 2008
PARATYPE
IOZ(E)1859312

Hte Birmanie
Etat de Momeit
600 m
Doherty 1890
Glenea ♂
pseudocaninia sp.nov.
Det .M.Y. LIN 2008
PARATYPE
IZAS
exMNHN
IOZ(E)1859314

学名	***Glenea pseudoindiana* Lin & Yang, 2009**				中文名	非黄带并脊天牛		
原始学名	***Glenea pseudoindiana* Lin & Yang, 2009**				曾用名			
重要引证	***Glenea pseudoindiana*** Lin & Yang, ***In***: Lin, Tavakilian, Montreuil & Yang, 2009b: 169, figs.32-39, 86							
模式标本相关信息	副模	IOZ(E)1859381	性别	♂	采集时间	1913	体长	12.5 mm
	采集人	P. Loizeau	产地	Birmanie Theinzeik			海拔	
	副模	IOZ(E)1859382	性别	♀	采集信息	同副模 1859381	体长	14.0 mm
已知分布	缅甸 (Theinzeik and Papun)							
备注	两号副模标本由林美英于 2008 年从巴黎自然历史博物馆带回北京（IZAS ex MNHN Museum Paris 2009）。正模保存于巴黎自然历史博物馆							

Theinzelk
P. Loizeau
1913
Glenea ♀
pseudoindiana sp. nov
Det .M.Y. LIN 2008
PARATYPE
IOZ(E)1859382

学名	***Glenea shuteae*** **Lin & Yang, 2011**					中文名	淑氏并脊天牛	
原始学名	***Glenea shuteae*** **Lin & Yang, 2011**					曾用名		
重要引证	***Glenea shuteae*** Lin & Yang, 2011a: 40, figs.1-6, 16							
模式标本相关信息	正模	IOZ(E)1859425	性别	♂	采集时间	1937. Ⅵ.14	体长	8.5 mm
	采集人	臧令超	产地	云南西双版纳小勐养			海拔	850 m
	副模	IOZ(E)1859426-427,1859430-431	性别	♂	采集时间	1956. Ⅴ.23; 1958. Ⅵ.1; 1958. Ⅶ.6	体长	7.8～8.6 mm
	采集人	王书永、蒲富基、黄克仁等	产地	云南金平长坡头; 西双版纳勐啊; 勐遮			海拔	870～1 200 m
	副模	IOZ(E)1859428	性别	♂	采集时间	1956. Ⅴ.23	体长	9.2 mm
	采集人	黄克仁等	产地	云南金平长坡头			海拔	1 200 m
	副模	IOZ(E)1859429	性别	♀	采集时间	1958. Ⅹ.1	体长	9.0 mm
	采集人		产地	云南西双版纳勐啊			海拔	
已知分布	云南							
备注	另有 1 号副模标本保存于英国伦敦自然历史博物馆，用于交换。还有 1 号副模标本保存于德国的 Andreas Weigel 个人收藏							

云南金平長坡头1200米
1956.V.23.
黄克仁等
Юньнань. Окр. Цзиньпи-
на, 1200 м. 23. V. 1956.
Хуан Кэ-жень и др.
PARATYPE
Glenea ♂
shuteae sp.nov.
Det. M.Y.LIN 2009
IOZ(E)1859428

云南西双版納勐啊
公尺
中國科学院
1958.X.1.
採集者:
PARATYPE
Glenea ♀
shuteae sp.nov.
Det. M.Y.LIN 2009
IOZ(E)1859429

<table>
<tr><td>学名</td><td colspan="5">Glenea weigeli Lin & Liu, 2012</td><td colspan="2">中文名</td><td>威氏并脊天牛</td></tr>
<tr><td>原始学名</td><td colspan="5">Glenea weigeli Lin & Liu, 2012</td><td colspan="2">曾用名</td><td></td></tr>
<tr><td>重要引证</td><td colspan="8">Glenea weigeli Lin & Liu, 2012: 114, figs. 1−6</td></tr>
<tr><td rowspan="2">模式标本相关信息</td><td>正模</td><td>IOZ(E)1858712</td><td>性别</td><td>♀</td><td>采集时间</td><td>2008. VI .28</td><td>体长</td><td>15.6 mm</td></tr>
<tr><td>采集人</td><td>A. Weigel forest</td><td>产地</td><td colspan="3">S. Yunnan (Xishuangbanna), 20 km NW Jinghong, Mandian, (NNR) N 22° 12.96′; E 100° 66.61′</td><td>海拔</td><td>730 m</td></tr>
<tr><td>已知分布</td><td colspan="8">云南</td></tr>
<tr><td>备注</td><td colspan="8">标本由云南纳板河流域国家级自然保护区管理局赠送</td></tr>
</table>

<table>
<tr><td>学名</td><td colspan="5">Glenea wenhsini Lin, 2013</td><td colspan="2">中文名</td><td>文信并脊天牛</td></tr>
<tr><td>原始学名</td><td colspan="5">Glenea wenhsini Lin, 2013</td><td colspan="2">曾用名</td><td></td></tr>
<tr><td>重要引证</td><td colspan="8">Glenea wenhsini Lin, 2013: 107, figs.1−7</td></tr>
<tr><td rowspan="4">模式标本相关信息</td><td>正模</td><td>IOZ(E)1905104</td><td>性别</td><td>♂</td><td>采集时间</td><td>2009. VII .17</td><td>体长</td><td>12.3 mm</td></tr>
<tr><td>采集人</td><td>林文信</td><td>产地</td><td colspan="3">贵州江口县梵净山(灯诱) N 27° 53.976′; E 108° 42.505′</td><td>海拔</td><td>1 775 m</td></tr>
<tr><td>副模</td><td>IOZ(E)1905105</td><td>性别</td><td>♂</td><td>采集时间</td><td>2009. VII .16</td><td>体长</td><td>11.9 mm</td></tr>
<tr><td>采集人</td><td>杨晓东</td><td>产地</td><td colspan="3">贵州江口县梵净山(灯诱) N 27° 53.976′; E 108° 42.505′</td><td>海拔</td><td>1 775 m</td></tr>
<tr><td>已知分布</td><td colspan="8">贵州</td></tr>
<tr><td>备注</td><td colspan="8">馆藏模式标本由陈常卿先生赠送。另有 1 号副模标本保存于天津陈常卿个人收藏</td></tr>
</table>

贵州梵净山
海拔: 1775m
2009.VII.17. 灯诱
林文信
Coll.Chen Ch.Ch
Glenea ♂
wenhsini sp.nov.
Det. M.Y.LIN,2009
IOZ(E)1905104
Glenea ♂
wenhsini
Lin, 2013
HT
Det. M.Y.Lin 2013
HOLOTYPE
16、VII、2009.N、貴洲
江口県梵淨山 1775m 楊
IOZ(E)1905105
Paratype
Glenea ♂
wenhsini
Lin, 2013
Det. M.Y.Lin 2013
PARATYPE

Glenida Gahan, 1888 短脊楔天牛属

***Glenida* Gahan, 1888: 65.** Type species: *Glenida suffusa* Gahan, 1888, designated by Breuning, 1952: 114.

学名	***Glenida luteago* Holzschuh, 2013**					中文名	黄短脊楔天牛	
原始学名	***Glenida luteago* Holzschuh, 2013**					曾用名		
重要引证	***Glenida luteago*** Holzschuh, 2013: 17, figs.9−10							
模式标本相关信息	副模	IOZ(E)1905295	性别	♂	采集时间	1990. V .11～15	体长	13.0 mm
	采集人	Vít. Kubáň	产地	N Vietnam (Tonkin), pr. Hoang Lien Son, SA PA			海拔	
	副模	IOZ(E)1905296	性别	♀	采集信息	同副模 1905295	体长	16.3 mm
已知分布	越南，老挝							
备注	正模标本保存于奥地利 Carolus Holzschuh 个人收藏。副模标本由 Carolus Holzschuh 先生赠送							

学名	***Glenida nudiceps* Holzschuh, 2013**					中文名	裸短脊楔天牛	
原始学名	***Glenida nudiceps* Holzschuh, 2013**					曾用名		
重要引证	***Glenida nudiceps*** Holzschuh, 2013: 18, fig. 11							
模式标本相关信息	副模	IOZ(E)1905288	性别	♀	采集时间	2012. V .3	体长	18.6 mm
	采集人	C. Holzschuh	产地	NE.Laos, Hua Phan prov.,Ban Saleui, Phou Pan (Mt.)- N 20° 12′; E 104° 01′			海拔	1 300～1 900 m
	副模	IOZ(E)1905289	性别	♂	采集信息	同副模 1905288，但时间为 2012. Ⅳ.17	体长	16.0 mm
已知分布	老挝							
备注	正模标本存放于奥地利 Carolus Holzschuh 个人收藏。副模标本由 Carolus Holzschuh 先生赠送							

N VIET NAM (Tonkin)
pr. Hoang Lien Son
SA PA 11.-15.V.1990
Vit. Kubán leg.
Glenida ♂
luteago sp. nov.
Det .M.Y. LIN 2008
IOZ(E)1905295
PARATYPUS
Glenida
luteago n.sp.
det. C. Holzschuh 2013
N VIET NAM (Tonkin)
pr. Hoang Lien Son
SA PA 11.-15.V.1990
Vit. Kubán leg.
Glenida ♀
luteago sp. nov.
Det .M.Y. LIN 2008
IOZ(E)1905296
PARATYPUS
Glenida
luteago n.sp.
det. C. Holzschuh 2013
NE - LAOS, Hua Phan prov.
Ban Saleui, Phou Pan (Mt.)
~20°12'N, 104°01'E
3.V.2012, 1300-1900 m
leg. C. Holzschuh
PARATYPUS
Glenida
nudiceps n.sp.
det. C. Holzschuh 2013
IOZ(E)1905288
NE - LAOS, Hua Phan prov.
Ban Saleui, Phou Pan (Mt.)
~20°12'N, 104°01'E
17.IV.2012, 1300-1900 m
leg. C. Holzschuh
PARATYPUS
Glenida
nudiceps n.sp.
det. C. Holzschuh 2013
IOZ(E)1905289

Heteroglenea Gahan, 1897 异楔天牛属

***Heteroglenea* Gahan, 1897: 490.** Type species: *Glenea nigromaculata* Thomson, 1865, by original designation.

学名	***Heteroglenea gemella* Lin & Yang, 2009**					中文名	成对异楔天牛	
原始学名	***Heteroglenea gemella* Lin & Yang, 2009**					曾用名		
重要引证	***Heteroglenea gemella*** Lin & Yang, ***In***: Lin, Montreuil, Tavakilian & Yang, 2009: 17, figs.42-43							
模式标本相关信息	副模	IOZ(E)1859336	性别	♀	采集时间	1983. Ⅵ.8～14	体长	10.2 mm
	采集人	C. Holzschuh	产地	E-Nepal, Dhankuta Arun-Valley, Lamobagar			海拔	1 400 m
已知分布	尼泊尔							
备注	正模标本保存于奥地利 Carolus Holzschuh 个人收藏							

学名	***Heteroglenea vicinalis* Lin & Yang, 2009**					中文名	邻近异楔天牛	
原始学名	***Heteroglenea vicinalis* Lin & Yang, 2009**					曾用名		
重要引证	***Heteroglenea vicinalis*** Lin & Yang, ***In***: Lin, Montreuil, Tavakilian & Yang, 2009: 18, figs.44-50							
模式标本相关信息	副模	IOZ(E)1859337	性别	♂	采集时间	1984.V.12～14	体长	8.8 mm
	采集人	C. Holzschuh	产地	W-Nepal, NW Pokhara Kali-Gandaki-Khola, Tatopani			海拔	1 100～1 300 m
	副模	IOZ(E)1859338	性别	♀	采集时间	1986. Ⅵ.14～17	体长	10.0 mm
	采集人	C. Holzschuh	产地	C-Nepal, Dhawalagiri, Kali-Gandaki-Khola, Myagdi Distr., Tatopani			海拔	1 100～1 400m
	副模	IOZ(E)1859346	性别	♀	采集信息	同副模 1859338	体长	8.4 mm
已知分布	尼泊尔，印度							
备注	正模保存于奥地利 Carolus Holzschuh 个人收藏							

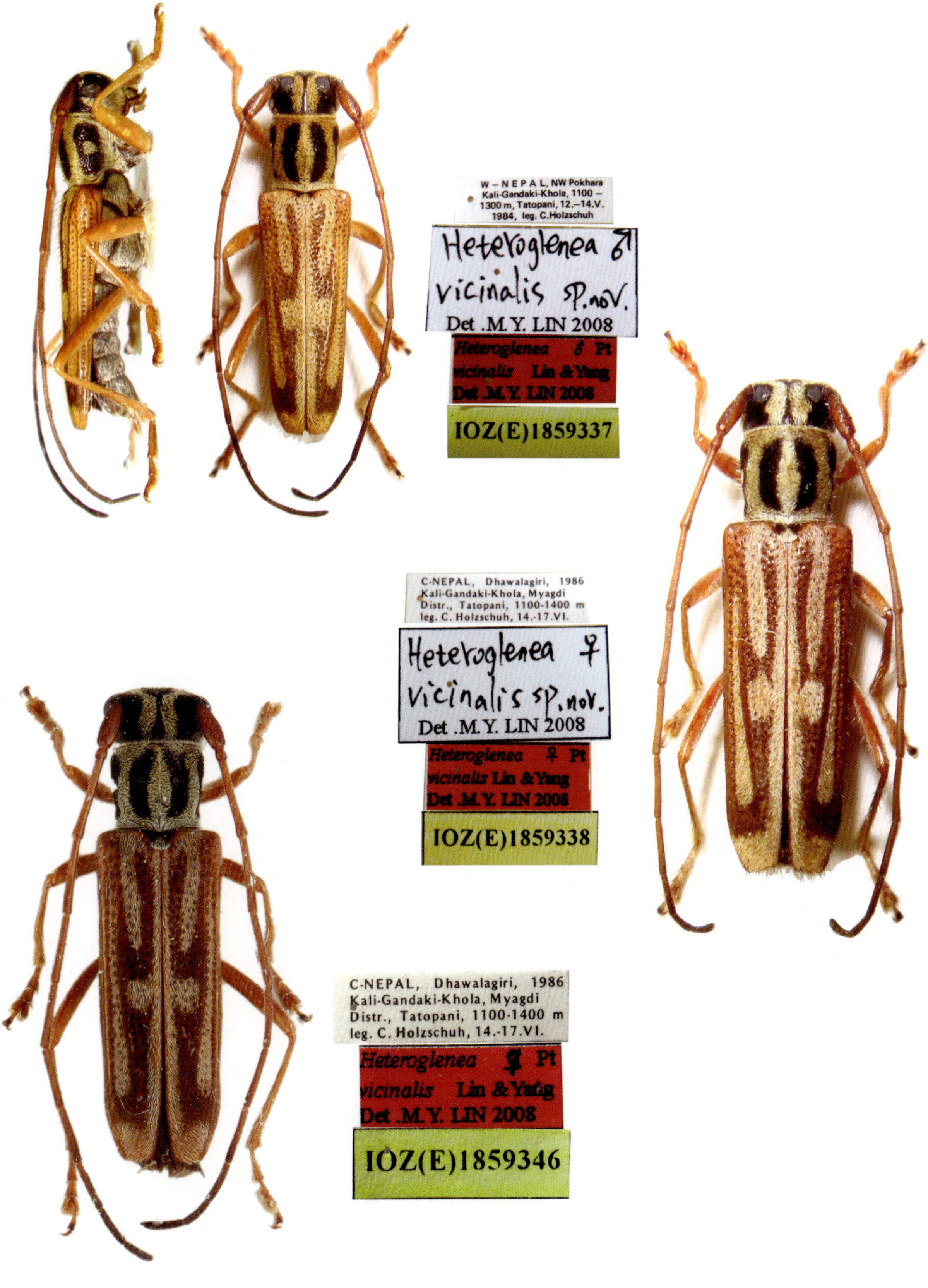
W – N E P A L, NW Pokhara
Kali-Gandaki-Khola, 1100 –
1300 m, Tatopani, 12.–14.V.
1984, leg. C.Holzschuh
Heteroglenea ♂
vicinalis sp.nov.
Det .M.Y. LIN 2008
Heteroglenea ♂ Pt
vicinalis Lin & Yang
Det .M.Y. LIN 2008
IOZ(E)1859337
C-NEPAL, Dhawalagiri, 1986
Kali-Gandaki-Khola, Myagdi
Distr., Tatopani, 1100-1400 m
leg. C. Holzschuh, 14.-17.VI.
Heteroglenea ♀
vicinalis sp.nov.
Det .M.Y. LIN 2008
Heteroglenea ♀ Pt
vicinalis Lin & Yang
Det .M.Y. LIN 2008
IOZ(E)1859338
C-NEPAL, Dhawalagiri, 1986
Kali-Gandaki-Khola, Myagdi
Distr., Tatopani, 1100-1400 m
leg. C. Holzschuh, 14.-17.VI.
Heteroglenea ♀ Pt
vicinalis Lin & Yang
Det .M.Y. LIN 2008
IOZ(E)1859346

Malloderma Lacordaire, 1872 白毛天牛属

***Malloderma* Lacordaire, 1872: 842.** Type species: *Malloderma pascoei* Lacordaire, 1872, by monotypy.

<table>
<tr><td>学名</td><td colspan="5">Malloderma kuegleri Holzschuh, 2010</td><td colspan="2">中文名</td><td colspan="2">酷氏白毛天牛</td></tr>
<tr><td>原始学名</td><td colspan="5">Malloderma kuegleri Holzschuh, 2010</td><td colspan="2">曾用名</td><td colspan="2"></td></tr>
<tr><td>重要引证</td><td colspan="9">Malloderma kuegleri Holzschuh, 2010: 223, Abb. 66a, 66b</td></tr>
<tr><td rowspan="6">模式标本相关信息</td><td>副模</td><td>IOZ(E)1859323</td><td>性别</td><td>♀</td><td>采集时间</td><td colspan="2">2009. VI .4～7</td><td>体长</td><td>20.0 mm</td></tr>
<tr><td>采集人</td><td>B. F.</td><td>产地</td><td colspan="4">云南省红河哈尼族彝族自治州绿春县黄连山自然保护区</td><td>海拔</td><td></td></tr>
<tr><td>副模</td><td>IOZ(E)1859324</td><td>性别</td><td>♂</td><td>采集时间</td><td colspan="2">2010. V .1</td><td>体长</td><td>14.0 mm</td></tr>
<tr><td>采集人</td><td>C. Holzschuh</td><td>产地</td><td colspan="4">NE. Laos, Hua Phan prov., Ban Saleui, Phou Pan (Mt.) N 20° 12′; E 104° 01′</td><td>海拔</td><td>1 300～1 900 m</td></tr>
<tr><td>副模</td><td>IOZ(E)1859325</td><td>性别</td><td>♀</td><td>采集信息</td><td colspan="2">同副模 1859324</td><td>体长</td><td>15.5 mm</td></tr>
<tr><td>副模</td><td>IOZ(E)1859326-327</td><td>性别</td><td>♂♀</td><td>采集信息</td><td colspan="2">同副模 1859324</td><td>体长</td><td>14.0～17.0 mm</td></tr>
<tr><td>已知分布</td><td colspan="9">云南；老挝</td></tr>
<tr><td>备注</td><td colspan="9">Carolus Holzschuh 赠送 4 号副模标本，2011.IX.1 收到。金明赠送 1 号副模标本，即 IOZ(E)1859323，标本照片由金明拍摄。另有 Carolus Holzschuh 赠送的 1 对副模标本保存于上海金明个人收藏和 1 对副模标本保存于台湾林毓隆个人收藏</td></tr>
</table>

NE - LAOS, Hua Phan prov.
Ban Saleui, Phou Pan (Mt.)
~20°12'N, 104°01'E
1.V.2010, 1300-1900 m
leg. C. Holzschuh
PARATYPUS
Malloderma
kuegleri n. sp.
det. C. Holzschuh 2010
IOZ(E)1859325

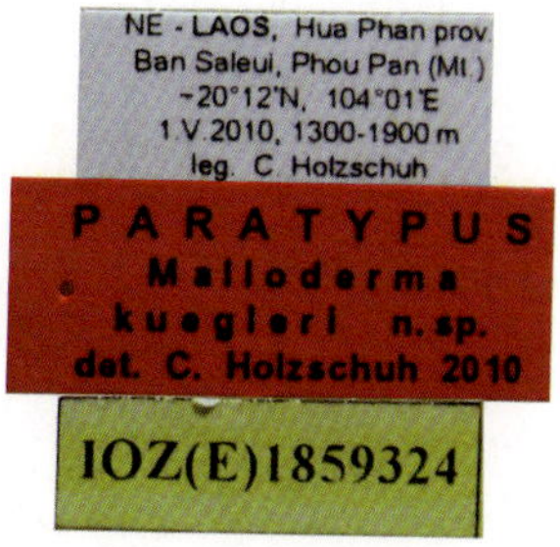
NE - LAOS, Hua Phan prov.
Ban Saleui, Phou Pan (Mt.)
~20°12'N, 104°01'E
1.V.2010, 1300-1900 m
leg. C. Holzschuh
PARATYPUS
Malloderma
kuegleri n. sp.
det. C. Holzschuh 2010
IOZ(E)1859324

Mimocagosima Breuning, 1968 拟鹿岛天牛属

***Mimocagosima* Breuning, 1968: 32.** Type species: *Mimocagosima ochreipennis* Breuning, 1968, by original designation.

<table>
<tr><td>学名</td><td colspan="6">Mimocagosima humeralis (Gressitt, 1951)</td><td>中文名</td><td>突肩拟鹿岛天牛</td></tr>
<tr><td>原始学名</td><td colspan="6">Mandibularia humeralis Gressitt, 1951</td><td>曾用名</td><td>突肩颚天牛、长颚楔天牛</td></tr>
<tr><td>重要引证</td><td colspan="8">Mandibularia humeralis Gressitt, 1951: 561, pl. 21, fig. 4
Mimocagosima humeralis: Lin, Li & Yang, 2007:5, figs. 6−11</td></tr>
<tr><td rowspan="2">模式标本相关信息</td><td>副模</td><td>IOZ(E)217602</td><td>性别</td><td>♀</td><td>采集时间</td><td>不详</td><td>体长</td><td>22.0 mm</td></tr>
<tr><td>采集人</td><td>不详</td><td>产地</td><td colspan="3">广西瑶山</td><td>海拔</td><td></td></tr>
<tr><td>已知分布</td><td colspan="8">福建、广东、广西、云南</td></tr>
<tr><td>备注</td><td colspan="8">此号副模标本的鞘翅末端强烈缩窄，小盾片红色，是否跟正模同种有待进一步研究。正模保存于中山大学</td></tr>
</table>

Paraglenea Bates, 1866 双脊天牛属

***Paraglenea* Bates, 1866: 352.** Type species: *Glenea fortunei* Saunders, 1853, by original designation.

<table>
<tr><td>学名</td><td colspan="6">Paraglenea fortunei (Saunders, 1853)</td><td>中文名</td><td>双脊天牛</td></tr>
<tr><td>原始学名</td><td colspan="6">Paraglenea fortunei v. innotaticollis Pic, 1936</td><td>曾用名</td><td>苎麻天牛、苎麻双脊天牛、苧麻双脊天牛</td></tr>
<tr><td>重要引证</td><td colspan="8">Glenea fortunei Saunders, 1853: 112, pl. 4, fig. 1
Stibara fortunei: Thomson, 1857: 140
Paraglenea fortunei: Bates, 1866: 352
Paraglenea fortunei v. innotaticollis Pic, 1936: 17［被 Breuning（1952）降级为 morpha，相当于异名。］</td></tr>
<tr><td rowspan="2">模式标本相关信息</td><td>正模</td><td>IOZ(E)217631</td><td>性别</td><td>♂</td><td>采集时间</td><td>不详</td><td>体长</td><td>12.0 mm</td></tr>
<tr><td>采集人</td><td>不详</td><td>产地</td><td colspan="3">浙江余姚</td><td>海拔</td><td></td></tr>
<tr><td>已知分布</td><td colspan="8">黑龙江、吉林、北京、河北、河南、陕西、江苏、上海、安徽、浙江、湖北、江西、湖南、福建、台湾、广东、广西、重庆、四川、贵州、云南；日本，越南</td></tr>
<tr><td>寄主</td><td colspan="8">Boehmeria nivea (Linnaeus) Gaudichaud-Beaupré (URTICACEAE), Hibiscus syriacus Linnaeus (MALVACEAE), Juglans regia Linnaeus (JUGLANDACEAE), Morus alba Linnaeus (MORACEAE), Osmanthus fragrans Loureiro (OLEACEAE), Populus sp. (SALICACEAE), Quercus glauca Thunberg (FAGACEAE), Rhus vernicifera de Candolle (ANACARDIACEAE), Robinia pseudoacacia Linnaeus (FABACEAE), Sapium sebiferum Roxburgh (EUPHORBIACEAE), Tilia tuan Szyszylowicz (TILIACEAE)</td></tr>
</table>

PARATYPE
MANDIBULARIA
HUMERALIS
J.L.Gressitt
MANDIBULARIA
HUMERALIS
GRESS
J.L.Gressitt-Det.19
IOZ(E) 217602
广西：瑶山
Kwangsi, YaoShan
Mimocagosima
humeralis (Gressitt)
Det. Lin M. Y., 2007

CHEKIANG
Yu-Yao
Musee Heude
413
P. fortunei v.
nov. innotaticollis
HOLOTYPE
Paraglenea
Fortunei
v. innotaticollis
Pic
IOZ(E) 217631

Parastenostola Breuning, 1952 拟修天牛属

Parastenostola **Breuning, 1952: 200.** Type species: *Saperda brunnipes* Gahan, 1888, by original designation.

学名	***Parastenostola nigroantennata nigroantennata*** **Lin & Yang, 2008**					中文名	黑角拟修天牛	
原始学名	***Parastenostola nigroantennata nigroantennata*** **Lin & Yang, 2008**					曾用名		
重要引证	***Parastenostola nigroantennata nigroantennata*** Lin & Yang, ***In***: Lin, Li & Yang. 2008: 12, figs.24−29							
模式标本相关信息	正模	IOZ(E)1859304	性别	♂	采集时间	2002. Ⅴ.29	体长	14.5 mm
	采集人	刘建文	产地	广西田林浪平乡			海拔	1 200～1 400 m
	副模	IOZ(E)1859305	性别	♀	采集时间	2005. Ⅵ.20～30	体长	17.0 mm
	采集人	詹程辉	产地	广西武鸣			海拔	
	副模	IOZ(E)1859306	性别	♂	采集信息	同副模 1859305	体长	14.0 mm
	副模	IOZ(E)1859307	性别	♀	采集时间	2007. Ⅴ.9	体长	17.8 mm
	采集人	袁萌、张珑	产地	贵州省贵阳市贵州森林公园			海拔	
已知分布	海南、广西、贵州							

学名	***Parastenostola nigroantennata taiwaiensis*** **Lin & Yang, 2008**					中文名	台湾黑角拟修天牛	
原始学名	***Parastenostola nigroantennata taiwaiensis*** **Lin & Yang, 2008**					曾用名		
重要引证	***Parastenostola nigroantennata taiwaiensis*** Lin & Yang, ***In***: Lin, Li & Yang. 2008: 15, figs.30−33							
模式标本相关信息	正模	IOZ(E)1859308	性别	♂	采集时间	2004. Ⅴ.5	体长	15.0 mm
	采集人	刘仁富	产地	台湾宜兰县栖兰			海拔	
已知分布	台湾							

广西田林浪平乡
1200~1400m
2002.V.29 刘建文
中科院动物所
Parastenostola
nigroantenna sp. n.
Det. 林美英,2007
中科院动物所
HOLOTYPE
IOZ(E)1859304
贵州省贵阳市贵州
森林公园, 2007. V. 9
Parastenostola
nigroantenna Lin et
Yang
林美英, 2007
PARATYPE
IOZ(E)1859307
广西武鸣
Parastenostola
nigroantenna sp. n.
Det. 林美英,2007
中科院动物所
PARATYPE
IOZ(E)1859305
台湾宜兰县栖兰
2004. V. 5
刘仁富
Parastenostola
taiwaiensis sp. nov
Det. 林美英,2007
中科院动物所
HOLOTYPE
IOZ(E)1859308

Pareutetrapha Breuning, 1952 曲脊天牛属

***Pareutetrapha* Breuning, 1952: 135.** Type species: *Paraglenea eximia* Bates, 1884, by original designation.

学名	***Pareutetrapha weixiensis* Pu, 1992**					中文名	维西曲脊天牛	
原始学名	***Pareutetrapha weixiensis* Pu, 1992**					曾用名		
重要引证	***Pareutetrapha weixiensis*** Pu, 1992: 609, 621, pl. Ⅱ, fig.14							
模式标本相关信息	正模	IOZ(E)217754	性别	♀	采集时间	1981. Ⅶ.20	体长	16.0 mm
	采集人	王书永	产地	云南维西攀天阁			海拔	2 920 m
已知分布	云南							

Thermistis Pascoe, 1867 刺楔天牛属

***Thermistis* Pascoe, 1867: 438.** Type species: *Lamia croceocincta* Saunders, 1839, by original designation.

学名	***Thermistis cheni* Lin & Chou, 2012**					中文名	陈氏刺楔天牛	
原始学名	***Thermistis cheni* Lin & Chou, 2012**					曾用名		
重要引证	***Thermistis cheni*** Lin & Chou, 2012, ***In***: Lin et al. 2012: 49, figs. 61−63, 64							
模式标本相关信息	正模	IOZ(E)1905100	性别	♂	采集时间	2010. Ⅴ.17	体长	26.0 mm
	采集人	林文信	产地	云南省马鞍底标水岩 N 22°44′; E 103°29′			海拔	1 350 m
	副模	IOZ(E)1905101	性别	♂	采集时间	2008. Ⅷ.26	体长	25.0 mm
	采集人	杨晓东	产地	四川荥经县泗坪乡泥巴山 N 29°41′; E 102°36′			海拔	
已知分布	四川、云南							
备注	正模标本由林文信赠送，副模标本由陈常卿赠送。另有 2 号副模标本保存于天津的陈常卿个人收藏和台湾的周文一个人收藏							

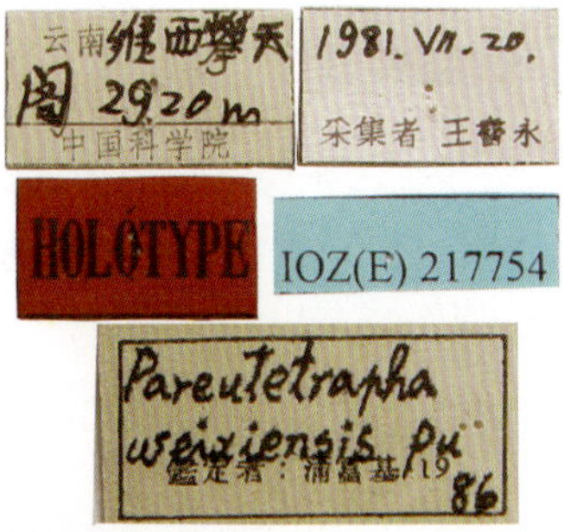
云南维西攀天阁 2920m
中国科学院
1981.VII.20.
采集者 王书永
HOLOTYPE
IOZ(E) 217754
Pareutetrapha weixiensis Pu
鉴定者：蒲富基 1986

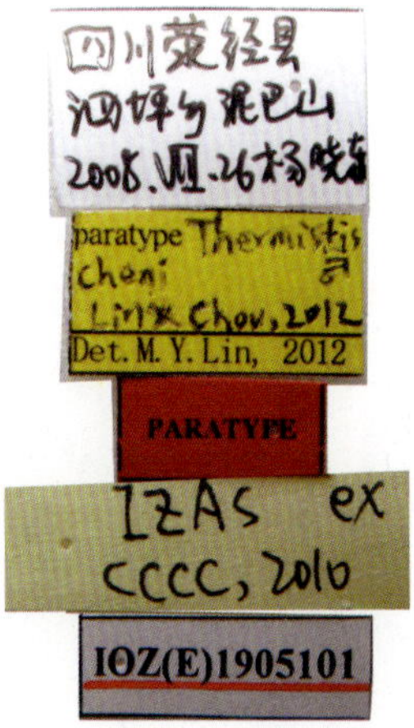
四川荥经县
泗坪乡 泥巴山
2008.VII.26 杨晓东
paratype Thermistis cheni ♂
Lin & Chou, 2012
Det. M. Y. Lin, 2012
PARATYPE
IZAS ex CCCC, 2010
IOZ(E)1905101

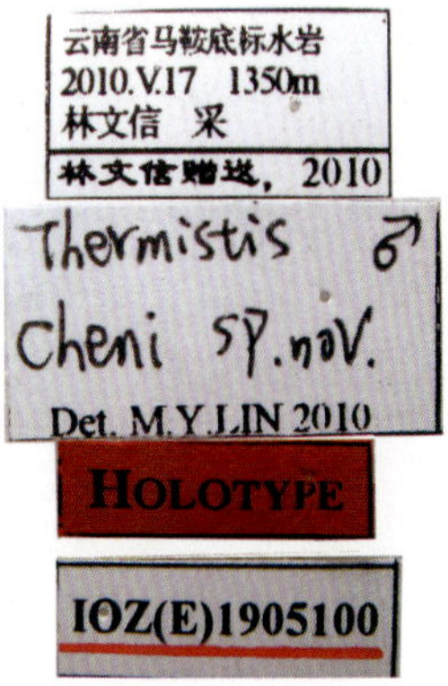
云南省马鞍底标水岩
2010.V.17 1350m
林文信 采
林文信赠送，2010
Thermistis ♂
cheni sp.nov.
Det. M.Y.LIN 2010
HOLOTYPE
IOZ(E)1905100

学名	***Thermistis hainanensis* Lin & Yang, 2012**					中文名	海南刺楔天牛	
原始学名	***Thermistis hainanensis* Lin & Yang, 2012**					曾用名		
重要引证	***Thermistis hainanensis*** Lin & Yang, 2012, ***In***: Lin et al. 2012: 32, Figs. 9-13, 64							
模式标本相关信息	正模	IOZ(E)1905093	性别	♂	采集时间	2010. Ⅳ.7	体长	24.0 mm
	采集人	林美英	产地	海南琼中县黎母山槟榔湖 N 19.20136°；E 109.72973°			海拔	562 m
	副模	IOZ(E)1905094	性别	♂	采集时间	2010. Ⅳ.10	体长	25.0 mm
	采集人	张魁艳	产地	海南五指山登山道起点 N 18.90840°；E 109.67359°			海拔	708 m
	副模	IOZ(E)1905095	性别	♀	采集时间	2007. Ⅴ.11	体长	30.5 mm
	采集人	赵宗一	产地	海南五指山水满			海拔	700 m
已知分布	海南							
备注	另有 2 号副模标本保存在日本爱媛女子大学，1 号副模标本保存在北京陆晖个人收藏							

海南五指山水满
海拔:700m 网捕
2007.V.11 赵宗一
中科院动物所
Thermistis hainanensis Lin&Yang, n.sp. ♀
Det. M.Y.LIN 2010
PARATYPE
IOZ(E)1905095

海南五指山登山道
起点 海拔：708m
2010.IV.10
中科院动物所
18.90840°N
109.67359°E
采集人：张魁艳
中科院动物所
Thermistis hainanensis Lin&Yang, n.sp ♂
Det. M.Y.LIN 2010
PARATYPE
IOZ(E)1905094

<table>
<tr><td>学名</td><td colspan="4">Thermistis kaiyuni Chou & Kurihara, 2012</td><td colspan="2">中文名</td><td colspan="3">开运刺楔天牛</td></tr>
<tr><td>原始学名</td><td colspan="4">Thermistis kaiyuni Chou & Kurihara, 2012</td><td colspan="2">曾用名</td><td colspan="3"></td></tr>
<tr><td>重要引证</td><td colspan="9">Thermistis kaiyuni Chou & Kurihara, 2012, In: Lin et al. 2012: 45, figs.29-34, 67</td></tr>
<tr><td rowspan="6">模式标本相关信息</td><td>副模</td><td>IOZ(E)1905096</td><td>性别</td><td>♂</td><td>采集时间</td><td>2010. Ⅴ.15</td><td>体长</td><td>23.0 mm</td></tr>
<tr><td>采集人</td><td>周文一</td><td>产地</td><td colspan="3">台湾宜兰县礁溪乡小礁溪</td><td>海拔</td><td>500 m</td></tr>
<tr><td>副模</td><td>IOZ(E)1905097</td><td>性别</td><td>♀</td><td>采集信息</td><td>同副模
1905096</td><td>体长</td><td>26.0 mm</td></tr>
<tr><td>副模</td><td>IOZ(E)1905098</td><td>性别</td><td>♀</td><td>采集信息</td><td>同副模
1905096</td><td>体长</td><td>23.0 mm</td></tr>
<tr><td>副模</td><td>IOZ(E)1905099</td><td>性别</td><td>♂</td><td>采集时间</td><td>2009. Ⅵ.20</td><td>体长</td><td>21.0 mm</td></tr>
<tr><td>采集人</td><td>W.I. Chou</td><td>产地</td><td colspan="3">Taiwan,Xiaojiaoxi,Jiaoxi
Township Cleyera</td><td>海拔</td><td>500 m</td></tr>
<tr><td>已知分布</td><td colspan="9">台湾</td></tr>
<tr><td>已知寄主</td><td colspan="9">Eurya acuminata DC. (THEACEAE). The adults usually post-feed the leaves of Cleyera japonica Thunb. var. morii (Yam.) Masam. (THEACEAE)</td></tr>
<tr><td>备注</td><td colspan="9">正模标本保存于台湾自然博物馆，另有 34 号副模标本保存于台湾的周文一个人收藏、张开运个人收藏，天津的陈常卿个人收藏以及日本爱媛女子大学和日本的大林延夫个人收藏。馆藏模式标本由陈常卿先生赠送</td></tr>
</table>

台湾宜兰县礁溪乡
小礁溪 500m
2010.V.15 周文一
陈常卿个人收藏
IZAS ex
CCCC, 2010
Thermistis kaiyuni
Chou et Kurihara ♀
n. sp. PARATYPE
Det. M.Y.Lin, 2010
IOZ(E)1905097

15-V-2010
宜蘭縣礁溪鄉
小礁溪, 500 m
IZAS ex
CCCC, 2010
Thermistis kaiyuni
Chou et Kurihara ♀
n. sp. PARATYPE
Det. M.Y.Lin, 2010
IOZ(E)1905098

学名	***Thermistis rubromaculata* Pu, 1984**					中文名	红斑刺楔天牛	
原始学名	***Thermistis rubromaculata* Pu, 1984**					曾用名		
重要引证	***Thermistis rubromaculata*** Pu, 1984: 60, 61, fig. 2							
模式标本相关信息	正模	IOZ(E)217666	性别	♀	采集时间	1981. Ⅸ .13	体长	27.0 mm
	采集人	尤其儆	产地	广西金秀大瑶山			海拔	
已知分布	广西、贵州；越南							

学名	***Thermistis sulphureonotata* Pu, 1984**					中文名	黄斑刺楔天牛	
原始学名	***Thermistis sulphureonotata* Pu, 1984**					曾用名		
重要引证	***Thermistis sulphureonotata*** Pu, 1984: 59, 61, fig. 1							
模式标本相关信息	正模	IOZ(E)217667	性别	♀	采集时间	1963. Ⅵ .18	体长	30.0 mm
	采集人	不详	产地	广西龙胜天平山至大岩			海拔	
已知分布	广西；越南，老挝							
备注	原始文献记录正模标本的采集人为尤其儆，但标签上未注明采集人							

广西 龙胜
天平山大岩
中国科学院
1963. VI. 18
采集者:
HOLOTYPE
IOZ(E) 217667
Thermistis sulphureonotata
鉴定者：蒲富基 19
Pu

Tribe Tetropini Portevin,1927 小柱天牛族

Tetrops Kirby, 1826 小柱天牛属

***Tetrops* Kirby, 1826, *In*: Kirby & Spence 1826: 498.** Type species: *Leptura praeusta* Linnaeus, 1758, by monotypy.

***Anaetia* Dejean, 1835: 350.** Type species: *Leptura praeusta* Linnaeus, 1758, by monotypy.

***Mimosophronica* Breuning, 1943: 53.** Type species: *Mimosophronica strandiella* Breuning, 1943 (= *Tetrops formosus* Baeckmann, 1903), by original designation.

***Polyopsia* Mulsant, 1839: 190.** Type species: *Leptura praeusta* Linnaeus, 1758, by monotypy.

学名	***Tetrops brunneicornis* Pu, 1985**					中文名	棕角小柱天牛
原始学名	***Tetrops brunneicornis* Pu, 1985**					曾用名	棕角四眼天牛
重要引证	***Tetrops brunneicornis*** Pu, 1985: 101, 102						
模式标本相关信息	正模	IOZ(E)217665	性别	♀	采集时间	1978. Ⅵ .6	体长	5.5 mm
	采集人	韩寅恒	产地	新疆拜城塔列克阔坦		海拔	2 300 m
已知分布	新疆						

Tribe Xylorhizini Lacordaire,1872 蓑天牛族

Kuatuniana Hua, 2002 挂墩天牛属

***Kuatuniana* Hua, 2002: 212 [RN].** Type species: *Kuatunia subasperata* Gressitt, 1951, by automatic.

***Kuatunia* Gressitt, 1951: 437 [*nec* Evers, 1949 for Coleoptera, Cantharidinae].** Type-species: *Kuatunia subasperata* Gressitt, 1951, by original designation.

***Koatunia* Breuning, 1960: 140 [misspelling].**

学名	***Kuatuniana subasperata* (Gressitt, 1951)**					中文名	挂墩天牛
原始学名	***Kuatunia subasperata* Gressitt, 1951**					曾用名	
重要引证	***Kuatunia subasperata*** Gressitt, 1951: 438, pl. 19, fig. 5 ***Koatunia subapicata***; Breuning, 1960: 140 [misspelling] ***Kuatuniana subasperata***: Hua, 2002: 212						
模式标本相关信息	正模	IOZ(E)217540	性别	♂	采集时间	1978. Ⅵ .6	体长	15.8 mm
	采集人	韩寅恒	产地	福建挂墩 (Kuatun = Kwatung)		海拔	1 600 m
已知分布	福建						
备注	部分标本照片由毕文烜拍摄						

新疆 拜城
塔列克阔坦
中国科学院
2300米
1978.VI.6
HOLOTYPE
IOZ(E) 217665
Tetrop brunneicornis sp. n.
鉴定者：蒲富基 19

Kwa-tung Fukien
37
8870
L-40
KUATUNIA SUBASPERATA GRESS.
J.L.Gressitt-Det.1950
HOLOTYPE KUATUNIA SUBASPERATA J.L.Gressitt
IOZ(E) 217540

参考文献

BATES H W. 1886. On a collection of Coleoptera from Formosa, sent home by R. Swinhoe, Esq., H B M. Consul, Formosa. Proceedings of the Zoological Society of London 1866: 339–355.

BATES H W. 1884. Longicorn beetles of Japan. Additions, chiefly from the later collections of G. Lewis, and notes on the synonymy, distribution, and habits of the previously known species. Journal of the Linnean Society of London, Zoology, 18: 205–261. 2 pls.

BI Wenxuan, LIN Meiying. 2012. Description of a new species of the genus *Paraleprodera* from Xizang, China (Coleoptera, Cerambycidae, Lamiinae, Monochamini). Humanity space. International almanac 1, Supplement 12: 4–11.

BI Wenxuan, LIN Meiying. 2013. Description of a new species of *Distenia* (Coleoptera, Disteniidae, Disteniini) from Southeastern China, with records and diagnoses of similar species. ZooKeys, 275: 77–89.

BLESSIG C. 1872. Zur Kenntniss der Käferfauna Süd-Ost-Sibiriens insbesondere des Amur-Landes. Longicornia. Horae Societatis Entomologicae Rossicae, St. Petersbourg 9 (2): 161–260, pls Ⅶ – Ⅷ .

BOUSQUET Y, BOUCHARD P. 2013. The genera in the second catalogue (1833–1836)of Dejean's Coleoptera collection. ZooKeys, 282: 1–219.

BOUSQUET Y, HEFFERN D J, BOUCHARD P, et. al. 2009. Catalogue of family-group names in Cerambycidae (Coleoptera). Zootaxa, 2321: 1–80.

BREUNING S. 1939a. Deux nouvelles espèces de Longicornes. Notes d'Entomogogie Chinoise 6 (8): 147–148.

BREUNING S. 1939b. Études sur les Lamiaires (Coléop, Cerambycidæ). Huitième tribu: Mesosini Thomson. Novitates Entomologicæ, 3ème supplément (50– 66): 393–526, figs. 510–521.

BREUNING S. 1940. Études sur les Lamiaires (Coléop, Cerambycidæ). Neuvième Tribu : Dorcaschematini Thoms. Novitates Entomologicæ, 3ème supplément (67–71): 527–568, figs. 522–582.

BREUNING S. 1943. Études sur les Lamiaires (Coleop, Cerambycidæ). Douzième tribu : Agniini Thomson. Novitates Entomologicæ, 3ème supplément (89–106): 137–280, figs. 1–157.

BREUNING S. 1944. Études sur les Lamiaires (Coleop, Cerambycidæ). Novitates Entomologicæ, 3ème supplément (107): 281–288.

BREUNING S. 1947. Nouvelles formes de longicornes du Musée de Stockholm. Arkiv för Zoologi 39 A (6): 1–68.

BREUNING S. 1951. Revision du genre *Phytoecia* Muls. (Col, Cerambycidae). Entomologischen Arbeiten aus dem Museum G. Frey, Tutzing bei München 2 (2): 353–460.

BREUNING S. 1952. Revision einiger Gattungen aus der Gruppe der Saperdini Muls. (Col, Cerambycidae). Entomologischen Arbeiten aus dem Museum G. Frey, Tutzing bei München 3 (1): 107–213, 3 pls.

BREUNING S. 1956a. Nouveaux lamiaires du Riksmuseum (Coleoptera, Cerambycidae). Arkiv för Zoologii (A. S.) 9: 355–361.

BREUNING S. 1956b. Révision des "Astathini". Longicornia Ⅲ : 417–519, 18 figs. Paul Lechevalier, Paris.

BREUNING S. 1956c. Revision der Gattung *Glenea* Newm. (1. Fortsetzung). Entomologische Arbeiten aus dem Museum G. Frey 7: 671–893.

BREUNING S. 1956d. Révision des "Petrognathini". Longicornia, 3: 349–392. Paul Lechevalier, Paris.

BREUNING S. 1960. Révision des espèces asiatiques du genre *Nupserha* Thomson (Coleoptera, Cerambycidae). Bulletin de l'Institut Royal des Sciences Naturelles de Belgique, Bruxelles 36 (10): 1–62, 2 figs.

BREUNING S. 1961. Catalogue des Lamiaires du Monde (Col, Céramb.). Verlag des Museums G. Frey, Tutzing bei München (4): 183–284.

BREUNING S. 1962. Révision systématique des espèces du genre *Oberea* Mulsant du globe (Coleoptera, Cerambycidae). Frustula Entomologica, Pisa 5 (4): 141–232, 15 figs.

BREUNING S. 1968. Contribution à la connaissance des lamiens du Laos (Coll. Céramb.). 15ème partie et fin. Bulletin de la Société de la Société Royale des Sciences Naturelles du Laos 16: 4 – 41.

CHEN Sicien. 1936. The Chinese species of the genus *Chreonoma* (Coleoptera, Cerambycidae). The Chinese Journal of Zoology 2: 163–169.

CHEVROLAT L A A. 1852. Description de coléoptères nouveaux. Revue et Magasin de Zoologie Pure et Appliquée (2)4: 414–424.

CHIANG Shunan. 1963. Results of the zoologico-botanical expedition to southwest China, 1955–1957 (Coleoptera, Cerambycidae). Acta Entomologica Sinica 12 (1): 61–76. [蒋书楠 . 1963. 云南生物考察报告（鞘翅目，天牛科 I）. 昆虫学报 12 (1): 61–76.]

CHIANG Shunan, CHEN Bin, ZHANG Rong qiang. 1996: Two new species of the genus *Heterophilus* (Coleoptera, Cerambycoidea) from China. Entomotaxonomia 18 (2): 109–112. [蒋书楠 , 陈斌 , 张荣强 . 1996. 中国音天牛属二新种记述（鞘翅目，天牛总科）. 昆虫分类学报 18 (2): 109–112.]

CHOU Wen I. 2009. Discovery of the Lepturine Genus *Pidonia* Mulsant (Coleoptera, Cerambycidae) from Guangxi, Southwest China. Special Bulletin of the Japanese Society of Coleopterology, Tokyo (7): 109–115, 10 figs.

CHOU Wen I, CHUNG Yiting, LIN Meiying. 2010. Description of *Eutetrapha lini* sp. nov. from Taiwan, China (Coleoptera, Cerambycidae, Lamiinae, Saperdini). Acta Zootaxonomica Sinica, 35 (2): 313–318, 25 figs. [周文一，钟奕霆，林美英 . 2010. 台湾天牛新种林氏直脊天牛描述（鞘翅目，天牛科，沟胫天牛亚科，楔天牛族）. 动物分类学报，35 (2): 313–318, 25 figs.]

DANILEVSKY M L. 1996. Review of *Dorcadion* Dalman of "*arietinum*" group from Kazakhstan with the descriptions of some new taxa (Coleoptera, Cerambycidae). Lambillionea 96: 607–615.

DANILEVSKY M L. 1999. Review of *Dorcadion* (s. str.) species from the upper Chu Valley and allied territories (Coleoptera, Cerambycidae). Coléoptères 5: 15– 41.

DANILEVSKY M L. 2001. New Prioninae, genus *Drumontiana* from S-E Asia (Coleoptera, Cerambycidae). Lambillionea 101: 228–232.

DANILEVSKY M L. 2012. New Chinese *Purpuricenus* Dejean, 1821 (Coleoptera, Cerambycidae) close to *P. temminckii* Guérin-Méneville, 1844 group of species. Humanity space International almanac Vol. 1, Supplement 1: 8–28.

DANILEVSKY M L. 2013. Six new Longicorn (Coleoptera, Cerambycidae) taxa from Russia and adjacent countries. Humanity space International almanac Vol. 2, Supplement 2: 28–41.

DANILEVSKY M L, LIN Meiying. 2012. A contribution to the study of China Dorcadionini (Coleoptera, Cerambycidae). Part 2. Humanity space International almanac VOL. 1, Supplement 4, 2012: 20–35.

DANILEVSKY M L, RAPUZZI P P. 1996. New longicorn beetle of the genus *Gaurotina*

Ganglbauer, 1889 (Coleoptera, Cerambycidae) from Central China with a review of all previously known species. Coleoptera 21: 9–19.

DILLON L S, DILLON E S. 1948. The tribe Dorcaschematini (Coleoptera: Cerambycidae). Transactions of the American Entomological Society, Philadelphia 73: 173–298, pls Ⅸ – ⅩⅣ.

DRUMONT A，BI Wenxuan. 2014. Description of a new *Sarmydus* species from Zixang Autonomous Region in China: *Sarmydus cheni* sp. nov. (4th contribution to the study of genus *Sarmydus* Pascoe, 1867)(Coleoptera, Cerambycidae, Prioninae). Lambillionea CXⅢ (3)[2013]: 267–271, 3 figs.

DRUMONT A, KOMIYA Z. 2006. Première contribution à l'étude des *Prionus* Fabricius, 1775 de Chine: description de nouvelles espèces et notes systématiques (Coleoptera, Cerambycidae, Prioninae). Les Cahiers Magellanes 56: 1–34, 24 figs, 10 cartes.

DRUMONT A, WEIGEL A. 2010. Description of a new *Sarmydus* species from Yunnan province in China: *Sarmydus loebli* sp. n. (Coleoptera, Cerambycidae, Prioninae). Les Cahiers Magellanes (NS)2: 66–72, 2 pls.

FAIRMAIRE L. 1895. Deuxième note sur quelques coléoptères des environs de Lang-Song. Annales de la Société Entomologique de Belgique 39: 173–190.

FAIRMAIRE L. 1900. Descriptions de coléoptères nouveaux recueillis en Chine par M. de Latouche. Annales de la Société Entomologique de France 68 [1899]: 616–643.

GAHAN C J. 1894. Viaggio di Leonardo Fea in Birmania e Regioni vicine. LVI. A list of the Longicorn Coleoptera collected by Signor Fea in Burma and the adjoining regions, with descriptions of the new Genera and species. Annali del Museo Civico di Storia Naturale di Genova 34: 5–104, 1 pl.

GAHAN C J. 1906. The fauna of British India including Ceylon and Birma. Coleoptera. Volume I (Cerambycidae). London: Taylor and Francis, xviii + 329 pp.

GANGLBAUER L. 1890. Insecta, a cl. G. N. Potanin in China et in Mongolia novissime lecta. Ⅶ. Buprestidae, Oedemeridae, Cerambycidae. Horae Societatis Entomologicae Rossicae, St. Petersbourg 24 [1889]: 21–85.

GRESSITT J L. 1934. New longicorns from the Japan Empire. Pan-Pacific Entomologist 9 (4): 163–170.

GRESSITT J L. 1937. New longicorn beetles from China, IV (Coleoptera: Cerambycidae). Lingnan Science Journal 16: 595–621.

GRESSITT J L. 1939. A collection of longicorn beetles from T'ien-Mu Shan, East China (Coleoptera: Cerambycidae). Notes d'Entomologie Chinoise 6: 81–133, pls 1–3.

GRESSITT J L. 1940a. The longicorn beetles of Hainan Island. Philippine Journal of Science D 72 (1–2): 1–239, 7 pls.

GRESSITT J L. 1940b. Coléoptères longicornes chinois du Musée Heude. Notes d'Entomologie Chinoise 7: 171–202.

GRESSITT J L. 1942a. New longicorn beetles from China, IX (Coleoptera, Cerambycidae). Lingnan Natural History Survey and Museum, Special Publication 3: 1–8.

GRESSITT J L. 1942b. Nouveaux longicornes de la Chine orientale. Notes d'Entomologie Chinoise 9: 79–97, 2 pls.

GRESSITT J L. 1947. Chinese longicorn beetles of the genus *Linda* (Coleoptera, Cerambycidae). Annals of the American Entomological Society 40: 545–555.

GRESSITT J L. 1951. Longicorn beetles of China. *In*: Lepesme P.: Longicornia, études et notes sur les longicornes, Volume 2. Paris: Paul Lechevalier, 667 pp, 22 pls.

GRESSITT J L, RONDON J A. 1970. Cerambycid-beetles of Laos (Disteniidae, Prioninae, Philinae, Aseminae, Lepturinae, Cerambycinae). Pacific Insects Monograph 24: ii–iii + 1–314, 48 pls.

HASEGAWA M. 1987. Cerambycid beetles of the genus *Pseudocalamobius* (Coleoptera) from Taiwan. Kontyû 55: 509–520.

HASEGAWA M, OHBAYASHI N. 2001. A revisional study of the genus *Miccolamia* of Japan (Coleoptera, Cerambycidae, Lamiinae). Japanese Journal of Systematic Entomology 7: 1–28.

HASEGAWA M, OHBAYASHI N. 2009. A Revisional Study of the Genus *Boninella* Gressitt (Coleoptera, Cerambycidae, Lamiinae). Special Bulletin of the Japanese Society of Coleopterology, Tokyo (7): 357–384, 50 figs.

HAYASHI M. 1951. Studies on Cerambycidae from Japan and its adjacent regions (I). The Entomological Review of Japan 5 [1950–1951]: 75–82.

HAYASHI M. 1959. Studies on Cerambycidae from Japan and its adjacent regions (Col.), X. The Entomological Review of Japan 10: 55–63, 1 pl.

HAYASHI M. 1962. The Cerambycidae from Amami-Ôshima Islands. II. Additions to the cerambycid-fauna of the Loochoo-Archipelago. 2 (Col.). The Entomological Review of Japan 14: 8–18, 3 pls.

HAYASHI M, VILLERS A. 1985. Revision of the Asian Lepturinae (Coleoptera,

Cerambycidae) With special reference to the type specimens' inspection. Part I. Bulletin of the Osaka Jonan Women's Junior College 19–20 (1): 1–75, 15 pls.

HEFFERN D J, ÖZDIKMEN H. 2007. Nomenclatural changes for oriental longhorned beetles (Coleoptera, Cerambycidae). Munis Entomology & Zoology 2 (1): 59–61.

HOLZSCHUH C. 1982. Neue Bockkäfer aus Asien, vorwiegend aus dem Himalaya (Coleoptera, Cerambycidae). Koleopterologische Rundschau 56: 147–157.

HOLZSCHUH C. 1983. Beschreibung von 22 neuen Clytini aus dem Himalaya (Coleoptera, Cerambycidae). Entomologica Basiliensia 8: 369–397.

HOLZSCHUH C. 1984. Beschreibung von 24 neuen Bockkäfern aus Europa und Asien, vorwiegend aus dem Himalaya (Coleoptera, Cerambycidae). Entomologica Basiliensia 9: 340–372.

HOLZSCHUH C. 1989. Beschreibung neuer Bockkäfer aus Europa und Asien (Cerambycidae, Col.). Koleopterologische Rundschau 59: 153–183.

HOLZSCHUH C. 1991. 63 neue Bockkäfer aus Asien, vorwiegend aus China und Thailand (Coleoptera, Disteniidae und Cerambycidae). Schriftenreihe der Forstlichen Bundesversuchanstalt (FBVA-Berichte), Wien 60: 5–71, 80 figs.

HOLZSCHUH C. 1993. Neue Bockkäfer aus Europa und Asien IV. Sechzig neue Bockkäfer aus Asien, vorwiegend aus China und Thailand (Col., Cerambycidae). Schriftenreihe der Forstlichen Bundesversuchanstalt (FBVA-Berichte), Wien 75: 1–63.

HOLZSCHUH C. 1995. Beschreibung von 65 neuen Bockkäfern aus Europa und Asien, vorwiegend aus Thailand und China (Coleoptera, Disteniidae und Cerambycidae). Schriftenreihe der Forstlichen Bundesversuchanstalt (FBVA-Berichte), Wien 84: 1–63.

HOLZSCHUH C. 1998. Beschreibung von 68 neuen Bockkäfern aus Asien, überwiegend aus China und zur Synonymie einiger Arten (Coleoptera, Cerambycidae). Schriftenreihe der Forstlichen Bundesversuchanstalt (FBVA-Berichte), Wien 107: 1–65, 84 figs.

HOLZSCHUH C. 1999. Beschreibung von 71 neuen Bockkäfern aus Asien, vorwiegend aus China, Laos, Thailand und India (Coleoptera, Cerambycidae). Schriftenreihe der Forstlichen Bundesversuchanstalt (FBVA-Berichte), Wien 110: 3–64.

HOLZSCHUH C. 2003a. Beschreibung von 72 neuen Bockkäfern aus Asien, vorwiegend aus China, Indien, Laos und Thailand (Coleoptera, Cerambycidae). Entomologica Basiliensia 25: 147–241.

HOLZSCHUH C. 2003b. Neue Bockkäfer aus dem Himalaya (Insecta: Coleoptera, Cerambycidae). pp. 305–316. *In*: Hartmann M. & Baumbach H. (eds): Biodiversität und

Naturausstattung im Himalaya. Erfurt: Verein der Freunde und Förderer des Naturkundemuseums Erfirt e.V., 389 pp, 16 pls.

HOLZSCHUH C. 2006a. Beschreibung von 51 neuen Bockkäfern aus der palaearktischen und orientalischen Region, vorwiegend aus Borneo und China (Coleoptera, Cerambycidae). Entomologica Basiliensia et Collectionis Frey 28: 205–276.

HOLZSCHUH C. 2006b. Neue Arten der Triben Molorchini und Clytini aus China und Laos (Coleoptera, Cerambycidae). Entomologica Basiliensia et Collectionis Frey 28: 277–302.

HOLZSCHUH C. 2007. Beschreibung von 80 neuen Bockkäfern aus der orientalischen und palaearktischen Region, vorwiegend aus China, Laos und Borneo (Coleoptera, Cerambycidae). Entomologica Basiliensia et Collectionis Frey 29: 177–286, 80 figs.

HOLZSCHUH C. 2008. Beschreibung von 60 neuen Bockkäfern und einer neuen Gattung aus der orientalischen Region, vorwiegend aus Laos und Borneo (Coleoptera, Cerambycidae). Entomologica Basiliensia et Collectionis Frey 30: 149–241.

HOLZSCHUH C. 2009a. Beschreibung von 59 neuen Bockkäfern und vier neuen Gattungen aus der orientalischen und palaearktischen Region, vorwiegend aus Laos, Borneo und China (Coleoptera, Cerambycidae). Entomologica Basiliensia et Collectionis Frey 31: 267–358.

HOLZSCHUH C. 2009b. Eine neue Art der Gattung *Glenea* Newman, 1842 aus dem Himalaya (Insecta, Coleoptera, Cerambycidae, Saperdini). 423–424. *In*: Matthias Hartmann & J. Weipert (Editors). Biodiversität und Naturausstattung im Himalaya III. Verein der Freunde und Förderer des Naturkundemuseums Erfurt e. V.

HOLZSCHUH C. 2010. Beschreibung von 66 neuen Bockkäfern und zwei neuen Gattungen aus der orientalischen Region, vorwiegend aus Borneo, China, Laos und Thailand (Coleoptera, Cerambycidae). Entomologica Basiliensia et Collectionis Frey 32: 137–225.

HOLZSCHUH C. 2011. Beschreibung von 69 neuen Bockkäfern und 6 neuen Gattungen aus Asien, vorwiegend aus Borneo, China, Laos und Thailand (Coleoptera, Cerambycidae). Entomologica Basiliensia et Collectionis Frey 33: 249–328.

HOLZSCHUH C. 2013. Beschreibung von zehn neuen Bockkäferarten (Coleoptera, Cerambycidae) und einer neuen Gattung aus Südostasien. Zeitschrift der Arbeitsgemeinschaft Österreichischer Entomologen 65: 5–21.

HOLZSCHUH C, LIN Yulong. 2013. Beitrag zur Bockkäferfauna von Taiwan, mit Beschreibung neuer Arten (Coleoptera, Cerambycidae). pp. 147–158.*In*: LIN Meiying, CHEN

Changchin (Editors). In memory of Mr. Wenhsin Lin. Formosa Ecological company. Taiwan, 233pp.

HUA Lizhong. List of Chinese Insects. Zhongshan (Sun Yat-sen) University Press, Guangzhou. List of Chinese Insects 2: 1–612.

HUA Lizhong, NARA H, SAMUELSON G A, et.al. Iconography of Chinese Longicorn Beetles (1406 species) in Color. Sun Yat-sen University Press, Guangzhou, 2009, 1–474, 125 pls. [华立中 , 奈良一 , 塞缪尔森 , 林格费尔特 . 2009. 中国天牛 (1406 种) 彩色图鉴 . 广州 : 中山大学出版社 , 474 pp, 125 pls.]

HUBWEBER L, Löbl I, Morati J, et.al. 2010. Cerambycidae: taxa from the the People's Republic of China, Japan and Taiwan, Pp. 84–334. *In*: Löbl I. & Smetana A. (Eds). Catalogue of Palaearctic Coleoptera, volume 6. Chrysomeloidea. Stenstrup: Apollo Books, 924 pp.

HUDEPOHL K E, HEFFERN D J. 2004. Notes on Oriental Lamiini (Coleoptera: Cerambycidae, Lamiinae). Insecta Mundi 16 (4)[2002]: 247–249.

JIANG Shunan, CHEN Li. 2001. Coleoptera, Cerambycidae, Lepturinae. Fauna Sinica, Insecta 21: i-xiv + 1–296, 299 figs. Science Press, Beijing. [蒋书楠 , 陈力 . 2001. 中国动物志 昆虫纲 第二十一卷 鞘翅目 天牛科 花天牛亚科 . 北京 : 科学出版社 . 296 pp.]

KOMIYA Z, NIISATO T. 2007. A Revision of the Genus *Drumontiana* Danilevsky (Coleoptera, Cerambycidae, Prioninae). Elytra, Tokyo 35 (2): 559–575, 30 figs.

KUSAMA K, TAKAKUWA M. 1984. The Longicorn Beetles of Japan in color. Tokyo: Japanese Society of Coleopterology, 565pp. 95pls.

LACORDAIRE J T. 1869. Histoire naturelle des insectes. Genera des coléoptères, ou exposé méthodique et critique de tous les genres proposés jusqu'ici dans cet ordre d'insectes. Tome neuvième. Première partie. Paris: Librairie encyclopédique de Roret, 409 pp.

LIN Meiying. 2012. *Glenea problematica* Lin & Yang 2009 is newly recorded from Myanmar (Coleoptera, Cerambycidae, Lamiinae, Saperdini). Annales de la Société Entomologique de France (n. s.), 48 (1–2): 232–234, 10 figs.

LIN Meiying. 2013. Three new species of the genus *Glenea* Newman, 1942 from the Oriental Region (Coleoptera, Cerambycidae, Lamiinae, Saperdini). pp. 107–116. *In*: Lin Meiying, Chen Changchin (Eds.). In memory of Mr. Wenhsin Lin. Formosa Ecological Company, Taiwan, 233pp.

LIN Meiying. 2014. Some new localities of Chinese longborn beetles (Coleoptera, Cerambycidae). Les Cahiers Mogellanes, NS, No. 16: 110–150, 100 figs.

LIN Meiying, BI Wenxuan. 2011. A new genus and species of the subfamily Philinae

(Coleoptera, Vesperidae). Zootaxa, 2777: 54–60, 18 figs.

LIN Meiying, CHOU WenI, KURIHARA T, YANG Xingke. 2012. Revision of the genus *Thermistis* Pascoe 1867, with descriptions of three new species (Coleoptera, Cerambycidae, Lamiinae, Saperdini). Annales de la Société Entomologique de France (n. s.), 48 (1–2): 29–50, 67 figs.

LIN Meiying, DAI Li. 2012 Description of a new species of the genus *Glenea* from Tibet, China (Coleoptera,Cerambycidae, Lamiinae, Saperdini). ZooKeys, 216: 5–11. doi: 10.3897/zookeys.216.3360.

LIN Meiying, Danilevsky M. L. 2011. Two new subspecies of *Eodorcadion* Breuning, 1947 (Coleoptera, Cerambycidae) from Helan Mountains (Helanshan), Inner Mongolia. Euroasian Entomological Journal 10(3): 381–382+380+ Ⅷ .

LIN Meiying, HOLZSCHUH C. 2013. *Blamada rubripronota,* a new genus and species of the tribe Saperdini (Coleoptera, Cerambycidae, Lamiinae) from Southeast Asia. Zootaxa, 3640 (1): 95–100.

LIN Meiying, JIROUX E. 2011. Notes on the genera *Pseudapriona* Breuning, 1936, *Ithocritus* Lacordaire, 1872 and *Ioesse* Thomson, 1864, of the tribe Petrognathini (Coleoptera, Cerambycidae, Lamiinae). Les Cahiers Magellanes, NS, No. 5: 104–114.

LIN Meiying, LI Wenzhu, YANG Xingke. 2006. Male description of *Eutetrapha velutinofasciata* Pic, with a new synonym (Coleoptera, Cerambycidae, Lamiinae, Saperdini). Zootaxa, 1371: 65–68, 14 figs.

LIN Meiying, LI Wenzhu, YANG Xingke. 2008. Taxonomic review of three saperdine genera, *Mandibularia* Pic, *Mimocagosima* Breuning and *Parastenostola* Breuning (Coleoptera, Cerambycidae, Lamiinae, Saperdini). Zootaxa, 1773: 1–17, 33 figs.

LIN Meiying, LIN Wenhsin. *Glenea changchini* sp. nov. from Yunnan of China (Coleoptera, Cerambycidae, Lamiinae, Saperdini). Zootaxa, 2987: 13–17, 8 figs.

LIN Meiying, LIU Feng. 2012. A New species *Glenea weigeli* n. sp from Yunnan, China, compared with *Glenea loosdregti* Breuning (Coleoptera, Cerambycidae, Lamiinae, Saperdini). Les Cahiers Magellanes, NS, No. 8: 113–117.

LIN Meiying, MONTREUIL O, TAVAKILIAN G, et.al. 2009. Reinstatement of the genus *Heteroglenea* Gahan, with four new combinations, four new synonyms and three new species (Coleoptera, Cerambycidae, Lamiinae, Saperdini). Zootaxa, 2137: 1–22, 50 figs.

LIN Meiying, TAVAKILIAN G, MONTREUIL O, YANG Xingke. 2009a. Eight species of the Genus *Glenea* Newman, 1842 from oriental region, with three new species (Coleoptera,

Cerambycidae, Lamiinae, Saperdini). Zootaxa, 2155: 1–22, 48 figs.

LIN Meiying, TAVAKILIAN G, MONTREUIL O, YANG Xingke. 2009b. A study on the *indiana* & *galathea* species-group of the genus *Glenea,* with descriptions of four new species (Coleoptera, Cerambycidae, Lamiinae, Saperdini). Annales de la Société Entomologique de France (n. s.), 45 (2): 157–176, 88 figs.

LIN Meiying, TICHY T. 2014. Taxonomic notes on three species described by Fu-Ji Pu (Coleoptera, Cerambycidae). Les Cahiers Magellanes, NS, No. 14: 127–132.

LIN Meiying, YANG Xingke. 2011a. A New species *Glenea shuteae* sp. nov. from Yunnan, China, compared with *Glenea decolorata* Heller (Coleoptera, Cerambycidae, Lamiinae, Saperdini). Acta Zootaxonomica Sinica, 36 (1): 40–44, 18 figs. [林美英 , 杨星科 . 2011. 云南天牛一新种淑氏并脊天牛描述（鞘翅目，天牛科，沟胫天牛亚科，楔天牛族）. 动物分类学报，36 (1): 40–44, 18 figs.]

LIN Meiying, YANG Xingke. 2011b. *Glenea coomani* Pic, 1926 and its related species of South China with description of a new species. Zookeys, 153: 57–71. doi: 10.3897/zookeys.153.2106.

LIN Meiying, YANG Xingke. 2012. Contribution to the Knowledge of the genus *Linda* Thomson, 1864 (Part I), with the Description of *Linda* (*Linda*) *subatricornis* n. sp. from China (Coleoptera, Cerambycidae, Lamiinae). Psyche Volume 2012 (2012), Article ID 672684: 1–8, 7 figs. doi: 10.1155/2012/672684 http://www.hindawi.com/journals/psyche/2012/672684/

LINGAFELTER S W, GARZON-MORENO, NEARNS E H. 2013. Primary types of Chinese longhorned woodboring beetles (Coleoptera, Cerambycidae and Disteniidae) of the Smithsonian Institution. pp: 117–146. *In*: LIN Meiying, CHEN Changchin. (Eds.). In memory of Mr. Wenhsin Lin. Formosa Ecological Company, Taiwan, 233pp.

LINGAFELTER S W, HOEBEKE E R. 2002. Revision of *Anoplophora* (Coleoptera, Cerambycidae). Washington: Entomological Society of Washington, 236 pp, 46 pls.

LINSLEY E G. 1939. The longicorn tribe Atimiini (Coleoptera, Cerambycidae). Bulletin of the S. California Academy of Sciences 38: 63–80, 1 pl.

LINSLEY E G. 1940. Notes and descriptions of west American Cerambycidae - IV (Coleoptera). Entomological News, 51: 253–258.

LÖBL I, SMETANA A. (Eds). 2010. Catalogue of Palaearctic Coleoptera, Vol. 6. Stenstrup: Apollo Books, 924 pp.

LÖBL I, SMETANA A. (Eds). 2011. Catalogue of Palaearctic Coleoptera, Vol. 7. Stenstrup: Apollo Books, 373 pp.

MIROSHNIKOV A I. 2014a. New genera and species of the tribe Apatophyseini Lacordaire, 1869 from continental Asia, with notes on some little-known taxa (Coleoptera, Cerambycidae). Pp 11–50. *In*: Konstantinov A.S., Ślipiński S.A. & Solodovnikov A.Yu. (Eds). Advances in studies on Asian cerambycids (Coleoptera, Cerambycidae). Papers by Alexandr I. Miroshnikov, dedicated to the memory of Dr. Judson Linsley Gressitt. Krasnodar. Moscow: KMK Scientific Press Ltd. 237 pp.

MIROSHNIKOV A I. 2014b. The genus *Trypogeus* Lacordaire, 1869: an annotated check list and descriptions of new species from Cambodia and Laos (Coleoptera, Cerambycidae). PP 51–71. *In*: Konstantinov A.S., Ślipiński S.A. & Solodovnikov A.Yu. (Eds). Advances in studies on Asian cerambycids (Coleoptera, Cerambycidae). Papers by Alexandr I. Miroshnikov, dedicated to the memory of Dr. Judson Linsley Gressitt. Krasnodar. Moscow: KMK Scientific Press Ltd. 237 pp.

MIROSHNIKOV A V. 2014c. A new species of the genus *Agastophysis* Miroshnikov, 2014 (Coleoptera: Cerambycidae) from China and Corrigenda to the author's publications of 2013 and 2014. Russian Entomological Journal, 23(3): 195–197.

MIROSHNIKOV A I, LIN Meiying. 2012. New or little-known species of the genus *Paraclytus* Bates, 1884 (Coleoptera, Cerambycidae) from China. Caucasian Entomological Bulletin 8 (2): 246–251, plates 3–6.

NAKANE T. & OHBAYASHI K., 1959. Notes on the genera and species of Lepturinae (Coleoptera, Cerambycidae) with special reference to their male genitalia. II. Scientific Reports of the Saikyo University, Kyoto (Natural Science and Living Science) 3 (1): A63-A66, 12 figs.

NIIASTO T. 2004. Two new *Necydalis* (Coleoptera, Cerambycidae) from Sichuan and Guangxi, Southwest China. Elytra 32: 425–435.

NIIASTO T, CHOU Wen I, KUSAKABE Y. 2009.Taxonomic Notes on the Genus *Cyrtoclytus* (Coleoptera, Cerambycidae) from China and Indochina. Special Bulletin of the Japanese Society of Coleopterology, Tokyo (7): 221–235, 23 figs.

NIIASTO T, HAN C D. 2013. The Genus *Amamiclytus* (Coleoptera, Cerambycidae) Firstly Recorded from the Mainland China. Elytra, Tokyo, New Series 3 (1): 165–172, 17 figs.

NIIASTO T, PU Fuji. 1998. A New Species of the Group of *Necydalis nanshanensis* (Coleoptera, Cerambycidae) Discovered in Continental China. Elytra, Tokyo 26 (2): 445–449, 1 fig.

OHBAYASHI K. 1964. New Cerambycidae from Japan (7). Bulletin of the Japan Entomological Academy 1 (5): 19–26, pls 4–5.

OHBAYASHI N, CHOU Wei I. 2013. Revision of the Genus *Leptura* Linnaeus, 1758 of Taiwan (Coleoptera, Cerambycidae, Lepturinae). Studies on the Taiwanese Lepturinae, IV. Pp. 17–40. *In*: LIN Meiying CHEN Changchin. (Eds.). In memory of Mr. Wenhsin Lin. Formosa Ecological Company, Taiwan, 233pp.

OHBAYASHI N, LIN Meiying. 2012a. Studies on the Chinese Lepturinae (Coleoptera, Cerambycidae) I. Genera *Nivelliomorpha* Boppe, 1920 and *Houzhenzia* gen. nov. Elytra, Tokyo, New Series, 2 (1): 13–19.

OHBAYASHI N, LIN Meiying. 2012b. A Review of the Asian Genera of the Petrognathini, with Description of a New Species and Proposal of a New Synonym (Coleoptera, Cerambycidae, Lamiinae). Japanese Journal of Systematic Entomology 18 (2): 235–251.

OHBAYASHI N, LIN Meiying. 2013: Studies on the Chinese Lepturinae (Coleoptera: Cerambycidae), II. Notes on the Genus *Ischnostrangalis* Ganglbauer, 1890. Pp. 41–56. *In*: LIN Meiying, CHEN Changchin. (Eds.). In memory of Mr. Wenhsin Lin. Formosa Ecological Company, Taiwan, 233pp.

OHBAYASHI N, NIISATO T, WANG Wenkai. 2004. Studies on the Cerambycidae (Coleoptera) of Hubei Province, China, Part I. Elytra, Tokyo 32 (2): 451–470, 19 figs.

PASCOE F P. 1864. Longicornia Malayana; or, a Descriptive Catalogue of the Species of the three Longicorn Families Lamiidæ, Cerambycidæ and Prionidæ collected by Mr. A. R. Wallace in the Malay Archipelago. (Part Ⅲ). The Transactions of the Entomological Society of London 3 (3)3: 225–336, pls X–XV.

PASCOE F P. 1867. Longicornia Malayana; or, a descriptive catalogue of the species of the three longicorn families Lamiidae, Cerambycidae and Prionidae, collected by Mr. A. R. Wallace in the Malay Archipelago. The Transactions of the Entomological Society of London (3)3: 337–464.

PASCOE F P. 1869. Longicornia Malayana; or, a descriptive catalogue of the species of the three longicorn families Lamiidae, Cerambycidae and Prionidae, collected by Mr. A. R. Wallace in the Malay Archipelago. The Transactions of the Entomological Society of London (3)3: 497–552, 553–710, 24 pls.

PIC M. 1903. Contribution à la Faune du Tonkin. Matériaux pour servir à l'étude des Longicornes 4 (2): 28–31.

PIC M. 1923. Nouveautés diverses. Mélanges Exotico-Entomologiques 38: 1–32.

PIC M. 1926. Nouveautés diverses. Mélanges Exotico-Entomologiques 47: 1–32.

PIC M. 1934. Nouveautés diverses, notes. Mélanges Exotico-Entomologiques 64: 1–36.

PIC M. 1936. Nouveaux coléoptères de Chine. Notes d'Entomologie Chinoise 3 (2): 15–17.

PIC M. 1939. Mutations et nouveautés diverses. Mélanges Exotico-Entomologiques 71: 1–36.

PU Fuji. 1981a. Coleoptera: Cerambycidae. Pp. 417–429. *In*: XIAO Gang rou. (ed). Insects of Xizang Vol. I.. Beijing: Science Press. 600pp. [蒲富基 . 1981. 鞘翅目 : 天牛科 . Pp. 417–429. *In*: 萧刚柔 . 西藏昆虫 . 北京 : 科学出版社 , 600pp.]

PU Fuji. 1981b. Notes on Chinese Longicorn Beetles of the genus *Arctolamia* (Coleoptera: Cerambycidae). Acta Zootaxonomica Sinica 6 (4): 433–436, 2 figs. [蒲富基 . 1981. 中国长毛天牛属记述 (鞘翅目 : 天牛科). 动物分类学报 , 6 (4): 433–436, 2 figs.]

PU Fuji. 1984. Two new species of Cerambycidae from China (Coleoptera). Acta Zootaxonomica Sinica 9 (1): 59–61. [蒲富基 . 1984. 中国天牛科二新种 (鞘翅目). 动物分类学报 , 9 (1): 59–61.]

PU Fuji. 1985. A new species of the genus *Coscinesthes* from the Hengduan Mountains, China (Coleoptera: Cerambycidae). Entomotaxonomia 7 (4): 271–272. [蒲富基 . 1985. 横断山豹天牛属一新种 (鞘翅目 : 天牛科). 昆虫分类学报 ,7 (4): 271–272.]

PU Fuji. 1985. Three new species of the genus *Distenia* from China (Coleoptera: Cerambycidae). Acta Zootaxonomica Sinica 10 (4): 427–430. [蒲富基 . 1985. 瘦天牛属三新种 (鞘翅目 : 天牛科). 动物分类学报 , 10 (4): 427–430.]

PU Fuji. 1985. Cerambycidae. Pp. 101–102. *In:* The Mountaineering and Scientific Expedition, Academia Sinica. (eds). Biota of Tuomuer region, Tianshan. Beijing: Xinjiang People's Press, 356 pp. [蒲富基 . 1985. 天牛科 . Pp. 101–102. *In*: 中国科学院登山科学考察队 . 天山托木尔峰地区的生物 . 北京 : 新疆人民出版社 , 356 pp.]

PU Fuji. 1986. A new species of the genus *Eutetrapha* from Shennongjia, Hubei, China. Acta Zootaxonomica Sinica 11 (2): 201–202. [蒲富基 . 1986. 湖北神农架直脊天牛属一新种 (鞘翅目 : 天牛科). 动物分类学报 , 11 (2): 201–202.]

PU Fuji. 1987. Coleoptera, Cerambycidae. Pp. 89–97. *In*: Zhang S.-M. (ed.), Agricultural insects, spiders, plant diseases and weeds of Xizang Vol. Ⅱ . Lasa: Xizang People's Publishing House, 463pp. [蒲富基 . 1987. 鞘翅目 : 天牛科 . Pp. 89–97. *In*: 章士美 . 西藏农业病虫及杂草第二册 . 拉萨：西藏人民出版社 , 463pp.]

PU Fuji. 1988. Coleoptera, Cerambycidae. Pp. 293–304. *In*: The Mountaineering and Scientific Expedition, Academia Sinica. (eds). Insects of Mt. Namjagbarwa Region of Xizang. Beijing: Science Press. 621pp. [蒲富基 . 1988. 鞘翅目 : 天牛科 . Pp. 293–304. *In*: 中国科学院登山科学考察队 . 西藏南迦巴瓦峰地区昆虫 . 北京 : 科学出版社, 621pp.]

PU Fuji. 1990. A new species of the genus *Melegena* injurious to olive tree in Fujian and two new records of disteniid beetles (Coleoptera: Disteniidae). Acta Entomologica Sinica 33 (2): 234–236. [蒲富基 . 1990. 一种为害橄榄树的天牛新种及两种天牛新纪录 (鞘翅目 : 瘦天牛科). 昆虫学报 , 33 (2): 234–236.]

PU Fuji. 1991a. A new species of the genus *Nortia* (Coleoptera: Cerambycidae: Cerambycinae) injurious to Chinese prickly ash trees in Gansu. Entomotaxonomia 13 (4): 281–283. [蒲富基 . 1991a. 甘肃花椒树上天牛一新种 (鞘翅目 : 天牛科). 昆虫分类学报 , 13 (4): 281–283.]

PU Fuji. 1991b. Notes on the genus *Callidiellum* Linsley from China (Coleoptera: Cerambycidae, Cerambycinae). Acta Entomologica Sinica 34 (3): 341–343. [蒲富基 . 1991b. 中国小扁天牛属记述 (鞘翅目 : 天牛科). 昆虫学报 , 34 (3): 341–343.]

PU Fuji. 1991c. New genus and species of Cerambycinae, with new records of Longicorn Beetles from China (Coleoptera: Cerambycidae). Sinozoologia 8: 247–252, 5 figs. [蒲富基 . 1991c. 天牛亚科一新属三新种及中国天牛新记录 (鞘翅目 : 天牛科). 动物学集刊 8: 247–252, 5 figs.]

PU Fuji. 1991d. Notes on the genus *Plaxomicrus* Thomson from China (Coleoptera: Cerambycidae, Lamiinae). Acta Zootaxonomica Sinica 16 (2): 207–210, 3 figs. [蒲富基 . 1991d. 中国广翅天牛属记述 (鞘翅目 : 天牛科). 动物分类学报 , 16 (2): 207–210, 3 figs.]

PU Fuji. 1992a. Five new species and one new records of the genus *Necydalis* from China (Coleoptera: Cerambycidae, Lepturinae). Acta Entomologica Sinica 35 (2): 217–221. [蒲富基 . 1992a. 膜花天牛属五新种及一新记录 (鞘翅目 : 天牛科 , 花天牛亚科). 昆虫学报 , 35 (2): 217–221.]

PU Fuji. 1992b. Coleoptera: Disteniidae and Cerambycidae. Pp. 588–623. *In*: The Comprehensive Scientific Expedition to the Qinghai-Xizang Plateau, Chinese Academy of Sciences. (eds). Insects of the Hengduan Mountains Region, Volume 1. Beijing: Science Press, 865pp. [蒲富基 . 1992b. 鞘翅目 : 瘦天牛科、天牛科 . Pp. 588–623. *In*: 中国科学院青藏高原综合科学考察队主编 . 横断山区昆虫第一册 . 北京 : 科学出版社 , 865pp]

PU Fuji. 1993. Description of a new subspecies of *Linda nigroscutata* Fairmaire and a discussion on subspecies differentiation (Coleoptera: Cerambycidae: Lamiinae). Acta Zootaxonomica Sinica 18 (3): 357–361, 2 figs. [蒲富基 . 1993. 赤瘤筒天牛一新亚种记述及亚

种的讨论 (鞘翅目 : 天牛科). 动物分类学报 , 18 (3): 357–361, 2 figs.]

PU Fuji. 1997. Coleoptera: Cerambycidae. Pp. 805–834. *In*: YANG Xing ke. (ed.): Insects of the Three Gorge Reservoir area of Yangtze river. Part 1. Chongqing: Chongqing Publishing House. 974pp.[蒲富基 . 1997. 鞘翅目 : 天牛科 . p. 805–834. *In*: 杨星科 . 长江三峡库区昆虫 . 重庆 : 重庆出版社 , 974 pp.]

PU Fuji. 1999. Five new species and a new record species of Lamiinae from China (Coleopter [sic]: Cerambycidae). Acta Entomologica Sinica 41 (1): 78–85. [蒲富基 . 1999. 沟胫天牛亚科五新种及中国新纪录种 (鞘翅目 : 天牛科). 昆虫学报 , 41 (1): 78–85.]

PU Fuji, JIN Gentao. 1991. Systematic study on Chinese longicorn beetles, genus *Eutetrapha* (Coleoptera: Cerambycidae, Lamiinae). Scientific Treatise on Systematic and Evolutionary Zoology 1: 189–198. [蒲富基 , 金根桃 . 1991. 中国直脊天牛属的系统分类学研究 (鞘翅目 : 天牛科). 系统进化动物学论文集 , 1: 189–198.]

PU Fuji, WANG Youkui, LI Xiaoming. 1998. A new species of the genus *Dystomorphus* from Qilian Mountain, Gansu, China (Coleoptera: Cerambycidae). Acta Entomologica Sinica 41 (1): 82–84. [蒲富基，汪有奎，李晓明 . 1998. 祁连山刺脊天牛属一新种 (鞘翅目 : 天牛科). 昆虫学报 , 41 (1): 82–84.]

PU Fuji, YANG Darong. 1992. Coleoptera: Cerambycidae. Pp. 293–305. *In*: HUANG Fusheng. (ed.): Insects of Wuling Mountain area, southwestern China. Beijing: Science Press, x + 777 pp. [蒲富基，杨大荣 . 1992. 鞘翅目 : 天牛科 . PP. 293–305. *In*: 黄复生 . 西南武陵山地区昆虫 . 北京 : 科学出版社 , 777 pp.]

SAMA G. 1991. Note sulla nomenclatura dei Cerambycidae della regione mediterranea (Coleoptera). Bollettino della Società Entomologica Italiana 123: 121–128.

SAUNDERS W W. 1853. Descriptions of some longicorn beetles discovered in northern China, by Rob. Fortune, Esq. The Transactions of the Entomological Society of London (2)2 [1852–1853]: 109–113, pl. IV.

SAVIO P A. 1929b. Longicornes du bas Yang-tse. Genre *Olenecamptus* Chevr. Notes d'Entomologie Chinoise 1 (2): 1–11, 1 pl.

SAVIO P A. 1929a. Longicornes du bas Yang-tse. Genre *Exocentrus* Muls. Notes d'Entomologie Chinoise 1 (3): 1–6.

SCHWARZER B. 1925. Sauters Formosa-Ausbeute (Cerambycidae, Col.). (Subfamilie, Lamiinae.) (Fortsetzung.). Entomologische Blätter 21: 58–68.

ŠVÁCHA P, LAWRENCE J F. 2014. 2.1 Vesperidae Mulsant, 1839; 2.2 Oxypeltidae Lacordaire, 1868; 2.3 Disteniidae J. Thomson, 1861; 2.4 Cerambycidae Latreille, 1802. Pp. 16–177. *In*: LESCHEN R A B, BEUTEL R G. (eds.): Handbook of Zoology, Arthropoda: Insecta; Coleoptera, Beetles, Volume 3: Morphology and systematics (Phytophaga). Walter de Gruyter, Berlin/Boston, 675pp.

TAKAKUWA M, NIISATO T. 1996. The genus *Necydalis* (Coleoptera, Cerambycidae)from Northern Vietnam, with Descriptions of Two New Taxa. Bulletin of the Kanagawa prefecture Museum of Natural Sciences 25: 77–86, 34 figs.

TAKAKUWA M, OHBAYASHI N. 1995. Notes on the Japanese genus *Miccolamia* (Coleoptera, Cerambycidae), with description of two new species. Japanese Journal of Systematic Entomology 1: 193–200.

TAVAKILIAN G, CHEVILLOTTE H. 2014. Titan: base de données internationales sur les Cerambycidae ou Longicornes. Version 3.0. Available from:http://lully.snv.jussieu.fr/titan/ (Accessed during March 1, 2013 to April 21, 2014).

THOMSON J. 1857. Synopsis des *Stibara* de ma collection. Pp. 139–147. *In*: Archives Entomologiques ou recueil contenant des illustrations d'Insectes nouveaux ou rares. Tome premier. Paris: Bureau du Trésorier de la Société Entomologique de France, 514 + [1] pp, X XI pls.

THOMSON J. 1860. Essai d'une classification de la famille des cérambycides et matériaux pour servir à une monographie de cette famille. Paris: chez l'auteur [James Thomson] et au bureau du trésorier de la Société entomologique de France, xvi + 1–128.

THOMSON J. 1861. Essai d'une classification de la famille des cérambycides et matériaux pour servir à une monographie de cette famille. Paris: chez l'auteur [James Thomson] et au bureau du trésorier de la Société entomologique de France, PP. 129–396, 3 pls.

THOMSON J. 1864. Systema cerambycidarum ou exposé de tous les genres compris dans la famille des cérambycides et familles limitrophes. PP. 1–352. Liège: H. Dessain, 578 pp.

VIKTORA P, LIN Meiying. 2012. Some new country records of five species of *Glenea* Newman (Coleoptera, Cerambycidae, Lamiinae, Saperdini) from the Oriental Region. Entomotaxonomia 34 (1):50–57.

VIKTORA P, TICHÝ T, RAPUZZI P. 2013. Description of a new species of the genus *Anaglyptus* Mulsant, 1839 from Tibet (Coleoptera, Cerambycidae, Cerambycinae, Anaglyptini). Les Cahiers Magellanes, NS, No. 13: 80–83.

VILLIERS A. 1978. Faune des coléoptères de France I. Cerambycidae. Encyclopédie

Entomologique XL Ⅱ. Paris: Editions Lechevalier, xxvii + 611 pp.

VIVES E. 2013. Leptochroma, a new genus of Callichromatini from China (Coleoptera, Cerambycidae). Pp. 85–92. *In*: LIN Meiying CHEN Changchin. (Eds.). In memory of Mr. Wenhsin Lin. Formosa Ecological Company, Taiwan, 233pp.

VIVES E. 2015. Revision of the genus *Trypogeus* Lacordaire, 1869 (Coleoptera, Cerambycidae, Dorcasominae). Zookeys, 502: 39–60

VIVES E, LIN Meiying. 2013: One new and seven newly recorded Callichromatini species from China (Coleoptera, Cerambycidae, Cerambycinae). ZooKeys, 275: 67–75.

WALLIN H, KVAMME T, LIN Meiying. 2012. A review of the genera *Leiopus* Audinet-Serville, 1835 and *Acanthocinus* Dejean, 1821 (Coleoptera: Cerambycidae, Lamiinae, Acanthocinini) in Asia, with descriptions of six new species of *Leiopus* from China. Zootaxa, 3326: 1–36, 99 figs.

WANG Wenkai, CHIANG Shunan. 2002. Two new species of the tribe Saperdini Mulsant from China (Coleoptera: Cerambycidae: Lamiinae). Zoological Research 23 (2): 145–148. [王文凯 & 蒋书楠. 2002. 中国楔天牛族二新种 (鞘翅目 : 天牛科 : 沟胫天牛亚科). 动物学研究 , 23 (2): 145–148.]

WANG Zhicheng. 2014. Monographia of original colored Longicorn Beetles of China (Basics) Volumes 1–2. Beijing: Scientific and Technical documentation press, 1188pp. [王直诚 . 2014. 中国天牛图志（基础篇）上下卷 . 北京 : 科学技术文献出版社 , 1188pp.]

WEIGEL A. 2006. Checklist and Bibliography of Longhorn Beetles from Nepal (Insecta: Coleoptera: Cerambycidae). *In*: Matthias Hartmann & J. Weipert (Editors). Biodiversität und Naturausstattung im Himalaya Ⅱ. Verein der Freunde und Förderer des Naturkundemuseums Erfurt e. V: 495–510.

YANG Chunwang, DANILEVSKY M L. 2013. Description of a new species of the genus *Eodorcadion* Breuning, 1947 from Inner Mongolia, China (Coleoptera, Cerambycidae, Lamiinae, Dorcadionini). Pp. 93–95. *In*: LIN Meiying, CHEN Changchin. (Eds.). In memory of Mr. Wenhsin Lin. Formosa Ecological Company, Taiwan, 233pp.

YEN Chiahsien. 1932. A new species of Cerambycidae from Kwangsi. Peking Natural History Bulletin 7 (2): 165–166, 3 figs.

YU Chingkin, NARA H, CHU Yao I. 2002. The Longicorn beetles of Taiwan. Nantou: Muh-Sheng Museum of Entomology. 151pp, 26 pls. 余清金、奈良一、朱耀沂 . 2002. 台湾的天牛 . 南投 : 木生昆虫博物馆 , 151pp, 26 pls.

致 谢

衷心感谢以下天牛同行和天牛同好友情赠送部分模式标本，主要包括：奥地利的 Carolus Holzschuh 博士（32 种 58 号），日本的长谷川道明（Michiaki Hasegawa）博士（7 种 9 号），日本的大林延夫（Nobuo Ohbayashi）教授（1 种 1 号），德国的 Andreas Weigel 先生（5 种 8 号），比利时的 Alain Drumont 博士（2 种 2 号），俄罗斯的 Mikhail Danilevsky 博士（5 种 15 号），台湾的陈常卿先生和林文信先生（6 种 18 号），台湾的周文一博士（1 种 4 号），台湾的林毓隆先生（3 种 4 号），上海的毕文烜先生（3 种 5 号），广东的詹程辉先生（1 种 2 号），云南纳板河流域国家级自然保护区管理局（1 种 1 号）。感谢巴黎自然历史博物馆交换给本馆 3 种 6 号副模标本，中山大学生物博物馆交换给本馆 1 种 2 号副模，捷克的 Tomáš Tichý 先生交换给本馆 2 种 2 号副模标本。

感谢所有的标本采集人员，尤其是以下特别突出的几位：Père Octave Piel（34 种）、王书永（18 种）、韩寅恒（12 种）、张学忠（10 种）、宋士美、李文柱、张毅然、杨晓东、林文信、毕文烜、刘晔等。

感谢以下拍摄了部分照片的同事和朋友：本馆昆虫标本馆管理员姚建老师（大部分标签照片和很多标本照片都是他拍摄的），上海的毕文烜先生（帮忙拍了两天模式标本，并传授了一些照相技巧、分享了叠加方法），日本的大林延夫教授（本书采用了部分他来访时拍摄的模式标本照片），英国的 Laurence Livermore 先生（来访拍摄半翅目模式标本的时候顺道拍了几种天牛模式标本），本馆的黄鑫磊先生（应邀拍了 2 种并分享了布置灯光的技巧）。

感谢本馆同事梁红斌老师、张莉莉老师和张魁艳老师在照相设备、技术上提供的便利和帮助。感谢徐倩女士在整理标本和资料方面提供的很多帮助。

特别感谢法国的 Gérard Tavakilian 先生长时间用心整理的 Titan_2000 天牛数据库，并且在查找文献方面提供了非常多的帮助。尤其感谢美国的 Steven W. Lingafelter 博士和日本的山迫淳介（Junsuke Yamasako）博士在最后关头审阅书稿并修改了一些错误。感谢杨星科研究员对我的栽培和鼓励，感谢葛斯琴老师帮忙审书稿。感谢乔格侠研究员和陈军研究员两位领导对我的工作给予的支持和鼓励。

最后，感谢河南科学技术出版社的陈淑芹编辑在出版过程中的耐心帮助。

本书使用的部分数据来自国家动物数字博物馆数据库，本研究得到国家科技基础条件平台工作重点项目（批准号：2005 DKA 21402）的部分资助。

林美英文章目录（截至 2014–V–10）

2006 年

1. LIN Mei-Ying, LI Wen-Zhu & YANG Xing-Ke. 2006. Male description of *Eutetrapha velutinofasciata* Pic, with a new synonym (Coleoptera, Cerambycidae, Lamiinae, Saperdini). Zootaxa, 1371: 65–68.

2. LIN Mei-Ying, Alain Drumont & YANG Xing-Ke. 2007. The genus *Autocrates* THOMSON in China: occurrence and geographical distribution of species (Coleoptera, Trictenotomidae). Bulletin de l'Institut royal des Sciences naturelles de Belgique, 77: 147–156, 14 figs.

2007 年

3. LIN Mei-Ying & YANG Xing-Ke. 2007. New Records of a Genus and a Species of Family Cerambycidae from China. Entomotaxonomia, 29(2): 116–118. [林美英，杨星科. 2007. 中国天牛科一新记录属及一新记录种 . 昆虫分类学报 , 29(2): 116–118, 8 figs.]

2008 年

4. LIN Mei-Ying, LI Wen-Zhu & YANG Xing-Ke. 2008. Taxonomic review of three saperdine genera, *Mandibularia* Pic, *Mimocagosima* Breuning and *Parastenostola* Breuning (Coleoptera, Cerambycidae, Lamiinae, Saperdini). Zootaxa, 1773: 1–17.

2009 年

5. LIN Mei-Ying, LIN Yu-Long, LI Wen-Zhu & YANG Xing-Ke. 2009. Study on *Glenea fainanensis* species group, with one new synonym and two new status (Coleoptera, Cerambycidae, Lamiinae). Acta Zootaxonomica Sinica, 34 (2): 214–220. [林美英，林毓隆，李文柱，杨星科 . 2009. 台南并脊天牛种团的订正研究（鞘翅目：天牛科：沟胫天牛亚科）. 动物分类学报，4 (2) : 214–220, 19 figs.]

6. Alain Drumont , Ziro Komiya & LIN Mei-Ying. 2009. Note on the distribution of *Prionus*

kucerai Drumont & Komiya, 2006 in China (Coleoptera, Cerambycidae, Prioninae). Lambillionea, 109: 122.

7. LIN Mei-Ying, YANG Xing-Ke & LIN Yu-Long. 2009. Taxonomic Notes on *Glenea pseudoscalaris* (Fiarmaire, 1895)(Coleoptera, Cerambycidae, Lamiinae). Special Bulletin of the Japanese So ciety of Coleopterology, Tokyo (7): 385–390, 11 figs.

8. LIN Mei-Ying, Olivier Montreuil, Gérard Tavakilian & YANG Xing-Ke. 2009. Reinstatement of the genus *Heteroglenea* Gahan, with four new combinations, four new synonyms and three new species (Coleoptera, Cerambycidae, Lamiinae, Saperdini). Zootaxa, 2137: 1–22, 50 figs.

9. LIN Mei-Ying, Gérard Tavakilian, Olivier Montreuil & YANG Xing-Ke. 2009. Eight species of the Genus *Glenea* Newman, 1842 from oriental region, with three new species (Coleoptera, Cerambycidae, Lamiinae, Saperdini). Zootaxa, 2155: 1–22, 48 figs.

10. LIN Mei-Ying, Gérard Tavakilian, Olivier Montreuil & YANG Xing-Ke. 2009. A study on the *indiana* & *galathea* species-group of the genus *Glenea*, with descriptions of four new species (Coleoptera, Cerambycidae, Lamiinae, Saperdini). Annales de la Société Entomologique de France (n. s.), 45 (2): 157–176, 88 figs.

2010 年

11. CHOU Wen-I, CHUNG Yi-Ting & LIN Mei-Ying*. 2010. Description of *Eutetrapha lini* sp. nov. from Taiwan, China (Coleoptera, Cerambycidae, Lamiinae, Saperdini). Acta Zootaxonomica Sinica, 35 (2): 313–318, 25 figs. [周文一，钟奕霆，林美英 *. 2010. 台湾天牛新种林氏直脊天牛描述（鞘翅目，天牛科，沟胫天牛亚科，楔天牛族）. 动物分类学报，35 (2): 313–318, 25 figs.]

12. LIN Mei-Ying*, LIU Ye & BI Wen-Xuan. 2010. Newly Recorded Species of Disteniidae (Coleoptera) from China, with a Catalogue of Chinese Disteniidae. Entomotaxonomia, 32 (2): 116–128, 18 figs. [林美英 *，刘晔，毕文烜 . 2010. 中国瘦天牛科新记录种并附

记中国瘦天牛科名录 . 昆虫分类学报，32 (2): 116–128, 18 figs.]

2011 年

13. LIN Mei-Ying & YANG Xing-Ke*. 2011. A New species *Glenea shuteae* sp. nov. from Yunnan, China, compared with *Glenea decolorata* Heller (Coleoptera, Cerambycidae, Lamiinae, Saperdini). Acta Zootaxonomica Sinica, 36 (1): 40–44, 18 figs. [林美英 , 杨星科 *. 2011. 云南天牛一新种淑氏并脊天牛描述（鞘翅目，天牛科，沟胫天牛亚科，楔天牛族）. 动物分类学报，36 (1): 40–44, 18 figs.]

14. LIN Mei-Ying* & BI Wen-Xuan. 2011. A new genus and species of the subfamily Philinae (Coleoptera, Vesperidae). Zootaxa, 2777: 54–60, 18 figs.

15. LIN Mei-Ying* & LIN Wenhsin. 2011. *Glenea changchini* sp. nov. from Yunnan of China (Coleoptera, Cerambycidae, Lamiinae, Saperdini). Zootaxa, 2987: 13–17, 8 figs.

16. LIN Mei-Ying, Alain Drumont & Jochen-P. Saltin. 2011. *Vietetropis viridis* Komiya, 1997 newly recorded from Guangxi province in southern China, with a known distribution map (Coleoptera, Cerambycidae, Prioninae, Anacolini). Lambillionea, CXI (2): 171–172.

17. LIN Mei-Ying & Eric Jiroux. 2011. Notes on the genera *Pseudapriona* Breuning, 1936, *Ithocritus* Lacordaire, 1872 and *Ioesse* Thomson, 1864, of the tribe Petrognathini (Coleoptera, Cerambycidae, Lamiinae). Les Cahiers Magellanes, NS, No. 5: 104–114.

18. LIN Mei-Ying & YANG Xing-Ke*. 2011. *Glenea coomani* Pic, 1926 and its related species of South China with description of a new species. Zookeys, 153: 57–71. doi: 10.3897/zookeys.153.2106.

19. LIN Mei-Ying & Mikhail L. Danilevsky. 2011. Two new subspecies of *Eodorcadion* Breuning, 1947 (Coleoptera, Cerambycidae) from Helan Mountains (Helanshan), Inner Mongolia. Euroasian Entomological Journal 10(3): 381–382+380+V Ⅲ .

20. LIN Mei-ying* & BI Wen-Xuan. 2011. *Purpuricenus caputorubeus* S.T.Yu, 1935, new synonym of *Euryphagus miniatus* (Fairmaire, 1904)(Coleoptera, Cerambycidae, Cerambycinae, Purpuricenini). Les Cahiers Magellanes, NS, No. 6: 117–123.

2012 年

21. Petr Viktora & LIN Mei-Ying. 2012. Some new country records of five species of *Glenea* Newman (Coleoptera: Cerambycidae: Lamiinae: Saperdini) from the Oriental Region. Entomotaxonomia, 34(1): 50–57, 15 figs. [Viktora Petr & 林美英 . 2012. 东洋区五种并脊天牛的国家级新记录（鞘翅目：天牛科：沟胫天牛亚科：楔天牛族）. 昆虫分类学报 , 34(1): 50–57, 15 figs.]

22. LIN Mei-Ying & YANG Xing-Ke*. 2012. Acanthocnemidae and Plastoceridae Newly recorded from China (Coleoptera). Acta Zootaxonomica Sinica, 37 (2): 447–449, 8 figs. [林美英 , 杨星科 *. 2012. Acanthocnemidae 和 Plastoceridae 两甲虫科中国新纪录 . 动物分类学报，37 (2): 447–449, 8 figs.]

23. LIN Mei-Ying & YANG Xing-Ke*. 2012. Contribution to the Knowledge of the Genus Linda Thomson, 1864 (Part I), with the Description of *Linda* (*Linda*) *subatricornis* n. sp. from China (Coleoptera, Cerambycidae, Lamiinae). Psyche Volume 2012 (2012), Article ID 672684: 1–8, 7 figs. doi: 10.1155/2012/672684.
http://www.hindawi.com/journals/psyche/2012/672684/

24. WALLIN Henrik, KVAMME Torstein & LIN Mei-Ying. 2012. A review of the genera *Leiopus* Audinet-Serville, 1835 and *Acanthocinus* Dejean, 1821 (Coleoptera, Cerambycidae, Lamiinae, Acanthocinini) in Asia, with descriptions of six new species of Leiopus from China. Zootaxa, 3326: 1–36, 99 figs.

25. Mikhail L. Danilevsky & LIN Mei-Ying. 2012. A contribution to the study of China Dorcadionini (Coleoptera, Cerambycidae). Part 1. Humanity space International almanac VOL. 1, Supplement 4, 2012: 4–19.

26. Mikhail L. Danilevsky & LIN Mei-Ying. 2012. A contribution to the study of China Dorcadionini (Coleoptera, Cerambycidae). Part 2. Humanity space International almanac VOL. 1, Supplement 4, 2012: 20–35.

27. LIN Mei-Ying & WANG Wen-Kai. 2012. *Parapolytrechus* [sic] *flavotarsus* Wang & Zheng, 2002, a new synonym of *Neoxenicotela mausoni* Breuning, 1947 (Coleoptera, Cerambycidae, Lamiinae). Entomotaxonomia, 34(2): 391–394, 5 figs. [林美英 & 王文凯 . 2012. 淡尾腹突天牛的一新异名（鞘翅目：天牛科：沟胫天牛亚科）. 昆虫分类学报 , 34(2): 391–394, 5 figs.]

28. Nobuo Ohbayashi & LIN Mei-Ying. 2012. Studies on the Chinese Lepturinae (Coleoptera, Cerambycidae) I. Genera *Nivelliomorpha* Boppe, 1920 and *Houzhenzia* gen. nov. Elytra, Tokyo, New Series, 2 (1): 13–19.

29. LIN Mei-Ying & Gérard Tavakilian. 2012. A New Genus *Bifidunguiglenea* gen. nov. Is Erected for the Species Glenea gestroi Gahan (Cerambycidae, Lamiinae, Saperdini). PLOS ONE 7(7): 1–5. e40768. doi:10.1371/journal.pone.0040768.

30. LIN Mei-Ying & LIU Feng. 2012. A New species *Glenea weigeli* n. sp from Yunnan, China, compared with *Glenea loosdregti* Breuning (Coleoptera, Cerambycidae, Lamiinae, Saperdini). Les Cahiers Magellanes, NS, No. 8: 113–117.

31. LIN Mei-Ying, CHOU Wen-I, Takashi Kurihara & YANG Xing-Ke. 2012. Revision of the genus *Thermistis* Pascoe 1867, with descriptions of three new species (Coleoptera, Cerambycidae, Lamiinae, Saperdini). Annales de la Société Entomologique de France (n. s.), 48 (1–2): 29–50, 67 figs.

32. LIN Mei-Ying. 2012. *Glenea problematica* Lin & Yang 2009 is newly recorded from Myanmar (Coleoptera, Cerambycidae, Lamiinae, Saperdini). Annales de la Société Entomologique de France (n. s.), 48 (1–2): 232–234, 10 figs.

33. LIN Mei-Ying & DAI Li. 2012. Description of a new species of the genus *Glenea* from Tibet, China (Coleoptera, Cerambycidae, Lamiinae, Saperdini). ZooKeys 216: 5–11. doi: 10.3897/zookeys.216.3360.

34. LIN Mei-Ying & Murzin Sergy V. 2012. A study on the apterous genus *Clytomelegena* Pic, 1928 (Coleoptera, Disteniidae). ZooKeys 216: 13–21. doi: 10.3897/zookeys.216.3769.

35. Nobuo Ohbayashi & LIN Mei-Ying. 2012. A Review of the Asian Genera of the Petrognathini, with Description of a New Species and Proposal of a New Synonym (Coleoptera, Cerambycidae, Lamiinae). Japanese Journal of Systematic Entomology 18 (2): 235–251.

36. BI Wenxuan & LIN Mei-Ying. 2012. Description of a new species of the genus *Paraleprodera* from Xizang, China (Coleoptera, Cerambycidae, Lamiinae, Monochamini). Humanity space International almanac VOL. 1, Supplement 12, 2012: 4–11.

37. LIN Mei-Ying & YANG Xing-Ke. 2012. Description of *Trichodryas slipinskii* sp. n. from China (Coleoptera, Dermestidae, Trinodinae). ZooKeys 255: 67–71. doi: 10.3897/zookeys.255.2553.

38. LIN Mei-Ying & Eduard Vives. 2012. Two additional notes on the genus *Thermistis* Pascoe (Coleoptera, Cerambycidae, Lamiinae, Saperdini). Les Cahiers Magellanes, NS, No. 10: 18–21.

39. Alexandr I. Miroshnikov & LIN Mei-Ying. 2012. New or little-Known species of the genus *Paraclytus* Bates, 1884 (Coleoptera, Cerambycidae) from China. Caucasian Entomological Bulletin, 8 (2): 246–251, 3 pls.

2013 年

40. Eduard Vives & LIN Mei-Ying. 2013. One new and seven newly recorded Callichromatini species from China (Coleoptera, Cerambycidae, Cerambycinae). ZooKeys, 275: 67–75. doi: 10.3897/zookeys.275.4576.

41. BI Wen-xuan & LIN Mei-Ying. 2013. Description of a new species of *Distenia*

(Coleoptera, Disteniidae, Disteniini) from Southeastern China, with records and diagnoses of similar species. ZooKeys, 275: 77–89. doi: 10.3897/zookeys.275.4700.

42. LIN Mei-Ying & Carolus Holzschuh. 2013. *Blamada rubripronota*, a new genus and species of the tribe Saperdini (Coleoptera, Cerambycidae, Lamiinae) from Southeast Asia. Zootaxa 3640 (1): 095–100. http://dx.doi.org/10.11646/zootaxa.3640.1.8.

43. Alain Drumont & LIN Mei-Ying. 2013. Note on the occurrence of *Spinimegopis* nepalensis (Hayashi, 1979) in China (Coleoptera, Cerambycidae, Prioninae). *In*: Lin, M.-Y. & Chen, C.-C. (Eds.), In memory of Mr. Wenhsin Lin. Formosa Ecological Company, Taiwan, pp. 7–10.

44. Nobuo Ohbayashi & LIN Mei-Ying. 2013. Studies on the Chinese Lepturinae (Coleoptera, Cerambycidae), II. Notes on the Genus *Ischnostrangalis* Ganglbauer, 1890. *In*: Lin, M.-Y. & Chen, C.-C. (Eds.), In memory of Mr. Wenhsin Lin. Formosa Ecological Company, Taiwan, pp. 41–56.

45. Tatsuya Niisato & LIN Mei-Ying. 2013. Collection list of the genus *Merionoeda* (Coleoptera, Cerambycidae, Cerambycinae, Stenopterini) preserved in the Institute of Zoology, Chinese Academy of Sciences, Beijing. *In*: Lin, M.-Y. & Chen, C.-C. (Eds.), In memory of Mr. Wenhsin Lin. Formosa Ecological Company, Taiwan, pp. 69–83.

46. LIN Mei-Ying. 2013. Three new species of the genus *Glenea* Newman, 1842 from the Oriental Region (Coleoptera, Cerambycidae, Lamiinae, Saperdini). *In*: Lin, M.-Y. & Chen, C.-C. (Eds.), In memory of Mr. Wenhsin Lin. Formosa Ecological Company, Taiwan, pp. 107–116.

47. Alexandr I. Miroshnikov, LIN Mei-Ying & HUANG Jian-Hua. 2013. Little-Known species of the genus *Paraclytus* Bates, 1884 (Coleoptera, Cerambycidae) from China, with descriptions of the male of *P. thibetanus* (Pic, 1914) and the female of *P. albiventris* (Gressitt, 1937). Russian Entomological Journal, 22 (2): 113–117.

48. LIN Mei-Ying & Petr Viktora. 2013. A second study on the apterous genus *Clytomelegena* Pic, 1928 (Coleoptera, Disteniidae). Les Cahiers Magellanes, NS, No. 13: 33–37.

2014 年

49. Petr Viktora & LIN Mei-Ying. 2014. Description of a new species of the genus *Linda* Thomson, 1864, subgenus *Dasylinda* Thomson, 1868 (Coleoptera, Cerambycidae, Lamiinae, Phytoeciini) from Peninsular Malaysia. Studies and Reports Taxonomical Series, 10(1): 227–231.

50. LIN Mei-Ying, BI Wen-Xuan & Eric Jiroux. 2014. Three new synonyms of *Mecynippus ciliatus* (Gahan, 1888) (Cerambycidae, Lamiinae, Monochamini). Journal of Insect Biodiversity 2(5): 1–6.

51. LIN Mei-Ying & Tomáš Tichý. 2014. Taxonomic notes on three species described by Fu-Ji Pu (Coleoptera, Cerambycidae). Les Cahiers Magellanes, NS, No. 14: 127–132.

52. LIN Mei-Ying & YANG Xing-Ke. 2014. One new record species, *Ithocritus rubber* (Hope, 1839) from China (Coleoptera, Cerambycidae, Lamiinae, Petrognathini). Zoological Systematics, 39(2): 309–312.

53. LIN Mei-Ying & Paul Aston. 2014. First record of the subfamily Lepturinae from the Hong Kong Fauna (Coleoptera, Cerambycidae). Hong Kong Engomological Bulletin, 6(1): 19–21.

著作（2 部）：

Weigel, A., Meng, L.-Z. & Lin, M.-Y. 2013. Contribution to the Fauna of Longhorn Beetles in the Naban River Watershed National Nature Reserve. Formosa Ecological Company, Taiwan, 219pp.

Lin, M.-Y. & Chen, C.-C. (Eds.). 2013. In memory of Mr. Wenhsin Lin. Formosa Ecological Company, Taiwan, 233pp.

中文名索引

一画

二画

三画

四画

五画

六画

七画

十画

十一画

十二画

十三画

十四画

十五画

拉丁学名索引

A

B

C

D

R

S

T

U

V

X

Z

作者简介

林美英，女，汉族，1981 年 11 月生，福建泉州人。2000 年到中山大学就读生物科学专业；2004 年考入中国科学院动物研究所开始硕博连读，专门研究天牛分类。2007~2008 年在法国巴黎自然历史博物馆进修一年，2009 年博士毕业后就职于中国科学院动物研究所国家动物博物馆昆虫分馆，助理研究员。主要从事鞘翅目昆虫（主要是天牛科）的系统分类学研究工作，发表相关科研论文 50 多篇，其中 SCI 论文 18 篇。

喜欢野外考察工作，也喜欢室内标本管理工作。除了科研工作，也从事部分科普工作，2012 年承担的项目“Cerambycidae from China”获得全球网络生命大百科鲁宾斯坦伙伴计划资助，是第一个获得该资助的中国籍科学家。2013 年荣获中国昆虫学会第六届青年科学技术奖。2014 年荣获第十七届周尧昆虫分类学奖二等奖。